不夜之城

夜经济新方法论访谈录

刘 磊 ◎ 编著

贾云峰 ◎ 策划

唐王华 ◎ 采问

中国旅游出版社

刘磊，锦上添花文旅集团创始人，多地政府及企业文旅商业战略顾问，文旅著名学者，著有《袁家村的创与赢》《宽窄巷子的街与区》《夜经济新模式：轻资产不夜城点亮文商旅地》《做文旅项目应避开的128个坑》《文旅心智学》《文旅＋餐饮街》《场景餐饮》《餐饮占位》等书籍。

轻资产不夜城点亮文商旅地模式缔造者，特色餐饮街高维战略探索者，微旅游理论的提出实践者，文旅低成本战略的倡导者，高维绝杀干旅游的推广者，特色街区重新定义提出者，购物中心文旅化的设计者。

擅长一品兴一城、一人兴一城、一街兴一城的整体打造，拥有近20年文旅＋餐饮项目实操落地经验。案例：东北不夜城、南宁之夜、木兰不夜城、大宋不夜城、茶马花街、东夷小镇、欧风花街、竹泉村、唐渎里、青岛明月·山海间、天山明月夜、八卦城之夜、象州梦幻夜、"平湖山海几千重？"、泸州山河明月·醉酒城、万岁山武侠城·仙侠奇境等。擅长项目整体定位，创意策划、品牌包装、空间设计、招商选商、运营推广全案落地。针对文旅地产、特色小镇、非遗传承项目有独特理解和操盘策略，善于盘活存量资产，快速引爆街区，打造经典案例。

贾云峰，著名品牌策划人，中国智慧经济十大传播人物。

担任联合国旅游组织专家、中国食文化研究会副会长。受聘 300 余个地方政府营销顾问，参与打造"好客山东""老家河南""衢州有礼"等城市形象，出版图书 55 种。指导落地现象级作品：轻资产不夜城，引爆流量、创造就业。

受 300 多个各级政府邀请，做过理论中心组及全员干部培训，年度演讲火爆全国。

贾云峰

唐王华

唐王华，锦上添花文旅集团设计总监。

设计了"平湖山海几千重？"、泸州山河明月·醉酒城、九江之夜、新疆乌鲁木齐天山明月城等多个现象级落地项目。

目 录

001

CONTENTS

目 录

002

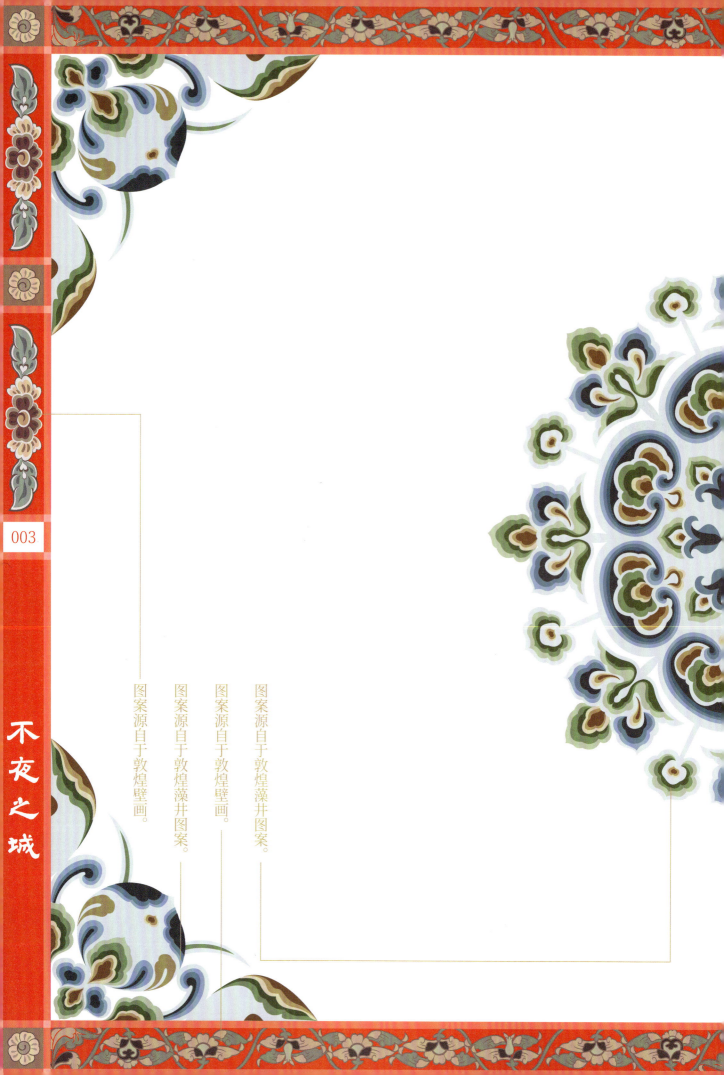

不夜之城

图案源自于敦煌藻井图案。

图案源自于敦煌壁画。

图案源自于敦煌藻井图案。

图案源自于敦煌壁画。

序

序

004

关于轻资产不夜城的六个颠覆性认知

　　一代流行乐巨星迈克尔·杰克逊曾说，"即使你只是微小的一部分，也可以为整个世界创造美好的变革。"

　　2020年初识刘磊董事长，他正从餐饮设计正式转型到文旅行业，到现在仅四年时间，他就取得了震撼整个行业的成绩，受到了市场的追捧，刘磊的"轻资产不夜城"成为中国文旅行业不容忽视的现象级作品。

　　据统计，2024年春节假期，刘磊的17个轻资产不夜城总共客流量达到了631.91万人次，16次登上央视，直接带动商户就业接近2万人，间接带动就业人数高达20万人。

　　繁荣的夜经济是社会稳定的产物。刘磊的成功促使我全方位深入"轻资产不夜城"一探究竟。

　　首先我们得明确概念，"轻资产不夜城"重在"轻资产"三个字，实际上是一种新物种，"轻"代表短平快，它从以前重资产投资转化到少量投资，并迅速产生极大收益。不夜城不仅是夜晚，更重要是从原来的一个夜街区改造成了一个全天候、全产业链式的休闲空间，从而带动了城市的综合收益。

不夜之城

我开始顿悟，对刘磊的"轻资产不夜城"，有了六个颠覆性认知。

第一个颠覆性认知：轻资产不夜城是新时代发展的必然产物。

2022 年以前，行业整体倾向于建大景区、招大投资，从而进行传统景区的升级改造。突如其来的一场疫情让一切都变了，大家突然发现并没有那么多投资，去景区的人也很少，城市生活反而占据了我们日常休闲的主要部分。融合了餐饮、住宿、娱乐等整个生活化场景的不夜城的出现正是缘于人们对日常周边生活的关注。

随着下沉市场的爆发、投资的骤减，"轻资产不夜城"这种没有大投资属性的新物种势必会在市场上出现，它正是时代造就的产物。

第二个颠覆性认知：轻资产不夜城是高维策划的低维表达。

我的文旅策划观一向倡导"找第一、做唯一"，刘磊设计不夜城的思维与我出其意料的一致。每个不夜城街区看似简单，实际上都是先挖掘文化密码，锻造地方的独一无二，如"平湖山海几千重？"的山海经文化、泸州醉酒城的白酒文化，再对其进行一个完整的战略设计。

不夜城街区也是乡村振兴试点，可衍生"吃、住、行、游、购、娱"等业态，满足农民增收、土特产销售与青年创业等物质层面需求，并通过生活欢乐空间、民俗表演、节庆游乐等满足人们精神层面的需求。不夜城形成了一个巨大稳定的人流量物理空间，有着无限想象力与创造力。刘磊正是通过这种高维策划的低维表达，让其成为大众喜闻乐见的休闲文旅项目。

第三个颠覆性认知：文旅突围的核心是以导流为唯一目的。

我认识袁家村郭占武书记许多年，也了解袁家村的品牌秘诀。袁家村之所以成功并不在于建全了"吃、住、行、游、购、娱"全要素，它是以市场推动建造的一个景区。比如说，它先做了300多个餐饮店，火了以后，再做旅游，后面相继完善民宿等服务配套设施，关中风情特色小镇就此成名。

袁家村文旅模式的关键在于五点，分别是全员参与、美食为先、民俗凸显、节庆连续与品牌突围。袁家村的发展逻辑，其实也是刘磊现在做的轻资产不夜城的逻辑。

刘磊的不夜城主要有几个表达，首先是本地文化，找到本地的核心定位，

不夜之城

再辅以特色美食、土特产销售、IP 店铺、民俗活动，以及连续化的节庆设计，最后用老百姓喜欢的方式去展示。尤其令人赞叹的是"轻资产不夜城"里的轻演艺，类似不倒翁小姐姐这样单体化的小表演，形成了一个演员就能成为一道文化风景的特殊设计逻辑。

这些吸引物是常换常新状态，相当于一个固定的物理空间内，流动的化学物质是变化的。刘磊甚至组建了一个几百人演出团队，在不同不夜城巡演，结果里面的风景都是流动的、演出都是变化的、销售都是多元的、产品都是更迭的。

导流成为刘磊做轻资产不夜城的唯一目的。他甚至认为没有导流的旅游策划都是垃圾。这也给旅游界上了一课，以往旅游界都是规划为先，再做建设、投资与运营，而刘磊则不导流不旅游。

第四个颠覆性认知：轻资产不夜城重在激活城市社交空间。

轻资产不夜城通过优化资源配置、降低固定资产投入，打造充满活力且经济高效的城市夜生活区域。这种模式有利于吸引更多的商业活动和人流，

进而促进城市社交空间的形成和发展。

多样化的商业业态、文化活动和休闲设施，为城市居民创造了丰富的社交场景和体验，有助于激活城市的社交氛围。

同时注重与周边的融合和互动，通过引入本地文化元素、举办地方活动等方式，增强本地居民的归属感和认同感，进一步促进城市社交空间的活跃和发展。

第五个颠覆性认知：轻资产不夜城以结果为承诺。

我认为目前旅游界存在 5 个断裂问题，分别是规划和策划断裂、策划和投资断裂、投资和建设断裂、建设和运营断裂、运营和营销断裂，等于说每个都是铁路警察各管一段，甚至是 5 个团队来做，最后是没人负责。

刘磊引入了对赌模式，核心是既给对方加码，也是给自己加码。17 个不夜城实际上是 17 个对赌项目的成功，也是刘磊激发内部员工创造力的成功。

第六个颠覆性认知：城市文旅终极目标是长尾产业落地。

实际上，刘磊的轻资产不夜城有一个动态更新与市场同频的策划逻辑。

不夜之城

好多人认为刘磊的不夜城，长得都差不多，但实际上不是。我总结下来，他的"三位一体"设计逻辑，第一个是基础配置，第二个是个性发掘，第三个是实时变化。

第一，基础配置指的是景区物理空间里的门楼装配式建筑、街区设计等，这是有一套规范和模式的。第二，个性发掘，实际上不夜城的整个文化策划是深耕于本地个性特色的，比如"青岛明月·山海间"的《山海经》场景，就是基于中国深层传统文化的发掘。第三，实时变化。就是基于新的文化发掘与市场变化，实时调整产品形态与内容等。

我认为如果没有短红哪来长红？最重要的是长尾效应要大于长红效应。

长红是表面性的文旅突围，长尾效应则带来了全产业链的城市变革。最近刘磊在做"三个迭代承诺"，原来只做游客量承诺，现又增加了5年的销售额回收承诺，以及落地不夜城产业园的承诺。

现在城市真实之痛就是全面招商引资，"轻资产不夜城"能够解决这个痛点。我认为城市不必争论短红还是长红，收获长尾的产业效应，才是城市发展的未来之魂。

2023年我与刘磊合作主编了《夜经济新模式: 轻资产不夜城点亮文商旅地》一书, 一经出版引起市场强烈反响, 很快销量过万, 这也有了续写不夜城的想法, 新作《不夜之城: 夜经济新方法论访谈录》因此面世。刘磊联合业界顶级设计师唐王华, 通过一篇篇访谈深入浅出地阐明了整个轻资产不夜城背后的运营逻辑。

两位一线实战家的思维战略足以颠覆普通文旅人的想法, 也改变了我对文旅的传统认知, 他们的对话用结果导向的新思路、新切口重新审视了文旅全行业、全产业链, 找到了文旅发展的新模型、新理论、新路径。

我也曾在全世界行走, 发现城市从最早营销为先, 到产业为先, 再到以投资商为核心的投资为先, 投资商做什么, 城市就做什么、配套就做什么。到底以什么为先? 我也曾陷入迷茫。

后来疫情期间我行走了 26 国, 从人的力量中寻找答案, 发现景观之上是生活, 城市不光要做景观, 更要做城市生活。

城市生活成为独特记忆, 那么城市就会出现巨大的卖点和亮点。于是,

011

不夜之城

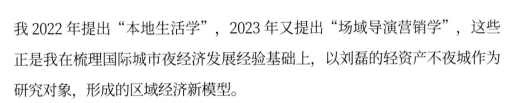

我 2022 年提出"本地生活学"，2023 年又提出"场域导演营销学"，这些正是我在梳理国际城市夜经济发展经验基础上，以刘磊的轻资产不夜城作为研究对象，形成的区域经济新模型。

2024 年 3 月 24 日，我在中国青年文旅发展大会上，与不断更新的不夜城再次碰撞，产生了新的理论提升，我发现未来的城市向心力主要是青年，刘磊的轻资产不夜城带动了青年对城市的全新认知、感受与体验，并推动青年与城市共情、共创与共享，刘磊的轻资产不夜城无疑是城市更新与发展的不可忽视的一股力量。

联合国旅游组织专家　贾云峰

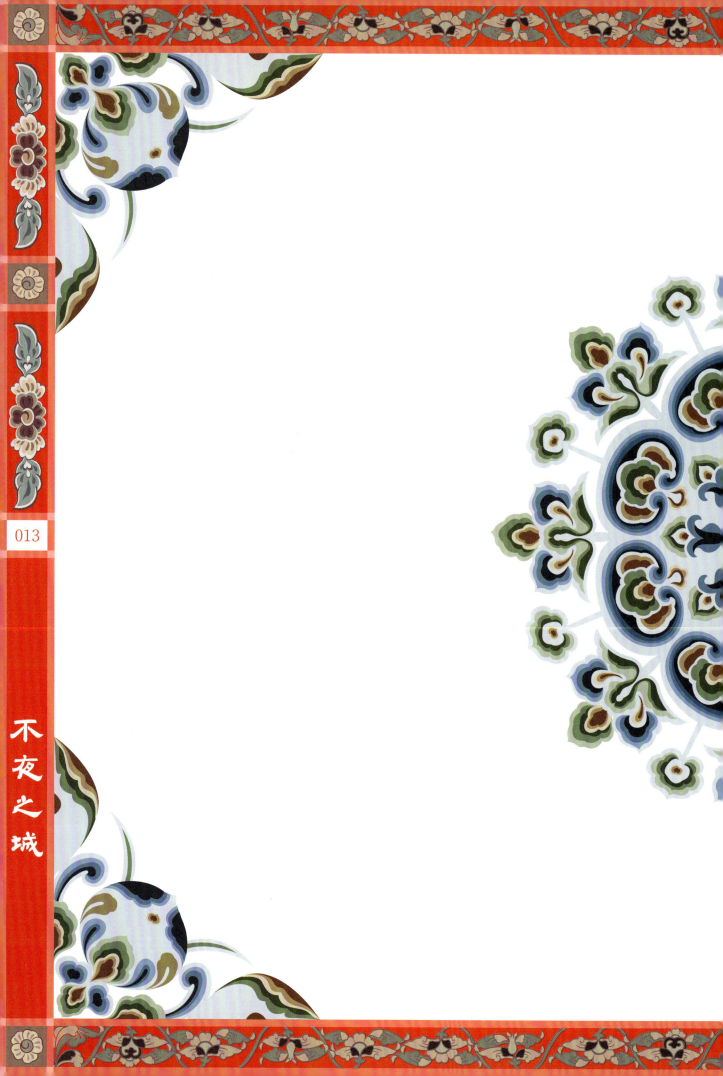

013

不夜之城

前言

　　"十四五"规划纲要明确指出，要坚持把社会效益放在首位、社会效益和经济效益相统一，健全现代文化产业体系和市场体系，要深化文化体制改革，推动文化和旅游融合发展，扩大优质文化产品供给。实施文化产业数字化战略，加快发展新型文化企业、文化业态、文化消费模式。规范发展文化产业园区，推动区域文化产业带建设。建设一批富有文化底蕴的世界级旅游景区和度假区，打造一批文化特色鲜明的国家级旅游休闲城市和街区。创新推进国际传播，加强对外文化交流和多层次文明对话。

　　文化是城市的灵魂，城市是文化的载体！一座城市的历史和文化，是这座城市的精神内蕴和气质底蕴的积淀，是城市长足发展的不竭动力和持久源泉。因此，一座城市的持久发展，在文化定位层面，一定要立足于文化自信的彰显，立足于城市文化软实力和城市文化影响力的提升。

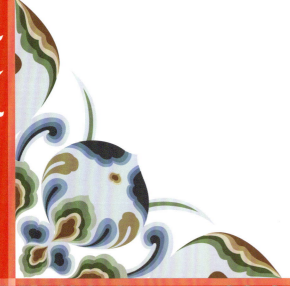

不夜之城

　　17天打造而成的东北不夜城证明了夜经济对于一座城市吸引人流的重要作用。东北不夜城规划全长533米，占地1万余平方米，是立足东北、面向全国，以精致国潮文化为主线，汇集古风古韵、关东风情、现代文化、互动美陈、智能夜游、衍生文创、景观打卡等诸多元素，打造具有鲜明地域特色和古风文化氛围的复合型商业步行街。

　　东北不夜城项目于2021年4月13日正式启动，在2021年"五一"正式与市民见面。项目工期总计17天，前三天确认项目策划设计方案，这期间同步施工进行基础建设，聚合多方面力量资源推进街区的落成。

　　我们不夜城项目的设计初衷是赋予一个城市新的发展属性，打造"城市舞台"。城市舞台是高于城市会客厅的新的艺术维度，是200千米至300千米范围内聚集客流的一个微旅游爆品手法。

这本书里的配图，很多是作者在不夜城实拍的照片，有些照片里的游客都戴着口罩，是在疫情防控期间拍摄的。

写这本书的初衷就是为了给行业发展带来更多的正能量，让积累的文旅思维带给大家更多的文化自信，从这本书选取的照片就可以看出，旅游业的繁荣并不是梦，是真实存在的场景。选取了和往常不一样的视角——人间烟火，即关注百姓的视角，关注游客的视角。在我看来，做旅游怎么能少了人呢？所以这本书里的照片都充满了烟火气，而且很多是在疫情防控期间拍摄的，老百姓戴着口罩也要来不夜城，演员们在这期间依然坚持演出，说明中华民族是不会被困难所阻碍的，也表明了人民对美好生活的向往是不会停步的！

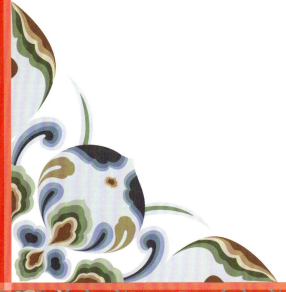

照片取景的主要是游客，而不再是景区的建筑或景色，不再是冷冷清清的样子，而是充满了烟火气，这也代表我们做景区的理念与其他人大为不同。有些景区在开展服务的时候，并不明白自己到底在为谁服务，而我们在打造不夜城的过程中只有一个想法，那就是一切为人服务，一切围绕着人去做！做旅游就是要坚持以人为本的原则，因为所有旅游项目其存在的意义就是为百姓服务，这一点非常重要，这是本书的核心。本书就是在向大家展现一个以人为本打造不夜城的初心，一个热火朝天、人山人海，让城市充满梦想和希望的初心。

刘磊

2024 年 6 月 18 日于青岛

认知是

第一篇

不夜之城

文旅的天花板

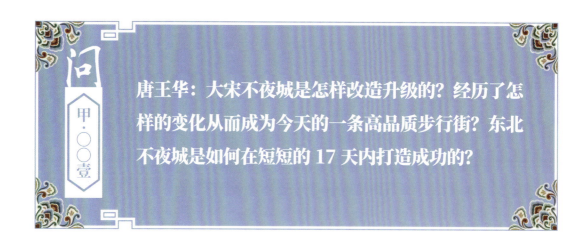

唐王华：大宋不夜城是怎样改造升级的？经历了怎样的变化从而成为今天的一条高品质步行街？东北不夜城是如何在短短的17天内打造成功的？

刘磊 答

大宋不夜城位于山东省泰安市东平县东平水浒影视城，总投资1.2亿元，围绕"夜间旅游新地标、夜游经济新引擎"的定位，在原"东平水浒影视城"的基础上进行全新升级改造。街区一期总长400米，宽11米，通过夜游游览、民俗体验、美食品鉴、情景互动四大卖点，建立起集"吃、住、行、游、购、娱"等消费链于一体的新一代不夜城模式，景区日均客流在3万人次左右。

以前的影视城和现在看到的大宋不夜城完全不一样，存在的问题也比较明显，如运营成本高、无拍照点、差异化不明显、面积大而业态少、设施不全、设备旧、重资产等问题。再加上文化灵魂不明确，商业性思维没有及时迭代，造成留客难。

要放弃"沾光思维"。在做旅游的过程中，会听到有人说我拿的地多么的便宜，或者说我这块地距离某一个知名景区多么的近，总觉得靠近灶台能混上点吃喝，可事实并非如此。就像在袁家村的周边，有很多村子都想要模仿袁家村，但是并没有获得成功。所以与景区之间的距离近其实并不一定能起到什么作用，全国很多景区周边的商业街都很难享受到景区的客流红利。

大宋不夜城项目，以不夜城作为龙头，将环东平湖的景区景点串珠成链，辐射带动腊山、滨湖湿地公园等景区，串联推动塘坊、浮粮店等乡村民宿，盘活联动东原阁、罗贯中纪念馆等闲置资产，东平旅游开始发生质变。

在东平，避不开的就是水浒文化，此地是流传大量水浒故事的水浒文化发祥

不夜之城

地，历史文化悠久，境内东平湖作为八百里水泊仅有的遗存，曾是梁山好汉的重要活动区域。大宋不夜城保持了水浒 IP 的古城江湖气息，以游客穿越到宋朝为基调，打造了包含国潮文化的华灯锦里不夜城长街、迎宾聚客的篝火晚会、水上无动力乐园——英雄闯关体验，注入了东平县非遗文化的魅力，使游客沉浸感受齐鲁大地上传承下来的侠肝义胆和英雄本色。

"东北不夜城·城市舞台"规划全长 533 米，占地 10660 平方米，是立足东北、面向全国，以精致国潮文化为主线，汇集古风古韵、关东风情、现代文化、互动美陈、智能夜游、衍生文创、景观打卡等诸多元素，打造具有鲜明地域特色和古风文化氛围的复合型商业步行街。

该不夜城项目的设计初衷是赋予这个城市新的发展属性，打造"城市舞台"。城市舞台是高于城市会客厅的新的艺术维度，是 200 千米至 300 千米之内客流的一个微旅游艺术手法。

占地面积 10000 余平方米的城市地标，17 天打造完成，对此大部分人是不相信的。但锦上添花文旅集团却用事实证明了一次奇迹。用 17 天的时间打造一条不夜城模式的街区，这不是一件容易的事，对于效率的要求是极高的。在东北不夜城的打造过程中，离不开各个团队的呕心沥血，更离不开文旅人的坚韧品格。

"东北不夜城·城市舞台"在 2021 年打造的过程中，建设有牌楼灯柱 56 座、

商铺花车 72 处、大小舞台 37 组、娱乐设施 26 个。各地美食如广东肠粉、烟雾冰激凌等百余种齐登场；行为艺术表演创意无限，东北振兴小哥哥、梅河西施、铠甲将军等形象让创意与艺术激烈碰撞；网红秋千、三维针雕、声音邮局等数十种娱乐项目为游客带来年轻文化、流行文化的互动式快感；网红美陈打卡点极尽颜值与体验调性，设计构建超乎想象；每晚举办民族篝火晚会，少数民族团队表演与沉浸式体验挂钩，快闪于街区之间，为游客带来强烈的视听冲击和切身体验，舞龙舞狮、高空演艺等交替表演。每月策划大型主题活动，与山水广场、爨街美食城、海龙湖形成旅游动线，成为拉动城市活力，促进经济发展的重要引擎，全力推进梅河口市全省夜经济示范城市试点工作。

东北不夜城利用原有地理环境，通过特色餐饮、一店一色、互动演艺和灯光表演引爆项目人气，带活周围商业经济，并利用特色场景产生了独特的顾客文旅价值。

在东北不夜城营业期间，少数民族兄弟姐妹身着民族服装现身街区，与梅城人民热情互动。竹竿舞、高山流水、篝火晚会等特色民族节目，给游客带来各少数民族多样的民俗风情。

目前有不少地方把夜经济作为文旅经济的重要分支，如北京、天津、上海、西安等地，都已经出台了相关的支持政策，还有不少地方已经建立了夜间经济的示范街区，而夜经济也已得到了多元化的发展，而不局限于灯光布局，它已发展成为集"吃、游、购、娱、体、展、演"于一体的闭环消费市场。

唐王华：东北不夜城最初是一条车行道，却连续两年创下了单年营业时间仅 160 多天就接待 400 多万人次客流的纪录，被央媒报道 10 余次，推动梅河口城市 GDP 提升了 3.6%，成为著名的网红打卡地和知名旅游目的地。是什么让它从一片沉寂到满街繁华，从默默无闻到国内闻名，从商业单一到精彩纷呈？

刘磊 答

　　以前的东北不夜城就是一条大马路，将大马路打造成客流不输 5A 级景区的新街区，把握的是颠覆街区的商业模式，秉承的是重新定义街区的思路，依靠的是方圆 200 千米内独一无二的产品。就是要以高维度的商业模式去穿透当地商业。

　　随着旅游业的不断发展，游客已经不满足于走马观花的游览过程。东北不夜城的场景打造方面可谓是卓尔不群。消费氛围感、美学场景、尖叫场景、文化场景、超级 IP，无一不触发着消费的热情，让短短 500 多米的街区充满了文化属性。来到这里的游客会有所体会，也就是平日里说的沉浸式，游客来到东北不夜城之后，就已经参与到了这条街的演艺中去，游客本身成了这条街的一个景。很多年轻人穿着汉服来到这里拍照打卡，在其他游客眼里，他们便是一道风景，便是这里的演员。东北不夜城这条步行街，从文化创意到落地执行，从文化活动到文创产品，从文化演艺到特色风情，始终都是围绕"以文化为核心，以旅游为依托，以融合为手段，以体验为目的"的理念，同时又以回家文化为背景，以东北元素为主线，以体验消费为特征，着力打造集购物、餐饮、娱乐、休闲、旅游、商务于一体的开放式商业步行街区，让城市文化赋予街区人文魅力。

　　东北不夜城的时间算法是它成功的另一法门。一条 533 米的短街，步行只需要 10 分钟，却要留住游客 2 小时，所以需要在短短的动线上融合商业、艺术、文创、演艺等各种内容形态。

不夜之城

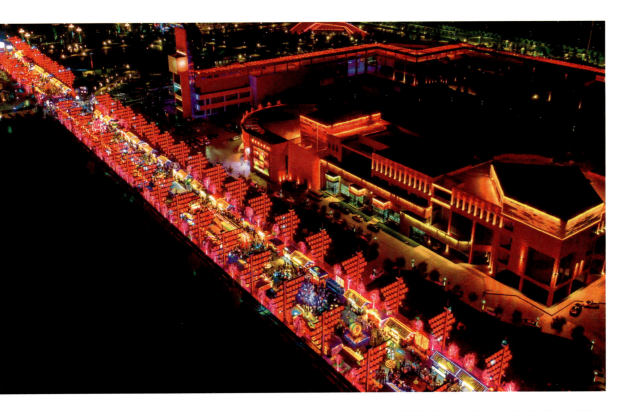

在内容上：主街区建设有牌楼灯柱 56 座、商铺花车 72 处、大小舞台 37 组、娱乐设施 26 个。全国各地美食汇集，娱乐体验项目集聚，其中小吃美食类 55 户，饮品与酒吧类 20 户，游戏类 13 户，非物质文化遗产与其他类 12 户。

在动线上：以精致国潮文化为主线，汇集古风古韵、关东风情、现代文化、互动美陈、智能夜游、衍生文创、景观打卡等内容。

在业态上：聚集特色美食、地方美食和网红美食，逐步形成典型性美食聚集的文旅街区。让游客穿越时空，靠感官开启一场奇幻的全国之旅。

东北不夜城还融合了网红思维，以创新视角和网红传播理念，打造网红艺术装置，让文化融合艺术，让艺术吸引流量，海龙宝藏、梅河风驰、长白女将、梅河翩舞等网红艺术装置，吸引了抖音、微信等平台和游客的强效传播，为街区带来了巨大的流量。

东北不夜城探索商业性与艺术性的平衡，创造"文化＋旅游＋商业"的文化产业和城市发展格局，以文商旅的深度融合为导向，满足游客的全方位需求，拉长拓宽旅游产业链条。街区聚集了大型商业综合体、高品质的酒店、中华百年老字号，实现了人流、商流、智流、资金流的融合汇聚，成为融文化、艺术、娱乐、体验为一体的大型城市综合体和文化商业新地标。

不夜之城

　　东北不夜城最主要的是体现了一种力量，也是做文旅项目不可忽视的一种力量——聚焦的力量。曾经遇到过一个企业的老板，花费了很高的代价做了 27 个策划方案。看了这些策划方案之后，他发现都是"吃、住、行、游、购、娱、秀、养、学、闲、情、康"等元素的"拼凑"，这样的策划方案是无法一次实现的。迪士尼也没有去做"秀、养、学、闲、情、康"等这些元素，而是在自己的 IP 里面聚焦打造，所以对于一个文旅项目来说最需要的就是聚焦的力量，有了聚焦才会让其拥有亮点。

　　这条商业步行街区已经成为东北最热闹的商业步行街区之一，丰富多彩的文化体验，传统特色的民俗美食，花样繁多的网红互动，在促进城市文旅产业发展的同时，更加带动周边酒店、餐饮、交通、商场的全面发展。同时，东北不夜城获得了"第一批国家级夜间文化和旅游消费集聚区"、中国旅游投资"艾蒂亚 ITIA 奖"等荣誉。

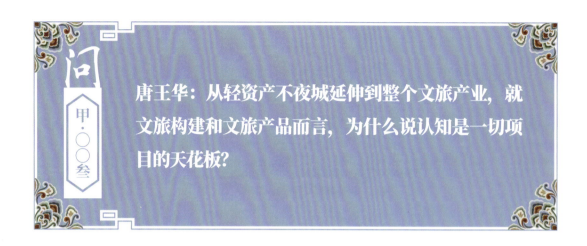

唐王华：从轻资产不夜城延伸到整个文旅产业，就文旅构建和文旅产品而言，为什么说认知是一切项目的天花板？

在平日里，我们经常会听到"淹死的都是会水的"这样一句话。老话常说："善骑者坠于马，善泳者溺于水，善饮者醉于酒，善战者殁于杀"。我觉得把这种观点放在做文旅项目上面也很贴切，自以为是往往是项目烂尾的关键原因。

有这样的一类人，当和其交流提到某种事物的时候，会流露出不屑的神情，并说："这个你不懂，我做这方面的事情已经十几年了，我这儿资源多。"或者说："这个模式走不通，你看我就在这儿碰得头破血流，听过来人一句劝，不要碰！"

其实这些人的言下之意就是他们经验丰富，他们能力出众，他们没有做好、做成功，我们必定也讨不了什么好处，不如"急流勇退"，早日"悔悟"。

当然，有的人确实经验丰富、能力出众，这一点不得不承认，不过也能常常发现很多所谓经验丰富的人在做项目的时候，往往前期上升速度很快，但是过一段时间之后就会停滞不前，若是遇到什么行业的大变动，也会很快垮掉。所以说，经验创新永无止境。对于一个企业来说，一把手的认知非常重要，因为认知是一切企业的天花板。

认知是企业的天花板，要有足够的明确的战略，你的产品要能够支持战略，战略下来然后是模式，再是营销、运营，一环都不能少。如果缺少一环，就像一辆车子缺少了轮子，或者方向盘，或者后视镜，或者座位，都不是一辆完整的车。要依

照行业的规律去做产品，而不是去抄袭，抄袭是没有结果的，那是在给自己挖坑，试图抄袭别人的项目，必定失败。

　　锦上添花的不夜城，是按照城市舞台的标杆去重新定义一个步行街。以前这里是车道，升级改造的时候需要想到的就是这个项目的占位，就是如何去理解旅游和文旅。旅游是什么？旅游更多的是观赏、体验自然风景和名胜古迹，就像华山、兵马俑和华清池等。那么文旅是什么？需要"无中生有"的创造。文旅业态对应休闲度假，也就是说当下的文旅夜经济，就是要点亮一条街，点亮一座城市，做一个符合区域文化的街区。所以游客来到不夜城一定是要放松心情的，来体验激活的文化

的，而不是来考察历史的。

故而说，有了认知才有战略，才有其他的东西，企业的发展也受制于因果关系，而一把手往往决定种下的因，且这个因也会结下相应的果。"老大难，老大难，老大关心就不难"。这句话说的就是一把手观念的重要性，他的思维的重要性。如果他没有一个清晰的认知，一定会把文旅项目带向一个深渊。而且我们要明确，那就是投资量和游客量是没有必然关系的。

即使有比迪士尼投资几百亿元更多的钱，方向不对，在文旅市场上照样是一块儿砖头扔进了汪洋大海。投资旅游这件事情，一亿元是穷人，十亿元是穷人，一百亿元还是穷人，即便一千亿元做旅游，如果企业的方向和一把手认知不对，很有可

能最终的回报也是负数，是一个大大的坑。如果资源用完了，却没有做出有顾客价值的项目，这必定是不会有持续性的成长和发展的。

现实中，人总是会被经验所累，也总是掉入熟悉的"坑"。做文旅，往往优势在哪里，就容易在哪里摔跤，这似乎已经成了文旅的魔咒，所以当觉得自己哪里很有优势的时候，就一定要小心了。不管你是"老司机"上路，还是"新司机"上路，一定要看清自己的认知能力，同时要专门挑选擅长的事情来完善自己，这样才能不断地提升自己的认知。文旅就是这样，市场千变万化，如果企业的一把手不提高认知，只是依靠往日里的经验，那么很快就会被这个市场所淘汰，所以说，认知是一切文旅项目的天花板。

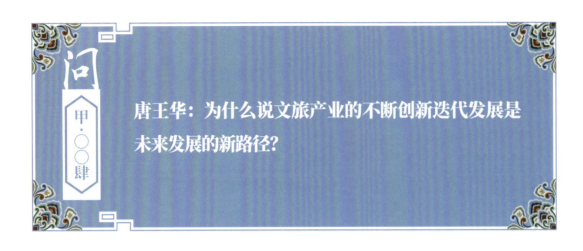

甲·○○肆

唐王华：为什么说文旅产业的不断创新迭代发展是未来发展的新路径？

刘磊 答

不
夜
之
城

033

　　需要明白的一个概念就是，对现在的人们来说"旅游"到底是什么？其实随着人们生活水平的不断提高以及对于生活质量的不断追求，旅游已经变成了生活中的常态，或者说旅游对于当下的人来说是刚需。

　　在这样的大背景下，旅游业对国民经济的推动作用日益凸显，作为国民经济战略性支柱产业的地位更加巩固。在交通发达的当下，旅游已经不再是少数人的"享受"，旅游的人群越来越多，而服务于大众的旅游目的地也越来越多。在这样的情况下，文旅项目如何能够脱颖而出，脱颖而出之后又如何长久地保持自己的优势，就成了所有文旅人都需要思考的问题。

　　随着文化和旅游的深度融合发展，那么作为文旅人来说，需要思考的就是这个"文化"怎样才能长久地保持热度，能吸引到更多的人。对于文旅项目来说需要的就是不断更新迭代的内容。

　　一直都说，文旅行业要挖掘历史文化，但是文旅行业其实是一个充满了创新的行业，因为有了创新才能够让自己的项目与别人的项目不一样。这个"不一样"就是"差异化"的一种体现，可以引起游客的好奇心。就像轻资产不夜城每隔一段时间就会推出一些新的演艺一样，在街头行为艺术上面的更新迭代、不断创新，促使轻资产不夜城的客流能够长久保持一个稳定的状态。

　　在当下这个时代，文旅需要的就是不断地迭代更新。东北不夜城对于梅河口来

说是什么？是城市里面的会客厅。每个城市都有自己的博物馆，展示着当地的历史以及文化，但是愿意去博物馆的人有多少？尤其是年轻人并不是很愿意去，并且博物馆受到场地的限制，它的容客量是非常有限的。

但是像不夜城这样的城市会客厅，它的容客量则非常大，这也是一个城市迭代更新的选择。城市需要更新，而文旅项目的创新迭代自然就成为城市更新的重要战线，我们不夜城项目更新迭代的极端例子是：岗亭、演艺、舞台、门楼可以做到随时调整随时更换，业态品牌 24 小时之内可以完成更换，这是传统的街区项目和古镇项目无法想象的。文旅的创新迭代发展是未来产业发展的新路径。

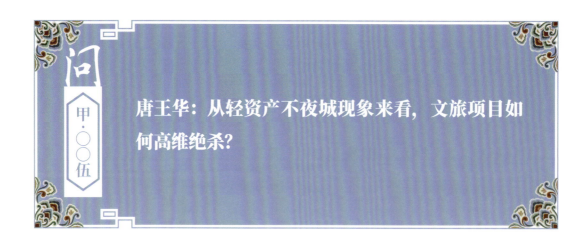

唐王华：从轻资产不夜城现象来看，文旅项目如何高维绝杀？

刘磊 答

今天全中国大多数的县，很难在旅游这件事上出圈，为什么？主要是因为视野不够，对标不准，理解程度不深，老是想学一下隔壁县，然后学一下市里，之后学省里，最后学省外，就这样一学一二十年过去了，怎么可能出圈？做一件事情，按照现成的标准去做，是很难出圈的。

东北不夜城为什么能出圈？因为对标的是全国人气最高的旅游街区。可见今天做旅游，一定不是爬楼梯的一个状态，不能一级一级上，而是要坐电梯直冲到最顶点，这样当你向下俯视的时候，就会发现犯难的是你的对手了。在一个县城里做一件全国顶级的事儿，谁也不是你的对手。所以今天在思考的时候，一定要想一想如何站在上帝的视角去看待一个问题，只有这样的视野和格局，才能避免面临的各种坑，才会形成真正的竞争战略，也就是非对称的战略。

锦上添花文旅集团一向采用非对称战略，首先要用目标性的思维去解决思维上的一个逻辑链，就是要解决多大的客流，为了客流需要多少资源，需要配置多少资源。比如说要设计一个产品，要 5 年收回成本，那么大家的所有构想都要围绕 5 年收回成本这个目标，这个就是一个基本的视野和一个逻辑链的问题。

从非对称竞争的逻辑上来说，第一，项目一定要争当区域之王。其实我所提倡的旅游就是做区域之王，所有的产品在一个城市必须第一，即使当地有一个客流有1000 万人次的 5A 级景区，也必须超越它。因为这是项目的使命，如果连第一都做不了的话，就谈不上非对称战略。

不夜之城

第二，极致的差异化。在做项目调研的时候，我们基本上不做大规模的访谈调研，会做一个什么样的调研呢？大规模的竞品调研。200千米之内看看有没有相同的产品，一旦有哪怕就是一个游乐设施，也要和竞争对手完全不同。当样样都不同的时候，项目就会产生极致的差异化，而差异化永远是文旅项目的核心，商业的本质几千年来从未改变，就是一定要做极致的差异化。

第三，不和任何的竞品进行竞争，不竞争，做自己独一无二的品类。诺基亚当年生产的手机占据了全世界手机市场几乎80%以上的份额，手机质量好到什么程度？网上有个段子说拿手机砸核桃，砸完以后这个手机还是能正常地打电话，质量好到了这种程度。但是危机到来的时候，坚持了没多长时间，诺基亚就卖给了微软，而且它的创始人在当天的新闻发布会上哭着说，我们什么都没有做错，但是我们失败了，非常痛苦。但是这句话，首先就说明了他没有认识到自己的问题，他连自己的对手是谁都没搞清楚。

为什么苹果在面对诺基亚的时候，苹果胜出？因为它在创造世界、创造历史，它不在原赛道上竞争做第一，而是做极致的差异化，做极致的智能手机，把模拟机远远甩在了后面。所以今天在做一个项目的时候，一定要有高维绝杀的状态，真正的成功不是爬楼梯得来的，出手必须是最高的标准，必须做没有商量的高标准，这样的话就会形成一个高维绝杀的态势，而这个态势一旦形成，就会影响项目的战略、产品、绩效、所有的一切从认知的角度就会得到解决。

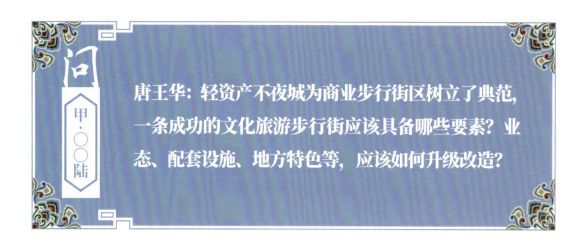

唐王华：轻资产不夜城为商业步行街区树立了典范，一条成功的文化旅游步行街应该具备哪些要素？业态、配套设施、地方特色等，应该如何升级改造？

通过轻资产不夜城的成功，我们发现，一条成功的步行街，要具备如下层面的要素：

一、深厚的文化底蕴——文化魅力激活街区动能

商业街区的打造，要具备充分的文化底蕴，要具备"挖掘文化、展现文化、延展文化、体验文化、感受文化"的思路，在此基础上，赋予街区活动、演艺、美食、视听等多元的展现形式。从街区的文化创意到落地执行，从街区的文化活动到文创产品，从文化演艺到特色风情，要坚持以文化为核心，以旅游为聚焦，以融合为手段，以体验为目的，以商业为彰显，以创新为导向，对文化进行充分挖掘和创新彰显。

二、开放的多元业态——文化旅游融合打造街区业态

成功的商业步行街区，一定是开放的、包容的、多元的、融合的。因此，要以开放的姿态、多元的业态和融合的形态，对商业街区进行打造。街区分布要开放通畅，所有建筑、文化、演艺、美术、美食、音乐等，各业态呈现多元分布，通过街区景观与建筑的融合、商业与文化的融合、艺术与演艺的融合，形成商业街区独有的特色基因。

三、典型的民俗特色——旅游民俗赋予街区特色

以民俗的彰显赋予街区深厚的历史底蕴和人文气息，以旅游的展现赋予街区丰富的商业构建，以"旅游+民俗"的形态，赋予街区强力的文旅势能、欢庆氛围和节庆效应。

民俗文化更具活力：通过旅游的形态，把丰富多彩的民俗文化融入旅游形态中，

让民俗文化更具活力。

旅游业态更加多彩：通过民俗的融合，把创新的旅游业态植入民俗文化中，让旅游业态更加多彩。

商业街区的民俗构建，通过旅游的形式，展现形式丰富、形态多彩且极富特色的民俗文化，开创"旅游＋民俗"的商业模式，让旅游与民俗完美结合，一切皆民俗、一切皆特产。

四、特色的美食空间——美食诱惑催生商业活力

商业街区离不开特色的美食构建，因为吃这件事是相对高频并且刚需的。因此，要聚焦街区整体空间，融合美食思维，通过场景化的打造，贯彻美食主题，聚集全国美食、地方美食、特色美食和网红美食等，形成典型性美食聚集的商业街区，通过爆点思维，打造创新型美食商业街区。

五、创新的文创展现——创新思维构建文创产业

通过充分挖掘商业街区的多元文创，打造城市化创新和特色的文化IP产业，通过创新创意的思维，构建符合商业街区特色和适合街区可持续发展的文创产业，进而促进无限的商业延展。

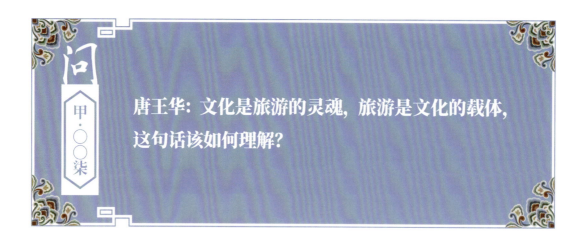

唐王华：文化是旅游的灵魂，旅游是文化的载体，这句话该如何理解？

刘磊 答

039

我们理解"文化为魂"，"魂"就是能和每一位游客融合在一起，东北不夜城的演艺就强调把回家文化展现出来。

将东北人的在地文化注入景区，将梅河口的风物＋建筑＋演艺融入东北不夜城的文化 IP 中，把东北人的生活状态和休闲游戏作为极致场景融入景区，让游客有亲近感和生活感并瞬间沉浸其中，这样"魂"就相通了，所以吸引了不少游客来这里体验打卡拍照。

轻资产不夜城模式下的街区什么最重要，那一定是人最重要，人要多，人还能带来人，也就是常说的"街区要有人气"。在整条街区上，有体现当地文化元素的场景，有现代乐队的表演，有复古风歌曲，也有大家熟悉的流行歌曲，街区两旁还有各种手工艺品和传统小吃亭，在这样的场景下，街区自然就迎来了人流、人气。

2021 年，东北不夜城运营了 163 天，吸引游客量 408.6 万人次。2022 年运营 166 天，吸引游客量 420.06 万人次。持续创造佳绩正是因为有人气，这样才会有更多的人愿意到这里来。就像平日里在外面吃饭，总是会遇到这样的情况：两家售卖相同食物的饭店，相隔距离也不远，一家在排长队，另外一家却没有几个人。这时过往的食客就会觉得，那家人少的是不是味道不好吃，这家生意火爆的，一定是味道好。排队就排吧，耽误不了什么时间，最后多选择了人多的那一家店。

两家在饭菜的味道上可能并没有什么差距，就是因为排队的那家店看起来更火

爆一点，更有人气，所以才会被选择。可见，人是可以带来更多的人的。

众所周知，2021 年很多城市遭受了疫情的冲击，文旅行业遭受了很大的困难。但是东北不夜城这一年却在疫情中逆流而上，游客量突破 400 万人次。同时，东北不夜城也在 2022 年为梅河口这个并不算大的城市点亮了文旅引领。

不夜城在不断创新，不夜城本身的体验感也在不断优化。可以这么说，要将不夜城打造成"夜游经济"主阵地和潮流时尚长期地标，最不能缺少的就是文化之魂，这样才能吸引更多的人！

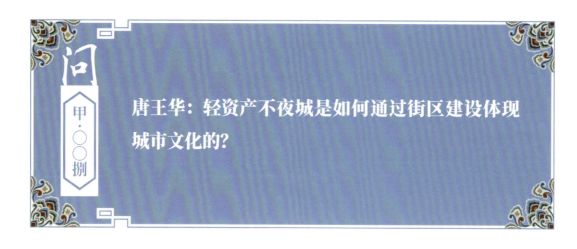

唐王华：轻资产不夜城是如何通过街区建设体现城市文化的？

刘磊 答

　　不夜城通过全流程的商业街区策划创意与制作，通过文脉挖掘、艺术打造、文化活动、灯组布置、文创产品、文化演艺等全面展现城市文化。

　　在不夜城商业街区的打造中，从文化创意到落地执行，从文化活动到文创产品，从文化演艺到特色风情，始终坚持的理念就是：以文化为核心，以旅游为依托，以融合为手段，以体验为目的。

　　在挖掘文化、展现文化、延展文化的基础上，让游客体验文化、感受文化，并借助活动、演艺、美食、视听等丰富的展现形式，成功搭建城市舞台，这既是对城市文化的激活，同时也满足了当地老百姓的文化梦想。

　　可以说，这是一次全新的文旅跨界合作的模式，为文旅产业的融合发展与文化产品的多元展现，提供了有效可行且可持续的成功范例。这也是文化活化的表现，很多城市的文化停留在博物馆和书本里，不夜城的成功主要是把城市里面的文化进行了活化，变成了游客真正可以用手触到、用眼睛看到的活化的文化，这样的文化才对游客有着真正的吸引力。

041

不夜之城

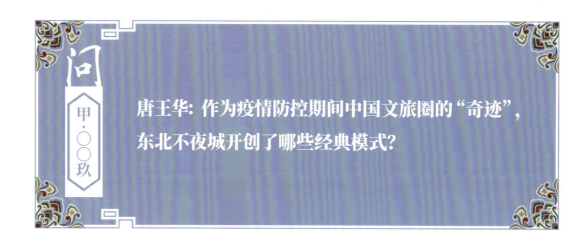

唐王华：作为疫情防控期间中国文旅圈的"奇迹"，东北不夜城开创了哪些经典模式？

刘磊 答

梅河口东北不夜城街区全长533米，占地面积1万多平方米。以国潮文化为主题，汇集古风古韵、关东风情、现代文化等诸多元素。吉林龙舞、东北人参、变形金刚、蝴蝶女神……都在东北不夜城的主街之上。无论你来自哪里，年龄几何，总会有一处让你驻足流连。

多元：街区的业态多元，建筑、文化、演艺、美术、美食、音乐等各类业态多元分布。

融合：光影与建筑的融合，商业与文化的融合，艺术与演艺的融合，多元文化的融合。

不夜之城

东北不夜城采用了"文化＋旅游＋节庆"的模式。

文化：以文化的脉络赋予街区深厚的历史底蕴和人文气息。

旅游：以旅游的形态赋予街区丰富的商业构建和产业多元。

节庆：以节庆的势能赋予街区精准的欢庆氛围和节庆效应。

还有"旅游＋民俗"模式，通过旅游的形式，展现形式丰富、形态多彩且极富特色的民俗文化，开创"旅游＋民俗"的商业模式，让旅游与民俗完美结合。

民俗文化更具活力：把丰富多彩的民俗文化融入旅游形态中，让民俗文化更具活力。

旅游业态更加多彩：通过民俗的融合，把多元全面的旅游业态植入民俗文化中，让旅游业态更加多彩。

问 甲·〇壹〇

唐王华：东北不夜城的价值体现在哪些层面？

刘磊 答

045

东北的回家文化，温暖人心。每一位来到这里的游客都成了一道亮丽的风景线，成了东北不夜城这个城市舞台上面的演艺人员。游客可以在这里感受到东北浓郁的文化风采，并且愿意将这种文化扩散出去。

东北不夜城商业街区的打造，就很好地契合了街区的价值，为周边商业构建和文旅业态的完美结合树立了典型，产生了良好的社会口碑。如今，游客来到梅河口之后，如果不去东北不夜城，总会觉得少点儿什么，东北不夜城成了梅河口市的一张亮丽的名片，实现了很多的综合价值。

　　东北不夜城的价值体现在成为区域配套的人气发动机，为城市微旅游目的地创造了新的商机，并且还可以更好地对城市进行传播。"东北不夜城"主题在抖音发布637.6万次，宣传话题168.8万次，成为城市文化的聚集地，彰显了当地文化风采。同时还可以提升周围的房屋溢价，将不良资产、存量资产盘活，带来更多的劳动就业岗位。东北不夜城与传统注重建筑建设的古镇街区的不同之处在于其建设周期较短，建设成本低，投资的费用少，但见到成效快。东北不夜城这种街区非常灵活多变，如不夜城街区里面的行为艺术表演并不是一成不变的，而是一直在迭代更新，基本在很短时间内就会进行更换升维。还能够带来更多的优质投资，对城市形象的塑造有更好的提升作用，能将城市的夜生活转化为夜经济。东北不夜城成为城市休闲中心和游客的消费目的地，延长了游客消费时间，增加了城市的收入，这些都是东北不夜城所彰显出来的价值。

问 甲·〇壹壹 **唐王华：很多人认为文化是人类文明下所表现出来的特有事物。我们都知道，文化和文明虽然存在着不解之缘但是又有区别，文明强调的是共性而文化突出的是特性，那么不夜城在当下众多的文旅街区中所代表的共性是什么，所突出的特性又是什么？**

刘磊 答

不夜城共性所突出的地方在我看来就是"节日"，也就是结合了民俗的节日。中国人都喜欢过节，所以把节日的气氛打造得更浓厚一些，也就是让每一位游客到了街区以后，都感觉是在过节，那么游客就会感到很快乐很轻松。

不夜城的突出点：第一是夜经济，不夜城晚上的灯光；第二是网红经济；第三是不夜城的各种文化表演，年文化吸引流量。

在很多小说中，描绘到上元节这一天，都会有"大街小巷灯火通明，装点得华美无比的灯架足有百尺，把整个城市的夜晚照得亮如白昼"这样的描绘出现。每每读到这里，总是想时光倒转，重回历史盛世，而不夜城的问世，就是重现了历史中的盛世之夜。

其实每每谈到不夜城，大家都会想到"文旅"二字，再细化一下可以认为，不夜城是夜间经济的代表，文旅街区遍地开花，同样是"文化＋旅游"的模式，这就是共性所在。而不夜城之所以能一枝独秀，是因为找到了自己的特性，过去的梅河口和大多数城市一样，文旅产品大多依托已有的景区，旅游观光为主，缺乏一定的活动内容。但是景色看得多了也都千篇一律，缺乏旅游中的吸引点来带动城市的旅游发展，这也导致"流量增长"非常慢。

而东北不夜城，采取的是"互联网＋"的创新模式，凭借"两微一抖"等各种平台，打造文化情怀，制造爆点演绎，成功地吸引到了大量的游客。光有文化遗产是不够

不夜之城

的，要有"活化"文化的概念，才能带来更强大的活力。不夜城所拥有的特性就是"旧中出新，新旧一体"。

东北不夜城的闪电战，就是从地方文化母体中提取出优质基因，将场景升维成可拍、可赏、可体验的连环秀产品，把夜经济的时间轴拉长，让游客"钱包"顺利地留在这里。

美国著名管理学者斯科特·麦克凯恩说过一句话，一切行业都是娱乐业。文旅街区中的微秀场作为尖刀产品，能迅速获取流量，与传统意义上的"人海战术"是相互对立的。无论是国外大师作品还是国内大师导演的"大舞台模式"在国内的复制，对于某些城市来说是不合适的。

无论是东北不夜城的封面和封底的"一今一古"的表达，还是卷首语《追梦梅河》，特别关注的《清歌妙舞》，抑或焦点《云歌琵琶》，乃至中间插页《篝火晚会》，这一连串的看点重在击中游客的心智，这都是基于心理学的峰终定律设计的，这也是宜家的核心逻辑。

2021年东北不夜城顶着疫情的重压，在"五一"假期，以单日客流38万人次的姿态出圈。当大部分景区停下的时候，东北不夜城给文旅人带来了希望，带来了曙光。疫情防控期间，对于文旅人来说，拒绝躺平就是抄底。往远处看，挺过寒冷日子后的奖赏一定比以往更诱人。对企业来说，当时的"抄底"，可能就是自我革命。越是行业艰难的时期，越需要一场有点野蛮、不那么讲理的自救。

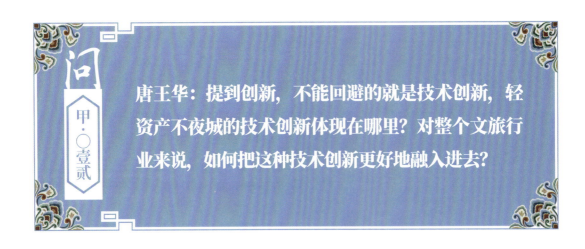

唐王华：提到创新，不能回避的就是技术创新，轻资产不夜城的技术创新体现在哪里？对整个文旅行业来说，如何把这种技术创新更好地融入进去？

刘磊 答

其实创新和创造，就是在做所有项目的时候，首先要有属于项目的突破，有时候需要付出很多的代价去创新，这首先是思维的创新。不夜城的创新，就是将活动和演艺的短期的效益融入文旅的常态化中去。也就是说，以前做一个演唱会，可以一天来十五万人，做一个活动也可以来十几万的人，这个"单点"是可以的。但是文旅需要长期垄断游客流量，这个时候就需要转换思路，比如在不夜城运营里面，我们有个说法叫"周周有活动、月月有节日"。只有长期保持新鲜感，才能持续吸引到游客。不忘初心，方得始终，东北不夜城的初心就是将这个初生的婴儿打造成超级物种，在IP价值创新上主要做了"四新"的升维思考。

新物理：建筑与游客互动，街景与游客互动，展演与游客互动，秀场与游客互动！东北不夜城抽取梅河口老火车站的物理元素，加入特色文化符号，以风情文化、颜值文化、美食文化、秀场体验等相互化合反应的造物原理，构成街区的文化灵魂。

新概念：轻资产不夜城不仅仅是夜，升维成没日没夜，形成游客消费的颗粒度和黏度，所以提出了"城市舞台"的新概念，引爆梅河口乃至周边旅游带，打造梅河口新的经济增长曲线！

新场景：爆款场景才能生成新物种，进而产生新话题、新流量。从人的场景到空间场景的渗透，街中有景，景中有人，人中有情，一环扣一环，彻底留住游客时间！东北不夜城以灯光投影技术为依托，将植物树叶铺垫成一个具有生命力的大道，

不
夜
之
城

实属全国首创。微秀场如《云歌琵琶》《清歌妙舞》《剪纸少女》《梅河风驰》《长白女将》《长白墨客》等19个秀场，以及两组民族特色秀：《高山流水》《篝火晚会》，按照当地的文化基因进行组装，带来了连环互动体验，实现了用新消费理念驱动文旅产业跨越式升级，彰显了独特的城市魅力。

新想象：当城市失去了想象力，也就失去了个性、气质与生命力。旅游产品没有想象就没有沉浸式体验。想象力是一切美的原动力！吃、住、行、游、购、娱、享、乐、怡、情，不夜城全面混合这些传统元素，注入新的锋利场景，让游客来了想拍，拍了想晒，晒了再来，来了想嗨，嗨了想买！

很多人来过东北不夜城之后，都会提到"开放而灵动，包容且自由"这样的字眼，不仅运用历史文化元素让游人感受到了原汁原味的东北文化，也通过灯光、影视、科技等现代元素让游人看到了现代东北的发展变化，让那些历史文化显得不再那么遥远。

在艺术文化的融合氛围下，可以说东北不夜城走出了自己的路子。将历史文化和旅游经济相结合，结合技术创新的手段，将这些元素活灵活现地展现出来，全力助推夜经济发展，成功为梅河口打造了一块"金字招牌"。

问 甲·○壹叁: 唐王华：街区设计有句行话叫"能窄不宽，宽街无市"，但是新建建筑在消防安全上有着明确的规定，各地一般都不支持比较窄的街区设计，看起来似乎和商业运用形成了矛盾。那么街区的形态和街区的品质是否存在着必然的因果关系？

刘磊 答

在中国，业界确实流传着"宽街无市"这种说法，游客的审美习惯和文化传统，更偏好比较窄的街区，在视觉感受和人文感知上都比较合适。窄的街区更多是从凝聚人气的运营角度来思考的，而宽的街区则是从街区美观的设计审美角度来思考的。

而且这个"宽街无市"主要涉及整个街区的气场的问题，就像房子一样，比如说故宫，看着外形很大，但是实质上进入建筑内部空间之后，会觉得并不大。又比如东北不夜城，街区中间布置了很多的业态，将这些小的业态填充到了街区里面去，人们来到这里之后，行走在非常宽阔的街区，却会体验到很充实的感觉，这就是人性化的设计。

不夜之城

实际上，街区的宽度与品质没有绝对的因果关系。同样，街区的宽度与聚人气、聚商气也没有绝对必然的逻辑关联。如果认为这之间存在着直接的因果关系，那这种想法则是错误的。其实，运营本身就是一个解决问题的过程，街区的优劣更多取决于运营团队的认知。

对于宽的街区，可以通过业态与旅游元素进行转化，加之运营到位，有时候理论上的缺点会转化成优势。例如，美国旧金山的伦巴底街，长度400米，坡度40°，有8个急转弯。原来街道是直道行车不便且危险，政府便在1923年将直道改建成了8个相连转弯，只限车辆下行，并在道路两旁种植各色花卉，使得一年四季花团锦簇。如今，该街号称"世界上最弯曲的街道"，成为著名景点，游客络绎不绝。

街区宽阔，可以在这里"智造"更多的场景让游客们去体验，还能举行花车游行这样具有特色的活动，都能给街区带来更多的游客。

问

甲·〇壹肆

唐王华：轻资产不夜城往往承载着特色文化，可以看到不夜城中到处都有文化元素，但又不是 100% 地还原文化，那么在文旅发展中，应该怎样做好建筑风貌的原始忠实性和文化感知性的平衡？

刘磊　答

都知道文旅街区的建筑要有特色，这是无可厚非的。但是，什么样的"特色"才具有比较理想的旅游价值？这是我一直在探索的问题。

东平的大宋不夜城是一个改造和提升项目。东平水浒影视城，原有建筑是以唐宋风格为主，规模宏大。而我们在打造的时候，街区上一些小的店铺，选取了新中式唐宋的风格、大的落地窗户等开放式的现代风格，借助唐宋文化元素并将其融入现代人的审美中去。

一般来说，文旅街区的建筑大多会以本地历史传承和民俗传统为文化基因，然后转化为文化符号，传达到游客的脑海中去，表达出项目的文化气质和特色，然后在建筑上形成旅游标志物和吸引物。旅游建筑的真实性是一种建筑的真实，而非原生性的真实，它需要在在地文化传统的基础上，活化到位，既兼顾传统又有对传统的真实叙事感。

根据多年的经验，如果过于忠实地还原建筑物，反倒容易失去体验价值。因为做文旅街区不是做历史文物，是在打造具有历史感的街区，重要的是体验感。

过度地强调原生性真实，可能会让建筑物的文化感知性变弱，让游客有脏乱甚至落后的感受，很难引起游客的时空联想和期待性幻想。这就是在文旅中常见的"建设坑"。

在过去，其实有很多各种的建设坑，比如说效益差的一些古镇、古街区、古村落，

不夜之城

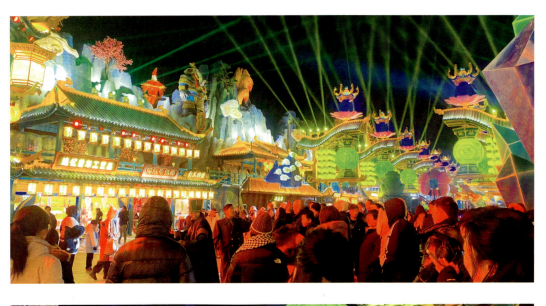

很多时候都是一些地产商、老板认为房子盖好了，理所当然就会有游客了。但是房子盖好只是旅游的第一步，盖好了之后还有很多事情，还要"穿衣戴帽"。盖好房子，仅相当于形成裸体的肉身，还要穿裤穿衣，还要戴帽子，还要化妆，后面的事很多，所以很多过去以建设为导向的这种产品，出现了很大问题。

今天很多景区，比如说人文型的古镇，游客进去之后，在里面转一圈，看到的都是"老面孔"，到处是乱七八糟的小商品，到处是没有新意的臭豆腐、烤串、烤鱿鱼。

所以，这样的产品怎么可能有绝杀力？但这就是过去旅游大建设带来的一些负面后果，原因是什么？就是文旅的"潜规则"，就是所有产业链上的人都不用为结果负责。比如说一个烂尾盘的老板，有没有把前面做建设的给告了？老王设计的这

不夜之城

个古镇，他挣了钱走了，项目赔了，后果只能业主背。因为行业的规则就是这样，买单的是业主，中间链条挣钱的不必负责任。结果除了业主，谁也不用对结果负责，谁都可以说两句，但大家都不会买单。

所以过去出现了一些问题，文旅建设未来一定要慎重，我最早是学建筑设计的，但是近年来反对做大建筑，为什么？就是规避建设坑。以我自己的案例来说，东北不夜城不盖房子，2022年仅仅5个月时间就吸引了408万人次的游客，全东北遥遥领先，Top指数遥遥领先。

资源资金合理分化是重要的，不做运营前置的古镇古街区基本上会出现很大的问题，因为不知道为谁而战，不知道游客去哪了，盖的房子也成了麻烦。所以在我看来在做"大建筑"的时候，一定要慎之又慎。

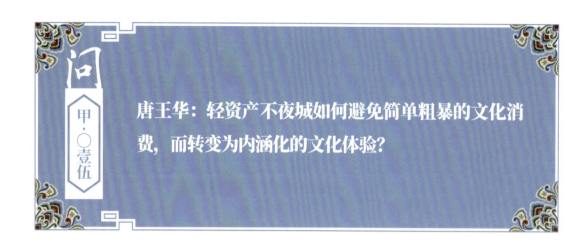

甲·〇壹伍

唐王华：轻资产不夜城如何避免简单粗暴的文化消费，而转变为内涵化的文化体验？

刘磊 答

以前做旅游，常常不关注游客，总是自顾自做完之后就开门迎客。但是我们做不夜城，首先要做的事是"定位人群"，定位好了人群之后，再从游客的视角出发决定这里面的业态组合，也就是游客喜欢什么，就做什么。不夜城中的每一个灯光布局以及小店铺的布局，都可以让游客轻松拍摄出很美的照片，都是符合游客审美体验需求的景，即"一步一景"。

还有人在打造项目的时候，喜欢设计非常复杂的 LOGO，但是在我看来 LOGO 越复杂越没有用。有的地方设计出来的 LOGO 还是英文的，其实没有必要。简单的一目了然的东西才能够在游客心中留下深刻的印象，大道至简。多年前在一次会议上我给大家讲汉字就是 LOGO，并拿了一部新手机当着 500 个人的面说"如果谁能够现在把海底捞的 LOGO 画出来，就立即将这台手机送给他！"结果没有一个人能够将海底捞的 LOGO 画出来，哪怕海底捞的店长，也画不出来。没几年的时间海底捞就进行了 LOGO 的更换，所以说最好的 LOGO 就是中文。将全中国十大景区的 LOGO 找出来，相信没有几个人能够将其认全，谁能记住景区的 LOGO？但是汉字却没有中国人不认识。

对于文旅来说，无论是文旅街区还是自然景区，从本质上来看都是一种产品。拿东北不夜城来说，可以整体看作一个产品，在街区之内有有形和无形两种组成部分。比如，不夜城的特色建筑、精彩演绎这些都是有形的部分。还有无形的部分，

不夜之城

那就是"感受"，如人们到不夜城之后，在脑海中呈现出来的震撼场面、恢宏气势、繁华景象这些感受，这也是常常说到的"体验"。对于一个产品来说，体验感是至关重要的。

产品的体验感强了，才能促进二次消费。也就是说，只有想办法增强景区的体验感，才能更好地带动景区的二次消费。如果一个景区过于依赖门票收入，那肯定会要求门票价格逐年上涨，但是这逐年上涨的门票自然就会阻碍游客的脚步，这样来看，其实就无法有效正向循环。

增强体验感，首先要发掘这个景区的主题，必须是具有诱惑力的主题。人们来到一个景区，一般是为了放松自己或者是想获得一些在日常生活中少有的体验。就大宋不夜城来看，"水浒文化"既能契合当地的历史文化，又有着充足的资源，还能引起人们的兴趣，激发他们对于历史景象的向往，所以该景区的主题离不开"水浒"。

景区的主题，最主要的是能够通过影响游客对空间、时间和事物的体验，彻底改变游客对现实的感觉，用灯光点亮城市，带来历史的景象，让每一位来到这里的游客，都能感受到什么是"一梦千年"。

为了增强游客在不夜城的体验感，除了突出景区的主题外，更重要的是在不夜城街区上面进行了多景点布局，可以说是十步一景。当还没有从之前的场景带来的魅力中走出来的时候，下一个场景就又出现在了眼前，散发着新的魅力。这样，当这条步行街走完之后，游客怎会不被这个街区的繁华所震撼呢？

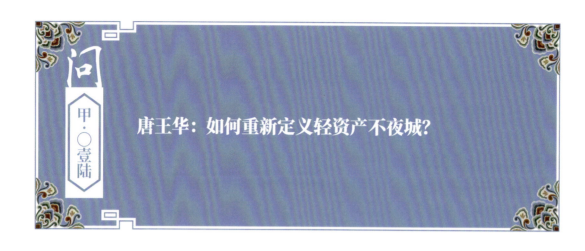

问 唐王华：如何重新定义轻资产不夜城？

刘磊 答

　　重新定义就是将文旅项目进行升级进化，重新包装，改变其性质，使其变得与众不同。一切街区皆可重新定义。中国有很多文旅项目，是因为一个名字而变火了的。其中有一个项目叫金海雪山，这个"雪山"是没有雪的，而是山上的梨花海像雪一般，不过一些老外真的背着滑雪板就去了。更改名字后商业和文旅的本质没有改变，人货场，人和货是没有变的，人还是那些人，货也一直存在，但是场景发生了变化，所以现在就要对产品和场景重新进行定义，重新去解决新的问题。

　　路过一个水果店，如果问老板，凭什么苹果只要三块钱一斤，而槟榔却要50块钱一斤，老板不会理你，实际上也没有顾客会这样问，因为大家知道它们不是一个品类，不是一个赛道。

　　文旅项目的重新定义，就意味着某种程度的变换赛道。

　　当跨界重塑赛道的时候，项目就会有新的力量，竞争优势就会更加明显，项目将更具活力。大家可能去过河南老君山，其实老君山在变换赛道上就做得非常好，它的营销，吃着泡面看雪景，就是变换赛道，从原来自然的山水变成了影响人的心理感受和心智的网红山，这个时候就发生了很多的变化。不过面对竞争不要惧怕，一切产品皆可重新定义，一切产品皆可升级。

　　20年前，大家都用插排、插座，可是没多少人使用公牛插座，后来，公牛插座

重新定义了插座这个行业，推出"安全插座""防雷插座""儿童保护插座"等新产品，满足了新需求，开辟了新赛道。一个小小的插座，能有多少销售额？2022年一年的销售额就达到140多亿元，这就是一个小小插座的故事。一切行业皆可重新定义，有些古镇古村落古街区不是没法干，是缺乏重新定义和重新包装。

在2017年的时候，我到了江苏盐城，江苏盐城当时有一个欧洲风情街，定位是婚庆婚纱基地，为了做婚纱基地。甚至做了很多的婚纱摄影楼，还有月子中心，但是一直也没有搞起来。后来进行赛道变换，对标了当地的荷兰花海，把它打造成江苏第一条花街，充满鲜花的一条街道，鲜花风情的一条小街道，重新注入内容，重新填补场景，重新去定义它，给它改了一个字，叫欧风花街。简简单单的一个逻辑的塑造改变，造成了后来夜经济的焕然一新。

实际上，在面对任何一个项目的时候，变换赛道都可以一招灵，也就是原来是苹果，现在不是苹果了，现在可能是榴梿，或者是槟榔，带来新的体验，激发新的需求。

唐王华：做文旅项目什么最重要？需要做到什么？

刘磊 答

　　文旅项目，常常遇到各种坑，不掉坑是最重要的，注入内容是核心。目前很多古镇项目，做得还是不错的，比如，建筑植物体系、园林体系以及交通。但是很多项目缺乏内容，空空如也，没游客、没商户、没人经营，也缺乏管理的人才，这造成了很多项目的存量。

2017 年年底我去调研山东日照的东夷小镇，发现东夷小镇基本上以院落为主，应该是参考的拈花湾，造型和拈花湾就特别像，院落质量特别好，形成了民宿体系，几百间客房，但是发现的一个极大的问题是什么？没有人被吸引到这里。如果解决不了核心吸引核，其实是没人来住的，核心吸引核必须解决。每年去北戴河的人特别多，北戴河的一张床就值钱得不得了，但是到南戴河、海港区住的人还是不太多，为什么？

因为消费者的惯性就是这样，该去哪住去哪住，没有吸引到他就不会去住。所以过去的游客在东夷小镇还没有住宿消费的这种习惯时，最重要的一件事，就是要植入内容。为了植入内容，把院落前面的草坪绿化带，还有前面的路面进行了拆除，拆除了之后用临建的方式，搭建了各种贝壳装饰的小棚子，进深搭出来了三米，做了日照那年唯一的民俗美食街，注入了产品和内容，迅速获得成功。直到目前，它还是日照地区的游客量的第一名，最高的一年，2019 年创造了 580 万人次的游客量。任何项目的问题都可以用产品内容去解决。

在做文旅项目的时候还需要聚焦单点，一定要聚焦，不是要做多宽，而是要做多深。文旅行业最主要的就是要有深度和超越竞争对手的顾客价值。顾客价值有多少，项目就会取得多大的成绩。做文旅项目的时候，也要注意相对的平衡和相对的聚焦。

在山东临沂，有一个项目叫竹泉村，在疫情期间不断地进行更新和升级换代作业。当时没有建筑材料，就去山上搬石头、挖草、砍树枝、找竹子做出来一个夜经济街，这么简单的建筑材料花了多少钱呢？

1535 万元就把整个一条夜经济街区打造出来了，但是这一条街的标准并不低，它对标的是网红村，是用选商的逻辑做出来的极致的山东的产品、临沂的产品，以至于现在客流量还是非常大，这个项目方给我写过一封感谢信，感谢什么？

三天收回成本。2020 年"五一"开业，三天时间就收回了成本，为什么三天会收回成本？就是因为它聚焦单点，当时的资金量是有限的，怎么聚焦单点？就是把生态园林的感觉击穿，迅速做出来。不去追求一些高大上，而是追求平民的气氛，民俗消费，成为老百姓的休闲，反而逆向思维获得了成功。

　　做项目要避免总是做很广度的一些东西，有很多城市就夜经济这件事也做了很多山体的亮化、湖域的亮化。如有一个城市，做了一个河道，沿一个河道做了好几千米的亮化，其实这样的东西可能在运营的时候就会出现很多想不到的重资产问题，能够坚持一年都不错了。

　　要抓重点、抓主要矛盾，就像一头牛，想要拉住它，是不容易的，但是人类想了一个特别聪明的办法，用一个铁环把牛鼻子拉住，那么即便是三岁的小朋友，也能轻松牵着它走。所以任何事情都要抓住主要矛盾，今天做旅游也是这样。

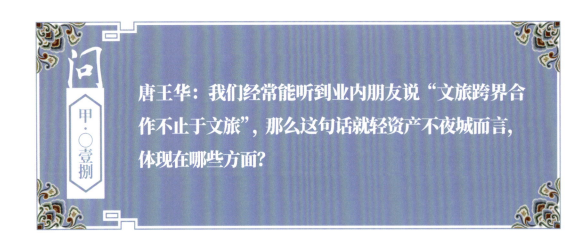

唐王华：我们经常能听到业内朋友说"文旅跨界合作不止于文旅"，那么这句话就轻资产不夜城而言，体现在哪些方面？

刘磊 答

065

文化旅游和自然旅游是两大市场主题。文化旅游依赖历史文化，自然旅游依赖生态环境，一个地区拥有这两类资源中的一个，就具备了旅游发展的基础，如果同时拥有两类资源，它的市场更广，吸引力更大，旅游对社会经济的带动力也更明显。

文化是一个符号，也是魂；旅游是一种导入，导入的是人群。这中间还需要一个"商"，我们叫文商旅，商就是商业模式、商业平台，如果只是单纯的文和旅的跨界合作，那其实是没有价值的，一定要有"商"，也就是政府搭建一个平台，吸引优质的商家。对于一个城市来说，其实夜经济的打造就是文、商、旅这三者之间的跨界合作。

在发展文化旅游时，要通过对历史文化的挖掘，特别是对非物质文化遗产的挖掘，诸如戏曲文化、歌舞文化、工艺文化、饮食文化、养生文化等，将文化活化并且打造具有 IP 属性的文化旅游产品。

从旅游角度来说，文旅跨界合作不仅是文化和旅游的合作，还有其他方面的合作。旅游作为新型的文化现象，作为一种综合消费行为，它的实现涉及方方面面，当然不仅是文化和旅游的合作这点事。

常常提到的乡村旅游、自然旅游、自驾车旅游、研学旅游、康养旅游、户外运动等旅游形态的发展，仅靠旅游与文化的合作是难以实现的。区域内的旅游产业链构建必须围绕旅游类型和旅游产品开发。一个地区有不同的旅游资源，有方便的旅游交通体系，这些为旅游类型和产品开发创造了条件。所以，重点是专心研究开发什么样的

旅游类型和产品，以此形成什么样的旅游产业链。

　　文旅跨界合作只是大的背景，就像不夜城，难道只是需要考虑文化和旅游的跨界合作就可以了吗？自然不是的，还涉及餐饮、出行、服务等各行各业，所以说是"文旅跨界合作"其实质上是以"文化＋商业""旅游＋商业"的模式在运转。

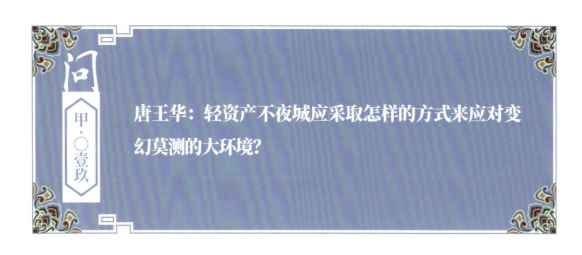

唐王华：轻资产不夜城应采取怎样的方式来应对变幻莫测的大环境?

刘磊　答

要应对好变幻莫测的大环境首先就是自身要懂得变化，应对变化的最好方式就是"变化"。在象州梦幻夜不夜城开街之后，很多游客围在普通喷泉边上把它当成了"喊泉"，不夜城的安保人员就对游客们解释说这里并不是"喊泉"让游客们不要围在这里"喊"了，可是每天围在这里的游客还是很多。在这样的情况下不夜城

不夜之城

就及时做出了改变，将这里改成了"喊泉"，之后游客们来到不夜城，都会在这里打卡并且拍摄短视频发到网上，带来了不少的流量。还有就是新潮，不夜城的本质就是一个时尚街区，尤其当下的国潮受到年轻人的广泛喜爱，打造新潮的元素自然能够吸引更多的年轻人到来。

想要适应变幻莫测的大环境，还有一点就是产品需要不断迭代，不夜城的行为艺术就是不断更新迭代的。因为人们对于一个事物出现后的新奇感是存在着周期性的，如果街区里面的演艺是一成不变的，那么久而久之看过的游客就不会再来了。有一次在不夜城遇到了一个女孩，我觉得很面熟于是就上前采访了她。那个女孩说自己每个月都会来，因为这里的演艺在不断更新，很有吸引力，不夜城里面的一些场景也会不断变化，每次出现新的场景就想来这里拍照打卡。这就是升维迭代给不夜城带来的新动能，自身强大了无论环境如何变化都能够屹立不倒。

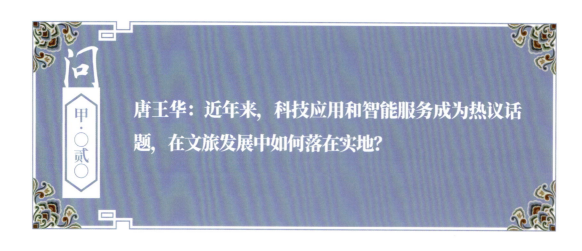

问 甲·〇贰〇

唐王华：近年来，科技应用和智能服务成为热议话题，在文旅发展中如何落在实地？

刘磊 答

利用云计算、物联网、AR/VR 等新技术赋能的智慧旅游，近些年逐渐成为旅游管理、体验、服务和营销的主要方式，而且目前很流行。

首先要明白，现在市场上打造文旅需要定制化。以前在做一个地方的宣传的时候，要通过电视、广播和报纸。但是现在通过定制化，能预测数据未来一周会到达哪个城市，然后就可以通过今日头条、抖音这些 App 推送到你的手机上面。当你感兴趣，并前往该步行街购物，你就会进入到会员系统中去，然后会员系统会为你推送社群以及周边的业态。

其实科技的提高可以让旅游更加多元化、更具时代感和吸引力，更好更快地促进旅游业的发展。科技与旅游相结合，就是一场绚丽的烟火。旅游景区人流量大难以管控，各子系统独立存在无法互联互通，景区关键应用智能化水平低等一系列管理难题，都严重影响游客的游玩体验。旅游产业的发展和游客需求是两股促进的力量，要求景区在内容运营和服务上做出应变。而科技，就是景区所能利用的一大利器，也恰巧可以解决这样的问题。

比如，通过智能售检票终端，采集景区客流情况，实时监控景区游客量及门票销售状况。景区可根据数据分析进行人流引导，就能够避免拥堵导致的安全问题。而且通过采集各大旅游论坛、微博、公众号等用户对于景区的评价数据，深入加工后，可以得到用户对于景区的评价以及景区实时热度，方便景区及时改善服务方向。

不夜之城

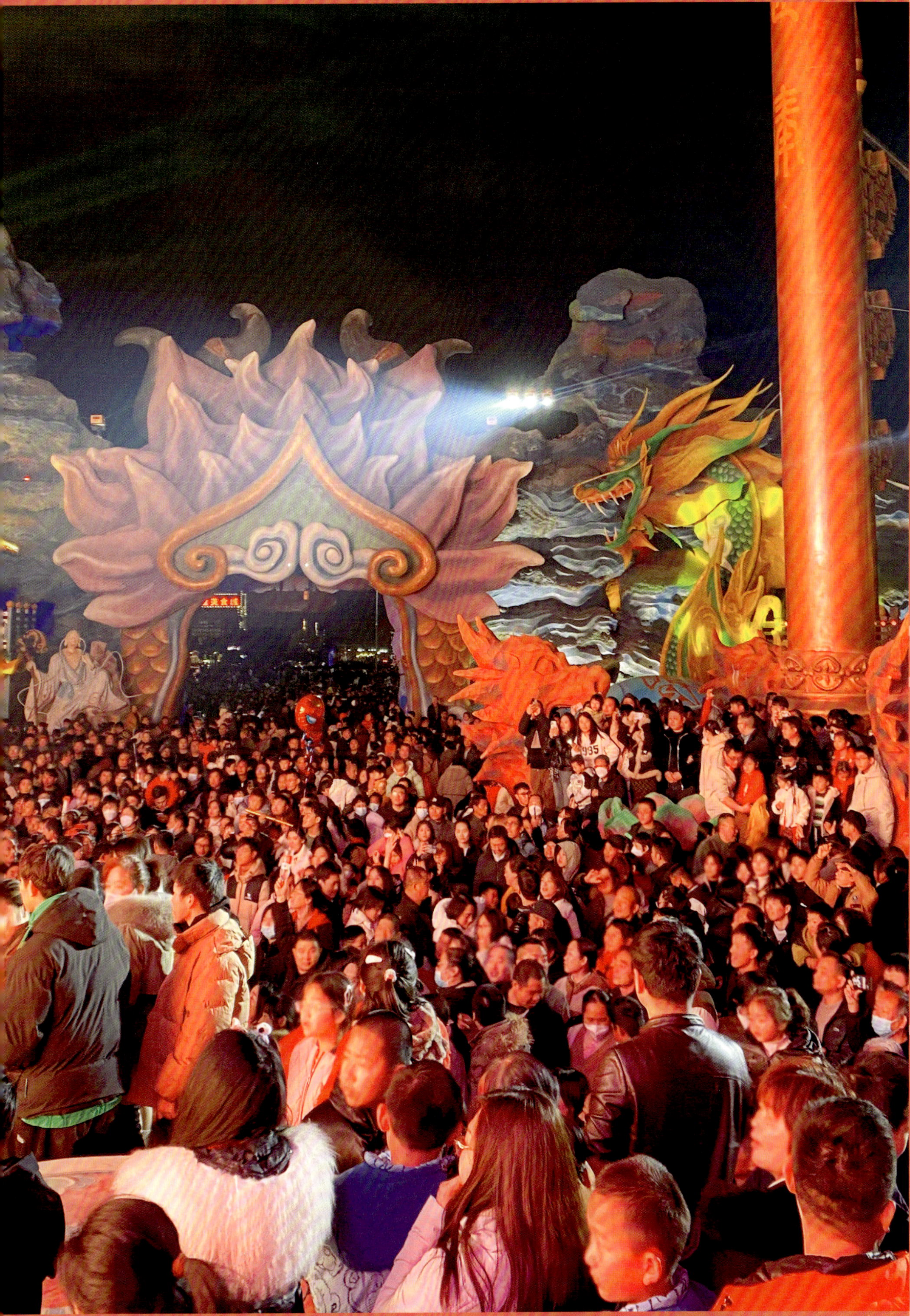

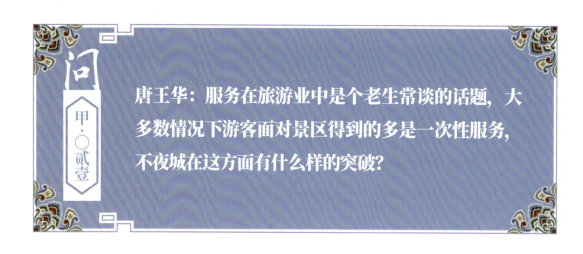

唐王华：服务在旅游业中是个老生常谈的话题，大多数情况下游客面对景区得到的多是一次性服务，不夜城在这方面有什么样的突破？

刘磊 答

我经常说一句话，旅游和文旅的区别就是，旅游所去的地方可能一生就去一次，而文旅对应休闲度假，可能一年去很多次。所以提高游客重游率就变成了重要的课题。不夜城能够吸引游客重游的核心就是这里面业态的变化，也就是说，每个季度有大量的业态和内容的更新提升。

夜经济对于一个城市来说，在繁荣消费、扩大内需方面，都起到了很大的作用。此外，要衡量一个城市的经济活力，很多时候都会把目光投放在夜经济上面。

我常常借用古人的这句话：见微知著，可见天下事。对于旅游业来说服务就是这样，似乎存在感不是那么强，但是往往能起到决定成败的作用。因为旅游是人的一种活动。而旅游服务就是为旅游者服务。对人的服务，更要从细微做起，方能使人觉得周到，感到温暖。反之，则失误，甚至失败。在旅游服务中忽视细枝末节，所付出的沉重代价屡见不鲜。服务体现在细微上，而细微服务是旅游服务取胜的法宝。

现如今随着游客需求越来越个性化，只有从小处着手，从细微入手，在服务中真正做到"无微不至"，才能及时、准确地为客人提供更加优质、高效的服务。忽视了服务中的任何一个细节，都可能使服务质量大打折扣，导致优质服务的失败。反之，服务水平则得到了提高。

众所周知，优质服务提升竞争力，旅游业属于服务行业，旅游业的竞争就是服务质量的竞争，要想长久地吸引游客的注意力，就必须有优质且细微的服务做保障，才能赢得游客的回头率。旅游消费观念日益成熟的今天，游客在衡量一项服务产品的价值时，已经用"值不值"的消费意识替代了以往传统的"贵不贵"的消费意识。因此，在服务中要尽可能地为游客提供超出他们期望值的服务，给游客惊喜，让游客满意，培养景区的忠诚游客。

就像在木兰不夜城和东北不夜城，游客们能感受到这里的细节，也就愿意在这里消费，这个时候游客们往往考虑的，不是这次消费要花费多少钱的问题，而是这次消费是否满足了心智需求，是否能让我有独特的体验。而这种想法就需要项目方通过细微的服务来引导。

总的来说，精细化服务是一个永无止境的细致工作，是永恒的主题，这没有绝对的标准，只有更高的追求。精细化服务应作为旅游更快更好发展的重要举措，持之以恒，不懈努力，才能够为游客提供一个舒适、文明、和谐、自然的旅游环境。

唐王华：轻资产不夜城是如何体现夜间经济的发展活力和动能的?

刘磊 答

2021 年被称为轻资产不夜城的元年，游客们也将目光越来越多地瞩目于夜间旅游，夜间越来越成为消费潜力的高光时刻，夜游也变成了驱动文旅融合发展的时空载体。可以说是市场狂飙突进，资本跃跃欲试。而且通过不夜城就可以感觉出来，夜景是有活力的，夜间演艺是可以聚人气的，夜间的业态也是可以凝财气的。但是不能忽视的是其自然有门槛，夜间的文旅场景也需要不断地创新，才可以把握机会和获得成功。

发展夜间经济，最重要的一点就是要充分挖掘本地特色资源，赋予其更多文化内涵和现代元素，努力打造城市夜间经济文化集聚区和高质量"文化 IP 打卡地"。因此，"文化元素 + 地方特色"是各地夜间经济应该重点发展的方向。在发展夜间经济的同时，要充分根据城市定位和既有的文化元素，挖掘城市文化内核，通过多元科技的综合利用与特色文化元素的全面结合，用文化元素为夜间经济赋能，用文化点亮城市夜间经济。

不夜城开辟了商业步行街区的文旅新模式，以全新的、创新的模式打造出一座城市旅游的新地标、新亮点，成为促进旅游经济的新势能。因势而动，顺势而为，夜景有温度，夜演有内容，文旅业态才会有活力，不夜城在城市更新中才可以健康发展。

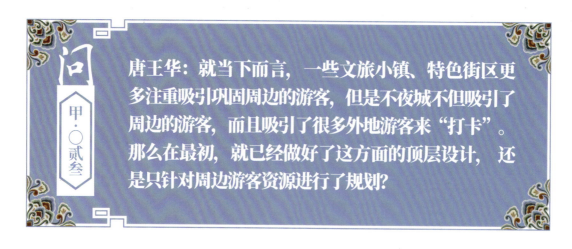

唐王华：就当下而言，一些文旅小镇、特色街区更多注重吸引巩固周边的游客，但是不夜城不但吸引了周边的游客，而且吸引了很多外地游客来"打卡"。那么在最初，就已经做好了这方面的顶层设计，还是只针对周边游客资源进行了规划？

刘磊 答

我们在打造不夜城的时候有两个定位：第一，它是城市的名片。第二，做一个"湖泊景区"，就是说不管游客白天去了哪个"溪流景区"，晚上都要汇到不夜城来。在不夜城留住一晚后，第二天再去周边的景区。所以，文化街区的核心就是做一个心智汇集的点，就是所有游客来了这个城市之后，必须打卡的地方。当年杭州西湖提出了免费开放的措施，其实就是将游客们的门票钱转换成了买茶、买酒、吃饭以及住宿所产生的费用，这个措施的效果就很不错。正所谓"得民心者得天下"，在"免门票"措施施行的当年，杭州旅游的整体收入就增加了大约 100 亿元，接待游客量

突破 2 亿人次，游客到达杭州之后平均逗留 3 日，人均花费约为 1800 元。甚至马云都说过，当年创立淘宝的时候就是借鉴了杭州西湖通过免费开放吸引流量的措施，这样的启发让他战胜了很多对手。当然，免费是基于西湖景区强大的产业链，消费是基于游客画像的具体分析。任何人都可以免费进入西湖景区游览，来西湖游览的游客就会产生消费行为，如游客们的吃住行需要花钱，购买纪念品需要花钱，所以景区虽然取消了门票，看似没有了收入，其实创造了更多的流量价值，带来了更多的价值增长。

外婆家的麻婆豆腐自从上市以来一直都是售价3元，这也是一种引流方式，产品的本身是不具有挣钱作用的，但是引流的作用很大，是消费者认知餐厅消费的重要因素。在这一点上不夜城、西湖以及外婆家使用了异曲同工之法，它们的共同之处就是"吸引流量"。得民心者得天下，这些看起来是"免费"的产品实际上会增加消费者在吃住行方面的支出，不夜城也由此成为文旅的湖泊和发动机。所以说世界上最大的收费就是免费，这些看起来的免费实际上对城市产生了巨大的虹吸效应和巨大的发动机效应，这样的效果是很多收门票的景区远远无法达到的。

"手机吃饱"，其实就是获得了游客们的认同感。为什么这么说？是因为，游客来到这里，感受到了震撼，或者说是体验到了以往没有的体验，就会拿出手机拍照留念，然后发在社交平台上，再配上一段文字。这就是因为景区内的场景制造了故事，打动了游客们的心，也是无形之中对景区的宣传。截至2021年10月10日，抖音"#东北不夜城"相关话题播放量达到4亿次，成为吉林省抖音"吃喝玩乐人气榜"第一名。抖音热搜带"东北"字眼位置排名中，东北不夜城居于榜首，这都是游客对于项目的认可。

在东北不夜城举办泼水节的期间，很多来到东北不夜城体验泼水节的游客，就

会将拍摄好的视频上传到短视频平台上面去，这个时候不少看到视频的网友就会被热闹的场景所吸引，然后产生了想去东北不夜城看一看的想法。只要十个看到视频的用户中，有一个产生了这样的想法，其实就是宣传上面的成功。

点亮城市，夜灯光不等于夜经济，很多城市都在做夜间灯光，动辄几亿元、几十亿元的投资，做了很多城市亮化，但是没有什么实质性的效果。然后过了几年不用老百姓去说，自己就把这些灯光给关掉了。之前我去过一个城市，当地的朋友请我吃饭，我们坐在一个湖边的包间，那个湖上面的灯光喷泉做得非常好，我就问这么好的景观怎么没有游客来看呢？朋友说，七个月就开了今天这一次，因为喷泉的预热需要两个小时，灯光开一夜就需要几万元的电费，就觉得没有必要负担它，这就是思维上对夜经济的认知出现了偏差。

在设计之初，就要明确首先要抓住周边的游客资源，这是一定要做到的。在获得周边游客资源的同时，要将影响辐射出去，这样才能保证稳定增长，所以打造文旅项目一定要做一个"免费"的能够吸引很多人去的产品，不仅要便宜、大众，还要高端、有价值。

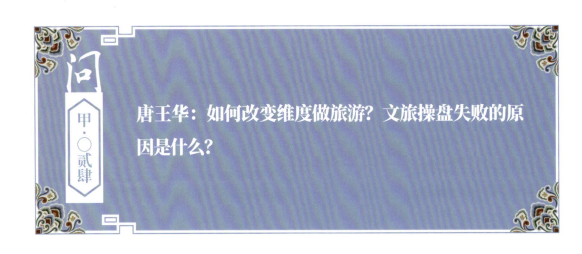

唐王华：如何改变维度做旅游？文旅操盘失败的原因是什么？

刘磊 答

说起改变维度，我认为首先有一个概念，那就是做文旅，一定要"去大众化"。可以发现很多没有级别的景区，人气吊打很多高等级景区，如同东北不夜城一样。当前这个时代，是一个信息大爆炸的时代，所有的渠道营销方式已经略显疲态，而是转变为社群营销。所以应该聚焦"小众化"群体，这样才能走到游客心里去，而且随着旅游市场的细致分化，不可能再像以往一样"眉毛胡子一把抓"，那注定会成为撒胡椒面式的营销，缺少冲击性和爆点，自然也无法吸引来更多的客流。

不能只是考虑怎样让游客来消费，只是靠魅力吸引是不够的，要学会化被动为主动，那就是在文旅项目中嵌入消费者价值观。这是需要有很详细的调研之后才能开展的工作，最是忌讳盲目！而且满足的不只是游客的物质需求，更多的是精神层面的需求。缺少什么、需要什么，这都是需要考虑的元素。与消费者的生活方式和生活状态对接，使之成为承载着特殊意义和情感、富有文化意味的标签符号这才是目的。

还有就是，一定要学会"讲故事"，故事最能打动人心。不夜城向游客们展现了壮丽繁华的地方故事，正因为故事讲好了，才打动了更多的人来到这里，吸引了更多的流量，流量产品都有着自己的独特故事。

还有一点，注重游客的参与感，让游客参与进来，增强体验感。游客与景区产生互动，才能留下深刻的印象，如果只是走马观花一般，那也不过是拍完照、吃完饭、发一条朋友圈后便再无多余的情怀。

　　文旅操盘失败不是少数，这些失败案例都有一个共同的特点，那就是没有做到运营前置化。在做文旅项目的时候一定要明白一个道理"建筑不等于文旅"，在做项目的时候首先要考虑运营前置化，运营前置化就要先找到"神和魂"，可以说很多失败的文旅项目都是只会"建庙"，不会"请神"。要先"请神"再"建庙"，而且这个庙也可以说"可建可不建"，文旅的核心是在运营。旅游一定不是去熟悉的地方，所以做文旅都要学会持续创新。

　　在文旅操盘的过程中，有很多的坑等着投资人跳下去。近几年，各地砸了不少钱，对本地的旅游产业进行规划，甚至不惜重金聘请一流专家，对全域旅游产业发展做全面规划，甚至乡村旅游、田园综合体之类的项目，也要搞个规划。结果怎样？很多地方花完钱以后才发现被"忽悠"到沟里去了，规划做得很漂亮很诱人，可一旦付诸实施，才发现要么规划很难落地、要么落地后成为高大上的夹生饭工程。可以说，不少地方和投资人被"不折不扣"地忽悠到沟里去了，而相应规划设计的服务机构及专家却销声匿迹了。

　　我在全国考察一圈之后发现了一个现象，企业领导都变成了学术专家。有一次我去跟一个小镇的董事长谈话，谈话的时候，他光给我聊唐代屋脊上的吻兽，就聊了俩钟头，如果我是一个普通游客，这两个小时能听下去吗？有一次在一个景区，有一个高度三米的斗拱，临开业的时候董事长提前去视察，到现场一看，哎哟，这个斗拱装反了。那么斗拱装反了，会是一个很大的事件吗？这个景区10月1日开业，七天迎来20多万游客，没有一个人说斗拱装反了，消费者只关心和自己吃喝玩乐有关系的事，文化要体验出来，体验出来才产生价值，教育消费者搞深层次本地文化太难了。

大家都能切身体会到，现在旅游消费人口及旅游消费额逐年攀升，很多地方认为，把本地旅游产业发展好了，既能营造好名声，又能改善地方老百姓的收入，于是，大大小小的旅游项目遍地开花。可结果往往事与愿违，不仅政府和民间的巨额投资都打了水漂，还破坏了自然资源。

当下旅游规划的迅速发展，使得很多人都成了"专家"。多年前见过一个曾经在袁家村卖纸的老头竟然被人请去讲袁家村的运营理念，成了一位文旅"专家"。很多旅游规划单位或许需要这些"专家"来为自己撑一撑门面，就找来了这么一批形形色色的大师、学者。反正关于旅游吃喝玩乐的事儿谁都可以讲出来那么几句，很多单位企业给这些人包装一下就变成了精通文旅的"大专家"。

这些伪专家的成功包装，好像一下子给这些企业建立了一种优势，但更像是自我催眠，时间一长自己都认为自己对文旅很精通。而这些人能起到什么作用吗？一

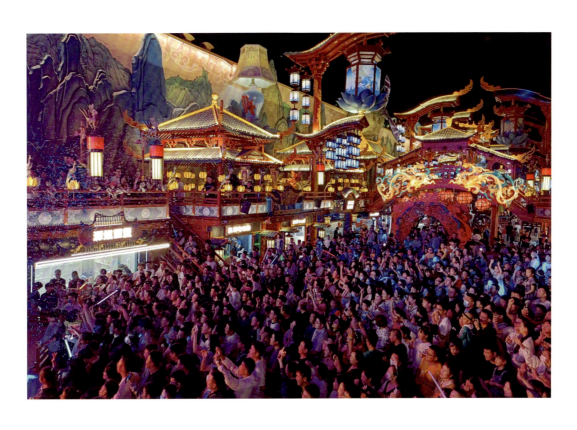

点作用都没有，反倒一天还吃吃喝喝挺开心的，更不要说有什么责任心了。这些伪专家可能唯一擅长的就是能说会道，睁眼说瞎话吹牛皮，然后用自己的这些套路去忽悠政府以及投资人。凭借他们编织的这些虚幻的东西，看似有着远大的未来的玩意儿，把投资者口袋里面的钱骗出来，自己从这里面获取丰厚的利润。而更让人不齿的是，一些有资质的规划设计机构中也有一部分滥竽充数的人，他们打造出来的项目更是无法评价，就是这些人的存在让行业显得乌烟瘴气。这也是当下文旅市场上，很多的文旅项目操盘失败的主要原因之一。

从一些角度来看，文旅属于一个非常时尚的产业，如果缺少了时尚的元素，就没法吸引游客的目光。不夜城的时尚元素就体现在"国潮"上面，国潮在当下是非常受年轻人喜爱的。想要在文旅操盘的过程中获得成功，就必须考虑游客需要什么，能够及时获取游客反馈的信息并且能够根据游客反馈的信息在内容上面进行及时的更新迭代，这才是一个成熟的文旅项目该有的状态。

当然了，文旅本身就是一个需要不断探索研究的话题，在很多时候要抱着"路漫漫其修远兮，吾将上下而求索"的精神面貌来面对文旅行业的不断发展。但是也不能将这个问题过于复杂化，要学会运用"大道至简"的方式进行文旅操盘。

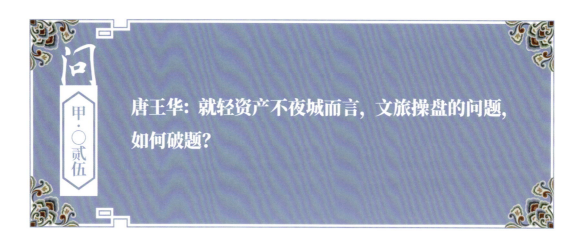

刘磊 答

文旅操盘的关键问题就是要找对人, 很多文旅项目从生到死也没有找到合适的人, 就像目前做不夜城的团队就有好几个, 甚至只是做了一些小文案、餐车、庙会、工程的人都大言不惭地说自己是做不夜城的, 这种说法从语言上面来讲不能说有错, 但是很多人不是真正的行家。可以说, 文旅最大的问题就是真正的行家难找, 伪专家太多, 可以看到全国很多所谓不夜城项目效果并不好, 甚至有的已经处于烂尾的状态。

文旅操盘是这样的, 首先要注重整个街区里面的业态提升和行为艺术创新, 每一年都有一个大的主题, 每一个季度要将里面的业态重新进行布局。这个破题就是用运营思维, 除了不改变里面大的建筑外的动线, 把商业和里面大家能看到的演艺进行调整升级。做文旅另一个思维, 叫"抢人"。有个城市, 曾经报道几万元就能

不夜之城

买一套房子，为什么房子这么便宜，就是因为城市人口大量流失。同样在未来对于文旅项目来说最重要的一点就是"抢人"。

东北不夜城这么一条街区，实际上就是一条马路，原来是车行道，后来因为交通不是很方便，来的人就少了，同时也是没有人认识到步行街会有这样大的魅力，所以多年以来并没有进行深耕。在东北不夜城开工的时候首先认识到了一点，就是一定要把这件事儿干成、干好，真正实施起来只有 17 天的时间。

在东北不夜城前期策划的时候，有一次我到了一个地产商那里，发现他的桌子上面堆了 73 本册子，73 个规划的稿子，花了多少钱呢？据说是 1.16 亿元。但是最后，这个项目亏损得一塌糊涂。为什么会是这样的情况呢？文旅从来都不是说花了多少钱就能得到多大的回报的，不一定成正比。这 73 个规划，里面有一个典型的特征，

它们是这样描述旅游的，旅游就是吃、住、行、游、购、娱、秀、养、学、闲、情、康 12 个元素做闭环就行了，那么在实战之中旅游真的是这样吗？

据我研究，全球 500 强中 90% 多的企业都是做一个产品而成功的，并且所有的企业都在深耕。乔布斯回归苹果的时候，苹果基本上面临大幅下滑的状态，当时的产品种类有 100 多个，如家电，各种各样的产品都开始生产了。乔布斯做了一件事情，让苹果变成了全世界最伟大的企业之一，即砍掉 100 多个产品，只专注于做电脑和手机，结果用了不长的时间，苹果就变成了如今的模样。

　　迪士尼做了将近 100 年，它最强大的优势就是其 IP 以及故事。任何成功的文旅企业，必须有产品，必须先把那个重点找到，就找到了问题的核心。所以近几年我们公司只做两个产品，第一就是不夜城步行街这种夜经济产品，向着全国去做；第二，就是乡村旅游的美食小镇。全世界 500 强的企业只是依靠一个产品成为 500 强的，居然占到了 90% 以上。全世界的文旅企业有谁真正把"吃、住、行、游、购、娱、秀、养、学、闲、情、康"都做成了世界第一？没有这样的文旅企业，成功的都是只有一个主轴，其他的都是分支，然后用分支解决战术的问题。

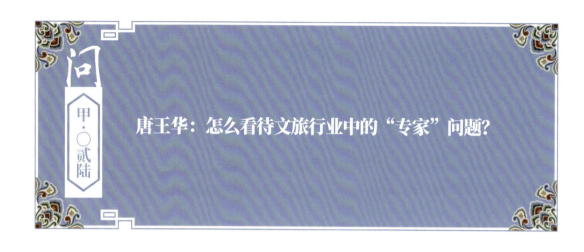

问 唐王华：怎么看待文旅行业中的"专家"问题？

刘磊 答

李嘉诚曾经有一句话叫无疾而速，没有疾病的时候，跑的速度才能快。今天的很多文旅企业不盈利，为什么？因为随着新文旅的不断崛起，很多理论其实已经处于过时的边缘。

前些年，很多煤老板、房地产商等，大量跨界涌入文旅行业当中。但是这些从业者或者这种真正的企业决策者，他们是缺乏基本的文旅概念的，他们往往有钱，手中有 10 亿元，有 8 亿元，但在干文旅这件事的时候，他们只有花钱的本领，而缺乏专业的文旅知识。

他们往往听信专家的，什么应该做，什么赶紧做，但恰恰没有一个人会告诉这些老板们，什么不能碰，什么不该做，以致出现了很多的问题。

我用了大概 10 年的时间，编写了《做文旅项目应避开的 128 个坑》，近期出版，其中把坑分成了 5 种。

第一种叫感冒型，属于一颗星级。有的景区只是感冒了，花点小钱，再优化一下，可能就有游客引入，叫感冒型。

第二种叫截肢型，属于二颗星级。什么叫截肢型？胳膊现在出问题了，或者腿现在出问题了，必须截肢了，这是更严重的坑。之前去了一个小镇，小镇密度大得不得了，只有拆掉一片才能进行更新，在我看来这个损失就叫截肢型。

第三种叫癌症型，属于三颗星级。现在有不少古镇古街项目已经得了癌症了，

基本上很难治疗，只能手术化疗，但是很多项目在治疗的时候已经没有资金了。

第四种叫死亡型，属于四颗星级。在目前的医疗条件下已经无法医治。病入膏肓，病情十分严重，已经无力回天，事情到了无法挽救的地步，项目死亡不可避免。留得青山在，不怕没柴烧。有时候，死亡未必不是一种解脱。

第五种叫植物型，属于五颗星级。第四种坑虽可怕，死亡令人心生恐惧，但对于项目来说，更可怕的是成为"植物人"。植物人是一个俗称，是人的一种特殊的意识障碍，指患者处于持续性植物状态，对自身和外界的认知功能全部或大部分丧失。成为"植物人"的企业是最可怕的，失去意识，瘫在床上，插着各种治疗的管子，有的植物人一躺就是10多年，需要用大量的人力照料，需要有大量的财力支撑。要死不死、要活不活的项目最可怕。

其实所有的坑我认为都是辩证的，比如，一个老弱病残的景区，可能一个感冒就掉入四级的坑，为什么这样讲？因为对于身体不好的人来说，一个感冒就完全有可能要了命了，但健康的人可能得了癌症，通过化疗还是可以治愈的。

专家坑是什么样的坑？我认为它很严重。

不夜之城

我搞旅游很多年，经常去看一些盘，他们一般会讲古镇的建筑有多好，是哪个建筑大师设计出来的，多有文化，今天想一想，大师设计的盘现在怎么样了？

大师设计的盘可能烂尾了，烂尾盘一般也是精英干出来的，包括那种空无一人的古镇古村落，可见"大师设计"并不是一招百灵的金字招牌。之前有一个专家发表观点叫四季不淡，四季不淡怎么可能呢？哪个景区能做到？只能尽量朝那个方向去做，但是信口开河的时候一定要注意，没有一个景区能做到淡季不淡，人还有个生理期，不用说景区了，它一定有个淡旺季，现在有些四季灯会也是个伪命题。

项目评审的时候，也会遇到一些坑，评委们对旅游都有研究吗？他们都会尽职尽责吗？可能你去大学请了一个教授，教授心里想，组织评审大概是要通过，那差不多就通过吧。实际上差不多可能差了很多。

一般项目方更愿意请所谓的大师进行设计，为什么？本质上是想把最后要承担的责任转移，就像现在教育小朋友一样，父母拼命给小朋友报班，真正的心理是

什么？学得好最好，学不好不能怪我，我能做的我都做了，我该花的钱都花了，我该尽的责都尽了，这其实是求一个心理平衡，对项目是不是真正好没有太大的关系。

我前一段看到一个得了6项大奖的盘烂尾了，哪个烂尾不是出自精英之手啊？宋城黄巧玲最早请专家做演艺，最后做不下去，为什么？

一开始专家对黄巧玲说，这个演艺排练你们不能旁观，会影响我的艺术创作。一个月之后，我给你呈现出来不一样的结果，你们以前的东西又是打雷又是下雨，都不是艺术，那都是恶俗，这些东西不行。于是乎开始排练了一个月，然后到了30天的时候，黄巧玲去看成果，一看看不下去了，为什么？弄了个鬼不像鬼、人不像人的戏。

今天过于自我，不站在景区的立场上去考虑问题的，完全依靠所谓专家的，很容易陷入专家坑，造成未来更大的麻烦。

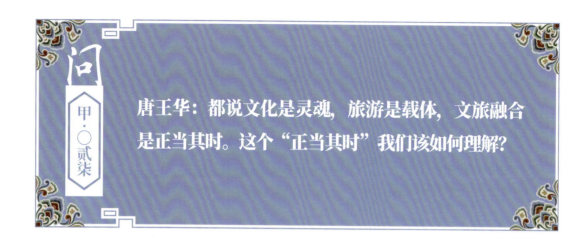

唐王华：都说文化是灵魂，旅游是载体，文旅融合是正当其时。这个"正当其时"我们该如何理解？

文化是整个文旅的灵魂，是整个街区的灵魂，有了文化之后项目才会有魂，有了魂大家才能感受到文旅项目和游客之间的最短距离。正当其时是说，当下在做文旅项目的时候，一定要考虑到文化符号，是通过载体呈现的，更多的时候是软性的，也就是文化软实力，像项目的音乐，项目的一些特色美食、一些文化衍生品，还有表演等。把景区打造完以后，不能只是静态的，一定要有动态的。当下不少的街区，名字起得很好，但是进去以后里面的内容和名字不符合，名字给游客留下了非常好的第一印象，但是去了之后发现内容不够且令人失望。国内文化底蕴深厚的城市很多，但是也有一些城市的文化底蕴没有那么深厚，在打造文旅街区的时候，强行去"抢文化"，拿来之后就会发现水土不服。依靠"抢文化"打造出来的文旅项目，往往会让游客们感觉到内容不充足，有点张冠李戴的感觉。所以说有文化做文化，没有文化就要做快乐。文旅发展正当其时，但是也不能盲目冲动地进行，不然只会适得其反。

文旅融合其实很早就有，这并不属于一个崭新的命题。或者可以这么认为，自从有了旅游，就有了文旅融合，如景区层面的主题文化包装、文化活动和节庆等，再如红色旅游，这都是属于文旅融合的范畴。

当然，自从 2018 年 3 月组建文化和旅游部之后，文旅融合这个命题就得到了加倍的关注。在当前时代背景下，看待文旅融合既不能过于狭窄，局限于传统的景区主题文化包装；也不能过于放大，文旅融合只是文化和旅游产业的一个亮点，除此之外还有商旅、农旅、文化创意、文化娱乐等众多其他亮点。不过度夸大，也不好高骛远，做好眼前的每一步，就可以发现，其实已经通往了成功。

也正是因为文化和旅游部这个新部门的组建，让文旅有了新的活力，也有了更多的机遇。之前在网上，看到网友们比喻文化和旅游的融合就是"诗和远方走在一起了"，觉得这句话讲得很贴切。

推进文化和旅游的深度融合发展既有助于加快文化产业发展，又能促进旅游产业转型升级，对于推动以后文化产业的发展，加快产业结构调整都有着很重要的意义。政府大力扶持文旅项目，游客们的兴趣集中于文旅，"互联网+"又提供了很多的发展平台，这正当其时。

问

唐王华：文旅中如何将劣势转化为优势？

刘磊 答

　　过去我80%的业务是做古镇古街区更新的。现在各地的古镇、古街区、古村落或者商业街区非常多，存量资产特别多，在做这一类的困境中的项目时，一定要发现这个项目的亮点。因为每一个项目都不可能全是缺点，总会有亮点，不可能一无是处，就像一个人一样，说一个人他全身上下都是缺点的时候，也往往会有那么一两个优点，所以当上帝为项目关了所有的门的时候，可能还会留下一个小窗户。故而在面对任何项目的时候，没有必要去放弃，也没有必要面对困难就妥协，要从危中找机，变危为机。就像疫情当中，很多专家说大家最好是躺平，要关门，要开源节流。

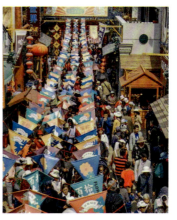

对这个说法我是不屑一顾的，为什么？因为只有在疫情期间仍坚持不断努力才能活着，如果把门都关了，影响到员工的根本，影响到战略的时候，最后可能连门都开不起来了，这是件非常麻烦的事。

2019 年 11 月，有机构组织了一次昆明研学，大家去看了我做的西山脚下茶马花街这个项目。茶马花街这个项目在做的时候，被认为是一个不可能成功的项目，这条街区的长度为 230 多米，在离昆明市区大约一小时的西山景区的脚下。而且它一层的商铺很少，大部分是二三层的商铺，项目方在之前做了很多的努力，试图输入各种项目，如民宿、温泉酒店、儿童业态、游学等，但是一直都行不通，最后项目方发现已经找不出自身的优势了，不知如何改进。

原来这个地方最大的劣势，第一是交通，第二是房屋结构，第三是没有大的停

车场。大家说你连个大停车场都没有，很难去做旅游。但是我认为如果可以想办法把它的劣势变成优势，就会改造为一个成功的项目。

2017年的时候，整个昆明市是没有一个街区全部做云南小吃的，所以当时计划把这个街区全部改为做小吃，不要小看230米，安排了将近100个小吃店，后来这里的小吃业主一年赚的钱能买一两套房子。最早去的时候，项目方面临的困境是这个房屋不值钱，愿意按五六千块钱的成本整体出让。但是到三年之后，一平方米房价从原来的5000元增值到了近5万元。这个就是典型的把劣势变成优势的一个例子，做不了那种户型大的产品，就改做小户型的产品，化劣势为优势。另外，采用了变招商为选商的经营模式。

缺少停车位怎么办？只有97个停车位。最后就想了一个办法，宣传这里是昆明最佳徒步游路线，游客把车停在山底下，爬山爬上来这消费，这也是可以把劣势转变成优势的。

谁也没有想到200多米长的一个小街道，现在居然变成了一个网红景点，房租坪效到了400元至500元，已经把汉堡王都给招进去了，谁也想不到远郊区会出现这样的情况。

　　远离市区的极小户型项目，也可以把它的劣势变成优势，更何况很多项目实际上还是有很多亮点的。

　　在 10 多年前的时候，兰州的玉泉山庄做了一条室外街，室外街在夏天的时候还是有一些游客的，但是到了冬天就门可罗雀了，建筑和袁家村是有点像的，分析后认为如果把劣势变成优势的话是可以获得成功的。所以针对当地的温度条件，规划了一个 4 层的室内街区，迅速获得成功，直到现在，它还是兰州的一张乡村旅游名片，也是兰州周末游客消费比较旺的一个地方。

　　2019 年，茶马花街这么一个小的项目，创造了近一亿元的收入，可以说是相当成功的。所以说今天任何一个项目它都会有亮点，把它的亮点给发掘出来，把它的劣势回避掉，就能变危为机。这也就是不夜城模式，不做建筑，不大规模用地，也能成功的关键，一定要善于把自己的劣势转换成自己的优势。所有的坑，一招化解，劣势里面一定有优势，一切的事情都需要辩证地看待，上帝一定会为困难项目留一扇窗户。

问

唐王华：为什么说战略对一切对？轻资产不夜城在这一点上是怎么做的？

刘磊 答

一个企业的战略事关生死，当没有战略的时候，千万不要去画图，千万不要有所动静，千万不要去花一分钱，不管你花多少钱，在将来都有可能变成一个坑，一定要先有一个明确的战略。

有一次在河边吃螃蟹火锅，有一只螃蟹就从桶里面爬了出来，旁边就是河，如果它朝河的方向跳下去的话，可能就得救了，逃生了。但是它选择了反方向，往火锅的那个方向走去，结果噗通一声，螃蟹掉到了滚烫的红锅汤里瞬间死亡，最终变成了盘中的食物，所以说方向不对的前行，那都是徒劳无功甚至走向灭亡的。方向不对，努力白费，投资一亿元、十亿元都是一样的。

在做东北不夜城的时候，感触最深的一件事情，就是要有一个清晰的战略，只要战略定好了，后续的一切都好做，大家可以看到，战略定好了，实际真正施工，把它做成全省人气第一，只用了 17 天的时间。

这个东北不夜城的所在地，实际上是一个没有什么人气的闲置马路，但我们的战略是：第一，不夜城的艺术灯光要做到全国的辨识度唯一；第二，做不夜城的行为艺术。我们考察了全国所有的演艺，认为文旅演艺已经饱和了，没有办法再去创新发展，也无法支撑项目的整体盈利，只能通过这种比演艺形式更高维的低成本行为艺术来解决游客量的问题。

不夜之城

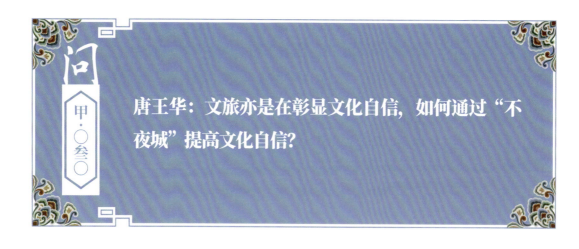

问 甲·〇叁〇

唐王华：文旅亦是在彰显文化自信，如何通过"不夜城"提高文化自信？

刘磊 答

说到提高文化自信，我认为"不夜城"已经做到了这一点。为什么我会这么说呢？举个例子：

以前，看到大街上有人穿着汉服，打扮成古风的样子，总会有人去围观，甚至会有人说出"穿着这样的衣服，怎么好意思上街"这样并不友好的话语。但是现在，在青岛明月·山海间看到这些身着汉服的"小哥哥、小姐姐"只会报以欣赏的目光，游客会拿出手机、打开相机、按下快门记录并分享这看到的美丽景象。甚至有时候会产生"我要不要也买一套汉服，在镜头下留住这美好体验的想法"。相对于以前而言，这就是文化自信的体现。

不夜之城

　　文化自信离不开文化母体，文化母体也就是养育我们的文化，存在于生活之中，不断重复、循环往复的那一部分。如东北不夜城主打的"回家文化"，到了春节，国人都会产生"回家"的本能。"回家文化"就是中国最具有代表性的文化母体之一。并且文化母体常常是以一种超级符号表现出来的，如声音、习俗、画面等。定义东北不夜城的时候，就是融入了文化母体"回家文化"，游客们来到这里就能体验到浓厚的"回家文化"，便和这条街区产生了共情。而且文化母体是什么，游客就会消费什么，冬至吃饺子、端午吃粽子、中秋吃月饼，这都是文化母体的表现，所有的一切都在围绕着文化母体循环，这是文化母体的吸附效应以及中心效应。

　　当然，这里还需要讲到文化自信的问题，随着这些年中国经济的奇迹崛起，国人的文化自信也开始增强，越来越多的人开始重视传统文化，也愿意去消费文化母体的产品，开始追求国潮，这就是文化自信的体现，也彰显了国家文化软实力的增强。

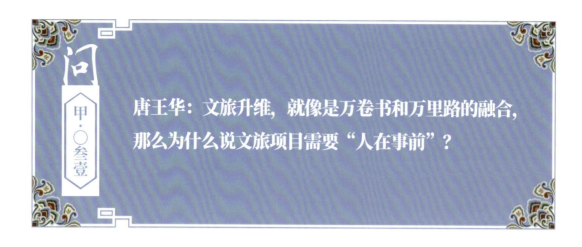

唐王华：文旅升维，就像是万卷书和万里路的融合，那么为什么说文旅项目需要"人在事前"？

刘磊 答

人在事前，是一个课程里面经常提的名词，也就是人才管理战略，其实人才是一个企业最终的核心和关键点。秦国在战国的初期一直处于劣势，魏国占据了秦国的河西之地，这是非常大的一片地方，相当于现在渭南以北、以东这一块地方都被占据。在共赴国难之际秦国发布了招贤令。招贤令的内容是什么？如果有贤士能够帮秦国做大做强，秦国则愿意把国土分给他，由此吸引来了商鞅。

商鞅到了秦国进行变法，奖励耕战，规定老百姓只干两件事儿，第一是种地，第二是打仗。耕战成为当时国家的最高战略，并通过法令确立了 18 个爵位，将士杀敌一人上升一个爵位，所以在攻打魏国时，将士们英勇无畏。

打败敌人，就能获得爵位、金钱、粮食和房屋，这就是奖励的作用。一个国家的强大是因为人才，一个企业的强大是因为有好的带头人，文旅企业的强大，也是要有正确的方向，而正确的方向是谁来构建呢？还是人。所以很多项目失败的最终原因，一定是遇到了一群不懂旅游的人，或者说遇到了一群纸上谈兵的赵括，只知道策划和规划。

经常看到很多领导和很多文旅企业的老板的桌子上摆着很多本策划和规划方案，价格不菲，决策者起心动念的一瞬间，就已经决定项目的生死了。今天看到的所有项目的问题，其实都不是今天造成的，它是在5年前、3年前，没有开始打地

不夜之城

基的时候，就已经出现方向问题了，投资只是延缓了"死亡"的到来，未来还是
会出大问题。

　　我去梅河口这座城市之前，梅河口旅游的脚步从未停止，但是这个城市确实需
要一个文旅大爆品来引爆，所以我就建议做一个不夜城，而不是去改造一些古建，
或者再去搞一些栽花种草的事情。尤其是针对一个城市的大 IP，必须站在一把手的
格局、逻辑之下做一个大爆品，因为一个大的方针路线，会解决很多问题。所以为
什么 17 天能够开业？是因为大家坚持不懈地去努力了，是因为有 100 多个有经验
的设计师，是因为有很好的招商团队。招商团队此前积累了 2000 个以上的商户，

在两天时间内把商户全部招满，是因为有很好的运营团队，大家可以做到"千斤重担人人挑，人人头上挂指标"，所以我们敢对赌客流量。从设计师到运营团队、招商团队，再到所有的演艺人员，大家全部背指标，但超越指标之后的奖励也是人人有份，所以指标就变成了动力。

华为的任正非先生曾经说过一句话，华为之所以成功，在绩效考核上最注重的是"力出一孔，利出一孔"，所以今天也是这句话，"千斤重担人人挑，人人头上挂指标"，项目最后才能够成功。在今天做企业的过程中，如果感觉到有难度、有问题，这个时候可能就意味着这个企业缺人才了。

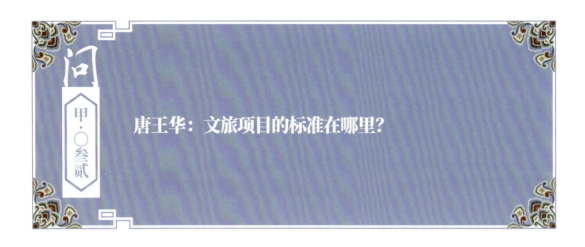

问 甲·○叁贰

唐王华：文旅项目的标准在哪里？

刘磊 答

其实文旅项目的标准是非常重要的，我以前提到的文旅中的"坑"其实就可以通过提高标准得到化解，建筑的标准、演艺的标准、沉浸的标准，各种标准的提升是最关键的。

企业在做任何一个项目的时候，首先就是要定一个标准，定标对标，对标的过程就是要寻找一个竞争对手，如果在县里找不到，就在省里找，在省里找不到，就在全国找，而我们通常的做法就是对标全世界最好的。

找到同样品类的最高维度的选手，把它当成假想敌进行竞争，其实你会发现很多的路都变得通畅。做项目，定标对标，这就是竞争的一个方法。如果想出名，要挑战"最能打"的那个，如果挑战成功肯定能出名。

对标放在哪里都是行之有效的。任何的一个项目，都可以通过标准升级，重新获得青春。

美国有一个管理学家叫戴明，他曾到日本给松下幸之助等27个企业家讲了一堂课，他说如果你们按照我的这套方法去做你们的产品的话，20年之后你们就可以超越美国。他提出的这个方法就是做一个高于全世界产品质量的世界顶级标准。

于是日本就做了一套"精益标准体系"，并在全国推广，之后松下等很多的日本企业迅速变成了世界级的企业，它们的产品质量标准远超过当时的欧洲和美国标准。

于是美国人推出了六西格玛世界级产品质量标准，这个标准定得非常高，在通用、

105

摩托罗拉等企业进行推广，用了不到 10 年的时间，重新超越日本，保持了世界经济超级大国的地位。

其实作为文旅企业也应该有自己的竞争标准，向对手学习，往往是我们制定标准的一个关键。

华为在未来能不能战胜苹果，就在于它的标准能不能比苹果更高。将来新的不夜城能不能越来越火爆，就取决于它的标准能不能越来越高。不夜城第一代产品，它的特点是大、多、快、好，但是省这一块很难去做。第二代产品可以做到运营 8 年收回成本，可以做到多、好、省，但是收回成本还嫌慢，这个时候的标准又要提高。未来要做到 5 年收回成本，要做到一年超过 500 万人次的客流量，这也是一个标准之战。

任何的一个文旅项目，都可以通过标准的确立，提高产品质量，从而获得成功。

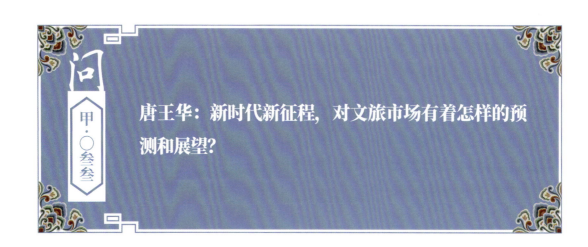

唐王华：新时代新征程，对文旅市场有着怎样的预测和展望？

近年来，微度假成了大家新的旅游趋势。在假期短暂的时间内，大家不方便走动太远，在这种情况之下，更多人选择了微度假。就拿南宁不夜城来说，其实就是服务于整个南宁或者说南宁周边的人群的。打造这个项目，是想要打造一个游客能多次前往的地方，一个本地人常去的地方。只不过随着南宁之夜的成功出圈，现在很多即便不是周边的游客，也会开车或坐高铁到南宁体验南宁之夜的风采。

之前我也说过，文化母体是旅游不可缺少的元素，而旅游这个平台也可以说是文化最大的市场。凸显文化可以让游客来到这里之后感受到本地特色，提升游客们的体验感。

基于这些因素，文旅产品需要不断升维。升维的目的就是让产品拥有更为强大的力量，自身的力量变得强大起来，才能够更好地面对外来的挑战。

"旅游＋""文化＋"战略的实施可以更好地推动文旅产业突破传统行业的限制，与新型工业化、城镇化、信息化以及农业现代化紧密结合，然后不断催生新业态、新产品。

文旅产业融合发展背后更深刻的含义是人们需求层次的提升，这就可以说是经济发展到一定阶段后的社会变革，需要全行业、全产业、全领域一起在新的时代背景下，开创文化旅游产业的新局面。

不夜之城

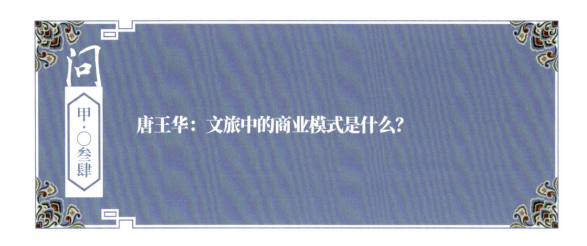

唐王华：文旅中的商业模式是什么？

109

　　谈到商业模式，简单来说就是项目挣钱的工具，就是盈利的关键点，是文旅项目的"命"。所以在解决"坑"的问题的时候，一定要抓住问题的核心，在每一个项目上，比如，在古镇更新、城市更新、商业空间更新上，要注重模式上的探索。

　　2018年，我去对接一个项目，当地的领导拿了4页纸共120个问题，问我这120个问题怎么解决。这120个问题都是什么问题？当地的地价、留存问题等，我说，这120个问题，咱一个也解决不了，但是能解决什么问题？能解决一年500万人次客流的问题。当500万人次客流到来的时候，90%的问题就会自然而然地解决。所以做任何事情，尤其做文旅项目时，要抓住核心问题，优先解决核心问题。

　　之前我到一个景区去，董事长陪同，只见他不断地找保安的问题，看到一个保安就问你为什么扫前面人的码而不扫我的呢？保安说你是董事长，我认识你，董事长就很生气地说，你人人都得扫。然后到了下一个门，保安见到董事长就要求他扫码，董事长又说你前面的人不扫，为什么扫我的呢？保安不吭声，董事长又生气了。找景区问题，不要仅仅关注这种表面现象，要主抓核心。

　　作为我们团队来说，最善于使用的是平台化的商业模式。我经常对大家说全国最大的"餐厅"，3600亿元的销售额，一年有300多亿元的利润，但不给厨师买一滴油，也不开一家饭店，也不买一张桌子，它们是谁？是大众点评、美团、饿了么，

这些平台一手打通消费者，一手打通饭店和外卖小哥，只在中间收钱，这就是平台化商业模式。

新文旅项目，包括大家所熟知的东北不夜城、袁家村，其实现在都在做一件事，什么事？做平台。左手打通游客，右手打通供应商，在中间进行联营扣点。

大家现在到西安，会发现有近30家袁家村的城市店，几年的时间在城市里面开到30家店，其实是很多餐饮企业都做不到的事儿，但是为什么袁家村能做得到，就是源于一个很好的平台化的机制。

需要交商场押金的时候，这个时候不差钱，为什么？因为商户每人凑钱就会把这个钱交了，大家在做产品的时候发现也不缺产品，当面对消费者的时候，迅速有二十七八个小吃就可以开火开张，就可以把这个产品做出来了，用平台逻辑做了一个很好的模式。袁家村秘诀是什么？就是打造了一个非常成功的平台循环模式，让大家在这个平台上用诚信的逻辑去创造价值，用诚信的逻辑互相帮助，用诚信的逻辑去创造自己的美好未来，我认为这是很好的一个平台的样板。

问 甲·〇叁伍

唐王华：文商旅地跨界的核心是什么？

刘磊 答

　　首先要明确一个观点，那就是文旅要素是商业地产聚集人气的重要元素。不管是文旅的地产还是产业的地产，想要更好地发展下去，一定不能脱离商业运作。

　　对于旅游来说最重要的就是人，要有人气，所以文商旅跨界的核心就是要"以人为本"，要保证大众化的标准服务，这是基础。无论是景区周围交通的便利性，还是景区本身对于游客承载量的合理安排；无论是针对特定游客群体的安全设施，还是游客中心资讯服务系统，这些综合服务的保证就是以人为本。在这样的基础上针对游客群体打造出个性化的服务，其实这种个性化并不只是服务，而是可以让游客增强体验感的产品打造，可以增强游客与景区之间的黏性。以人为本与天人合一是存在着必然联系的，文商旅的跨界就是为游客们提供一个休闲的场景，所以同样不能够脱离这样的原则。发展依靠的是人，而人与自然的关系是和谐相处的，这样的生态观念要落实在文商旅跨界合作的制度以及行动里面去。

　　然后就是认知的改变，现如今是"流量为王"的时代，所以要改变传统做旅游的认知以及战略，总的来说就是方向一定要对，只有大方向对了才能够将战术效果体现出来，南辕北辙只会让项目失败。还有一点，在不夜城能够看到很多演艺是自带流量的，也就是说并不用去花钱打广告，这些演艺人员自身便有粉丝，就有吸引流量的能力，这就是自传播所拥有的流量。依靠自身的产品以及内容进行自传播才是营销的核心，并且这样的力量更为强大。

不夜之城

当下的诸多文旅地产、商业地产、产业地产以及旅游综合体等多属于大型房地产企业的大面积开发。非常重要的一环就是对商业以及文旅的布局安排，首先要与文旅项目以及商业自身的运作条件相匹配。如果不考虑其自身的运作条件，只是将这些元素拼凑在一起，那根本谈不上什么文商旅地跨界合作，说得直白一些就是一群"乌合之众"被拼凑在了一起。

然后需要考虑区域内部的客群情况，大数据的推送十分准确，在考虑区域内客群情况的时候自然也需要大数据技术的支持。还有就是在运营管理上面进行创新，在时代的浪潮之下，哪怕是走得慢一些都会被时代所抛弃，如果不懂得创新只是保持以前那种运营模式，只会被时代狠狠地抛在身后。

这些都有一个大前提那就是认知，在我看来文商旅地跨界合作发展的核心就是认知。提高了认知就扩大了未来发展的空间，因为认知能力就是一切其他能力的前提，认知的上限便决定了事物发展的上限。

战略对

第二篇

不夜之城

一切对

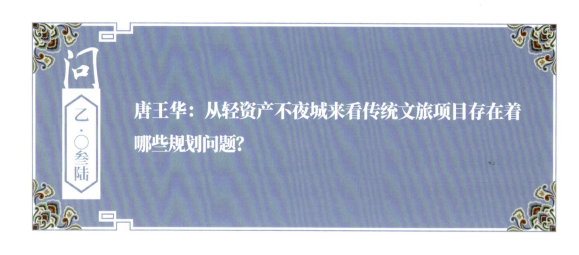

唐王华：从轻资产不夜城来看传统文旅项目存在着哪些规划问题？

刘磊 答

不夜之城

这两年大家可能在网络上也看到了很多，说"规划规划，墙上挂挂"，规划为什么会出现很大的问题，其实主要是找不到真正做规划的高手，在中国真正做文旅规划做得好的，我认为不超过 5 家。

有一种情况，如一个设计院在过去大量做城市更新和城市建筑规划，偶然之间接到了一个旅游规划的案子，他们还是会按照城市的逻辑去做规划案，这里面就会出现很多问题。在做规划之前有没有想好战略是什么，产品是什么，模式是什么，运营前置是什么？

如果这些问题都得不到有效解决的话，做规划其实就是无根之木。在做整体文旅战略的时候，规划只是几百个子项目中的一个，但很多人拿着规划，就当成战略了，真的就把一个工具看作指导自己项目的战略原则。有一些老板就把一张规划总图挂到了自己的墙面上，天天对着看，看着看着就认为这是一个一生必须完成的使命，迷惑了自己的心智。

饭店老板说今天选厨师，试个菜，厨师做了一道菜，老板眉头一皱，底下的人全部都看眼色说厨师不行，老板要是嘴角一上扬，露出笑容，大家就都说这厨师的水平太高了。所以董事长墙上挂规划也会起到同样的心理暗示作用。

当老板天天都看那张规划图的时候，员工是不管方向正确与否的，大家都会表现

出跟随性，即"毛毛虫效应"，大家都会去看规划图纸，去学习，而不管它是对还是错。规划案要盖个古镇、要做个花海、要做个酒店，做产业闭环的时候，人力、资金都将深陷其中。

再一个就是这个规划。从理解文旅的角度上，我认为很多人对文旅的研究是不够的。有一个案例，一个老板非常善于学习，费用花了上千万元，然后他投了27亿元，但是项目仍旧失败了。他说，我这么善于学习，为什么会失败？我在他桌子上面发现了他失败的答案，桌子上放了73个规划方案，但是这些规划方案都在强调做闭环生态。反过来想一想，全世界知名的文旅企业有哪个企业做到了完全闭环？谁也做不到。

袁家村把吃做到了极致，而宋城把演艺做到了极致。你去杭州的时候，没有一个人会说来了杭州，我请你到宋城吃个饭。

所以做旅游关键是要有一件事做得比对手强，这时消费者就会买单，消费者即使吃一碗过桥米线，也会考虑选谁家，为什么选择老王家不选择老张家？是因为老王家的比老张家的好吃。今天的景区也是这个样子，只有比别人好，比别人精，才有未来，才有生存的希望。

规划从本质上来说影响了创业者的心智，尤其是水平不够的、不好的、不能落地的、没有见识的那些规划，更是麻烦。

我曾经遇见过一个旅游规划公司，产值1亿多元，一年做100多个旅游景区的规划，这让我非常震惊，我说你们就6个人一年1亿多元是怎么干出来的？还不得天天出差，一年到头连老婆孩子都顾不上？他们说没出过差，连这个城市都没出过，照样做了100多个景区。连景区都没有去过，怎么能做规划呢？结果很多规划就是重复的一套，不过是"吃、住、行、游、购、娱、秀、养、学、闲、情、康"，先盖个街区，再盖个

不夜之城

古镇，再盖个酒店，最好酒店里要有游泳池，缺乏针对性的创新。很多规划院，接到项目之后，会委托实习的大学生去干。而且网上很多招投标，有的规划案的价格就低到了极致，几十万元一个甚至八九万元一个，低价者得，真的是很令人痛心的一件事。所以"规划墙上挂"绝不只是趣谈。

但是对于水平高的规划我也非常认可，因为在整个文旅项目中，如果规划真的做好的话，它是预测未来的一个工具，依照它可以把一个项目按部就班、循序渐进地做好。不过还是要注意避开规划坑，它容易产生比较严重的后果。

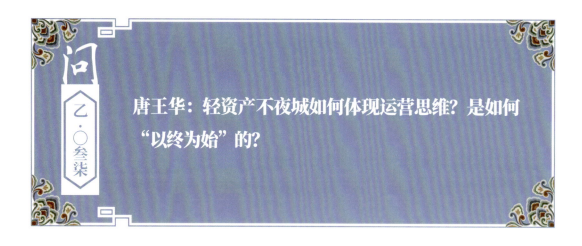

问 乙・○叁柒

唐王华：轻资产不夜城如何体现运营思维？是如何"以终为始"的？

刘磊 答

119

　　运营思维中的重要环节，就是要弄清楚、弄明白为何而做。也就是说，要思考做产品的目的，这就需要通过聚焦市场，推出对应市场的文旅产品！产品，之所以称为产品，是要面向市场、解决问题的，是要针对市场本质和游客诉求的，是要提供最真实的解决方案的。从文旅项目运营来看，要重点围绕"爆品""引流""服务""商业""效益"等层面，真正解决运营问题。这五个不同层面的内涵与外延，又决定不同的运营打法，也决定不同的产出效益。

　　对传统商业步行街或景区而言，常态的文旅运营模式考量更多的是如何让游客留下，带动多维次多品类的综合消费。这样来说，运营的主要目的是引流，通过爆品引流，形成多维传播的最大化，进一步引发大众传播。如东北不夜城通过引爆式的运营思维，融合网红思维，以创新视角和网红传播理念，打造网红艺术装置，让文化融合艺术，让艺术吸引流量。通过打造泡泡节、泼水节等网红活动节日，激发抖音等多媒体平台和游客的强效传播，为街区带来巨大的流量。

不夜之城

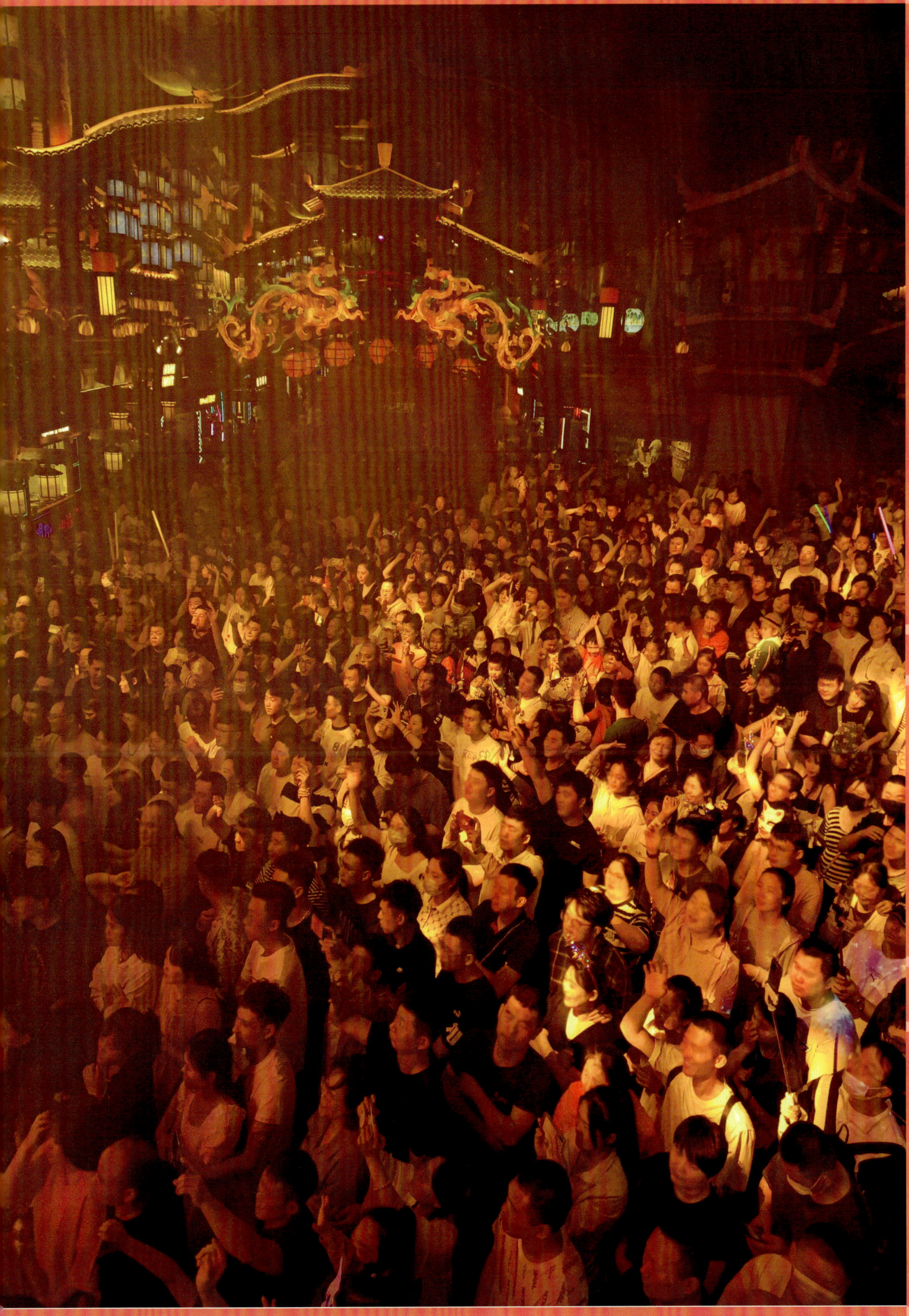

問 乙·〇叁捌　唐王华：在文旅打造过程中策划和设计如何定位？

刘磊 答

好的策划，加上运用得当，可以点亮文旅项目。策划在整个文旅环节当中非常重要，但是策划是什么？策划是方向，策划是未来，如果这一步没走好的话，意味着又是一个大坑。

之前有一个项目，老板讲了他的心路历程，一开始投了20多亿元，就建了一个滑雪场，但是没有游客。这个老板很困惑，就找了一个"大师"，"大师"过来给算了一下，说滑雪场你做得不对，滑雪场属于水，你是木命，木命你不能干水的事儿，你要做古镇，做古建，因为古建用的木多，木命和木对称起来，财富之门就打开了。

他又投了5亿元，做了一片古镇，古镇建起来以后，还是没游客，于是又请人，上次的"大师"没有来了，又找了一个策划。策划来了以后就说你看你前面有滑雪场了，说明滑雪场作为核心吸引物不够，得有酒店，得考虑好人来了住哪。这老板一听，对！我得有酒店。好，盖酒店花费2.8亿元，最后又来了一拨人说水和木要对称，得有个湖，所以接着修了个非常大的水库。后来又搞了很多东西，娱乐产品、无动力设施等。分析这个案例就会发现，他在策划上面出现了很大的问题，没有整体的策划，也没有看到未来的能力，他只是走一步看一步，结果听了一堆鬼话、一堆不负责任的乱讲。这种现象如今变成策划行业的一个通病。

有些做策划的专家，见到的项目有限，或者长期不太从事文旅行业，对行业了

解不太深，往往也没有良方。而且文旅行业至今也没有人发明一套工具，把数字一输，花的钱一输，区域位置一输，按输出的指示怎么搞都能成功，没有这样的科学性的工具及公式，全凭人的意识认知去判断。

所以一旦判断不清楚，或者没有很多年深耕文旅的经验，后面就会出现很多的问题。结果策划鬼话连篇就变成一个行业的痛点了，但是真的策划做好了，可以开辟出一片很好的天地。

至于设计，现在面临的最大问题就是同质化，没有差异化。其实今天中国文旅的新力量就是创意，只有创意才能够让新文旅不断呈现，新的物种不断出现。

之前到了一个小镇，董事长就领着我到游客中心跟前说了很多。他说刘老师你看我们的游客中心下了很大的功夫，这绝对是国内第一，你看这个园子用的全是真材实料，你看看钢结构，你再看看这个玻璃是双层的，等等。我则是让他看我手机里的一张图片，我问这是你的游客中心吗？他说绝对是我的游客中心，你看连落日在的镜头你都拍出来了。我说这不是你的游客中心，他说这就是，我说你仔细看，最后从垃圾桶的位置颜色、牌匾的位置、玻璃块数对比，验证了此图拍的不是他的游客中心。那为什么会一模一样呢？

这是设计行业一个很大的问题。在网上搜模型或者效果图之类的内容，你就会发现几十块钱可以买一个古镇的所有的房子的模型，包括塔是什么样的，门是什么

样的，往这一摆，就是个小镇。游客中心的设计图模型可能只花了5块钱，图纸做出来给甲方一看，非常满意，按照设计图就开始施工，这或许是很多建筑撞脸的原因。之前一个微信公众号说国内很多的景区大门相似度很高，甚至有些都分不出彼此，只能通过文字去看。实际上很多项目所谓的唐宋元明清建筑，本该是有很大差异化的东西，结果很难区分，这就导致了产品同质化。

现如今的水上灯光也是如此。设计如果没有创意，只是通过模型去改造，去抄袭，景区迟早要出现问题。

今天有很多禅味小镇也是类似情况，之前有人给我发了一个小镇的照片，我一看，这不是拈花湾吗？塔一模一样，但是怎么一个人也没有。他说这还没建好，我说拈花湾都建好那么多年了，都营业了，怎么还没建好呢？但是仔细看，发现没有了拈花湾的那种生动的场景，塔、房子盖得一模一样，实际上是设计上的抄袭。在进行景区设计的时候，要尊重原创，千万不要再购买那种效果图模型，那种模

式化的设计、模板化的设计看似方便，实则隐藏了很多问题。因为旅游是追求极致差异化的，买来的那些东西或者抄别人的东西意味着什么？意味着你的产品是无根之木。

东北不夜城前一段时间打假，为什么打假？我们发现，从开街后到如今已经有20多个地方做得跟东北不夜城一模一样了，甚至摆了多少根柱子，摆了一个避雷针，都原封不动搬走。

全国有上百个假袁家村，也是陕西旅游的七大套，什么粉汤羊血、肉夹馍之类的，个个都成陕西村了。我在写书的时候，在袁家村待过三年的时间，几乎每次早上起来，一出门，就发现有的人拿个照相机、拿个尺子在那照来照去、量来量去，我还不敢吭声，不能说抄袭了，你会赔钱。这种做法，少则赔5000万元，多的赔几亿元，所以从最终收益角度讲，设计一定要原创，抄袭袁家村、抄袭拈花湾、抄袭东北不夜城不会成功。

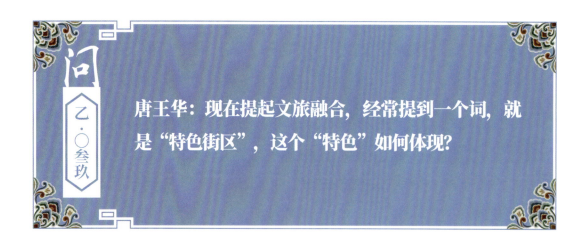

问
乙·〇叁玖

唐王华：现在提起文旅融合，经常提到一个词，就是"特色街区"，这个"特色"如何体现？

刘磊 答

　　现在经常提到的特色小镇和特色街区，同比城市其他地方是有特点的，但互相比较其实没有特色，为什么说没有特色？因为大家更多只是在模仿和效仿，都差不多就没有了特色。但你看东北不夜城这条街区，有特色。因为依托梅河口的在地文化，提取文化元素，做了以"回家文化、万家灯火"为主题的夜间街区。再加上融合了很多的文化小业态，运用影视剧式的场景化打造，包括一些文化小舞台，引入具有当地文化特色的表演，把大家快速地聚集在一起，体现了其文化吸引力。

不夜之城

随着经济的发展，在全国各地兴起了一股建设商业街的热潮，这股热潮有点类似于20世纪末在许多城市兴建城市广场的热潮。但是他们在改造或建设商业街的过程中，却出现了一些问题：要么是在一块块黄金宝地上建造高楼大厦代替原来的小门脸，用现代商场取代老字号，用欧美情调代替民族特色；要么将以前的老城、老街、老房子全部推倒，建起全新的明清风格商业街。当有人开始注重用当地历史、特色文化赚钱的时候，有人却还在一味模仿知名商业街的皮毛，这样千篇一律的"特色"商业街只会逐渐让人们觉得毫无特色，审美疲劳。

商业街的打造具有特殊性，不同于传统的单一商业项目，商业街具有社会和商业的双重属性，特色化的塑造显得愈加迫切和重要，实现"重资产"到"重运营"的转变更是必然。

正因为找准了"文化"与"经济"，"传承"与"创新"的契合点，不夜城的特色才十分明显。需要记住的是，一定不能太"贪婪"，什么都想着去做，结果什么都没有做出亮点，要注重"唯一"和"第一"。在我看来，特色街区的这个"特色"就体现在"唯一"和"第一"上。

问 乙·〇肆〇

唐王华 从轻资产不夜城来看,场景的战略是什么?

刘磊 答

说到场景打造,其实对于新文旅来说已经变成一个撒手锏和吸引核了。现在任何一个项目如果没有绝杀力的场景,就很难吸引游客关注,但仍有很多项目负责人对场景的认识还处于朦朦胧胧的状态,搞不清楚什么是场景。之前接触了一个项目,投资 4 亿元做乡村旅游,招商关一直过不去,房子盖得特别好,但是招商好几年都招不满。在跟这个老板聊的时候,发现 4 亿元的投资中,他最引以为荣的是类似袁家村的房子,老板说,这全是进口的砖,看起来非常好。当时他摸着这个砖说,刘老师你看我做的这叫磨牙切缝,真的一条缝都没有,你拿手指头摸一摸,看看能不能摸出来。我摸了摸,确实挺好。然后又往前走,他又说,你看袁家村没水,我这

有水，因为我的项目在南方，水多，就修了一条超袁家村10倍规模的水系，你看设计得多好。我说这个水挺好、挺清澈的，还能养鱼。他说厕所也好，你看袁家村的厕所坑位没几个，感觉不如我这个厕所好，我这都是五星级的卫生间，还挂着鱼缸，在卫生间都能看电视。但我却发现，老板心智和消费者心智针对的场景似乎并不一致。

要分析究竟什么是场景，其核心是游客购买的欲望和冲动。我们今天知道江小白，什么是江小白的场景？江小白曾经有个故事，说一个男孩失恋了，女孩要到美国去，男孩这时候如果拿了一瓶茅台在喝，这不符合场景，而江小白则与年轻人产生共鸣，落魄青年的失恋、失业，朋友小聚、小饮都可以喝江小白，这就是消费在场景上的一些实现。

　　你会发现江小白的每一个瓶子上面都描述了一个场景，说当你和爱人产生矛盾的时候，何不痛饮一番呢？职场失意的时候，何不痛饮一番呢？等等。这都是一些场景，所以一个景区只要有一些场景，哪怕是一个传说，也会带来游客。

　　迪士尼的场景是什么？梦幻之旅，做梦一样的旅游。宋城演绎千年的大宋辉煌。所以场景，就是游客来的理由。游客为什么会来你这儿？什么时间来？和谁来？它要解决这样的三个问题，它是至关重要的一个抓手。所以任何一个景区，都要有一个极致的场景，场景是剑上之刃，起到至为关键的作用。

　　东北不夜城是什么场景？就是极致的东北民俗，大家在东北不夜城可以看到过去东北妈妈等孩子的场景，可以看到东北虎，可以看到东北的土地上是有猛犸象的，等等。这种文化穿插，形成了一个欢乐的海洋，大家会发现游客变成演员的这种趋势，它也是一种场景。

不夜之城

　　今天的项目必须有一定的场景，没有足够的场景不行。很多人把场景理解成什么？理解成墙上写几个字，或者把缝纫机挂到墙上，把草垛弄一弄，弄个稻草人，它们只能算一个打卡点，不是心智中的场景，没有一个游客会到你家景区门口再自然而然进去的，他都是在家里面，当你的场景对他的心智有了影响，他才会来。没有一个游客是看到海底捞排队，他才去排队的，是因为他心里面想吃火锅的时候他才来的。那时心理上他的钱已经交给海底捞了，去排个队吃个火锅，只是完成交易的一个过程。所以，今天做文旅一定要有极致的场景，因为场景会给项目带来最终的游客。

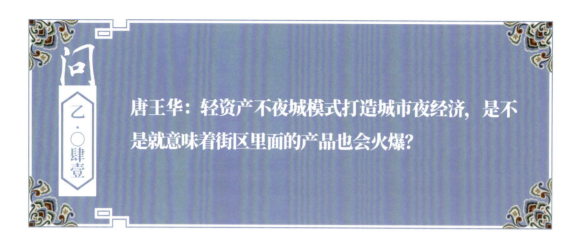

唐王华：轻资产不夜城模式打造城市夜经济，是不是就意味着街区里面的产品也会火爆？

刘磊 答

　　爆品打造现在已经变成全国所有文旅企业面临的产品升级的问题了。消费者不断升级迭代，老百姓对美好生活的需求不断提高。每一代消费者对于文旅的需求是不一样的。很多年前"上车睡觉，下车尿尿，回到家啥都不知道"。从跟团游，到休闲游，又到了现在的体验游。每一代消费者体验都是不一样的。最早旅游的时候，消费者可能拿着一些馒头、拿着一些水果就爬山了，但是现在消费者是愿意买单和花钱的。在理解消费者之后，首先是再造产品，产品怎么出现？

不夜之城

今天的文旅景区产品绝对不是一堆鱿鱼串串，而是未来的挑战和新的物种。有些人做旅游的时候，是怎么认识这个产品的？他们认为做产品就是把建筑填满，然后招一些臭豆腐什么的，不是这个样子的，今天做产品要颠覆，要做爆品。

乔布斯重新回归苹果的时候，当时的苹果已经做了100多种产品。据说那个时候的苹果已经开始造洗衣机、自行车了。但是乔布斯做了一件事，要求所有100多种产品全部下架，只专注做手机和电脑。

记者问他对手机市场的调研的时候，乔布斯说我不懂手机，于是记者又问你不懂手机，但你对市场的调研到什么程度了？乔布斯说在调研上面我是一美元也没有花，因为没有调研。记者说没有调研你就能让苹果集团投资几十亿美元研发手机吗？岂不是冒大风险？乔布斯的回答是什么？我要做的手机是全世界没有人做过的，也是没有人见过的，所以我没有办法做市场调研。这样一种思维用到文旅上同样适用，就是新的物种战略。

从我的角度来说，针对每一个文旅项目，我都要做新物种。为什么东北不夜城不盖房子，投资很少，在东北的一个县级市里面，也能做到全东北第一，因为它是个新物种，任何的一个县城或者区域市场，只要做新物种，一定能成功。

比如说当地有个5A级景区一年有600万游客，新文旅一定有800万，为什么？因为是新物种，是消费者没有见过的爆品。

　　旅游本来就是这样的，旅游本来就是个追求新意创意和极致创新能力的行业，所以会发现传统的文旅在面对新文旅的时候，几乎也没有太大的抵抗力量。

　　之前去一个项目，有个老板盖了很多古院落，里面实在招不到商，最后就雇人从义乌进货，小朋友的发卡、泡泡枪、水枪、弹弓，每个店铺卖一样产品。虽然也卖得挺好，但是没有产品力，这些产品在城市里面到处都能买到，只有房子，怎么可能成功呢？之前有一个乡村振兴的项目，搞了一个村子，搞了个一期冬天有雪、有冰的村子，但是这个村子冬天的时候开业靠政府补贴，在冬天的时候还是有点游客的，但是到了春天的时候，大家就觉得体量不足，又想做第二期，做第二期的时候，发现问题

就出来了。任何的一个产品和项目的组织架构是有很大关系的，一期都招不满，二期怎么办？给自己找了一个极大负担，怎么招商？

你一问他怎么招商，他说不要担心，这新盖的1万平方米就一个店，火锅店，做万人火锅。会发现确实是招满了，但是后面真的会很麻烦。所以今天面对产品的时候，一定是从极致的新物种和创意的角度去做一个新的爆品，而不是从传统元素中理解拼凑。

所以为什么今天我们能做到不夜城不盖房子、不用建设用地，也不要强大的资金就能做成区域第一？因为这个产品它一定是一个大家没有见过的新物种，充满了各种创意。

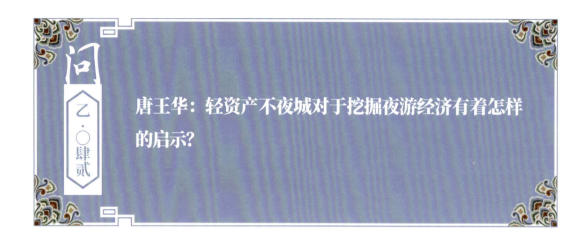

刘磊 答

夜间经济的定义是指发生在当日 18:00 到次日 6:00，以本地市民和外地游客为消费主体，以休闲、观光、购物、健身、文化、餐饮等为主要形式的现代城市消费经济。

夜间经济的诞生可以说是应运而生，白天的规划自然难以适应晚上的规则，这也是导致现在很多业态进入窘境的一个原因，城市生活需要注入新的活力，城市消费需要提供新的动力，城市发展需要寻找新的增长点。

以前大家出门旅游，基本就是白天看景区晚上在宾馆休息的这种模式。不夜城则重新定义了旅游，就是将旅游往夜间去延展，往夜间延展是为了什么？就是为了把"过路的游客"变成"过夜的游客"，增加游客停留时间。

夜间经济越有活力、越繁荣，对城市公共服务和管理水平的要求也就越高。"夜间经济"虽然是城市消费的新增长点，但发展"夜间经济"却不能"一哄而上"，还是要因地制宜，进行精细化管理。

在加班繁忙的都市里，有人希望在安静的书店放松身心，有人喜欢在喧闹的大排档里高谈阔论，也有人选择在 KTV 里排解压力……繁荣的"夜间经济"，应该提供适合人们不同需求的消费场所，"夜间文化"也不只是刺激消费，还要让人们暂时远离工作压力，寻找到片刻心灵上的放松。很重要的就是灯光，为什么我一直在强调"点亮城市夜经济"呢？就因为首先要让这里"亮起来"才会有游客愿意来，如果一条街区"乌漆墨黑"的，都没有人愿意来，那还谈什么夜经济和夜生活。就

比如我们打造的天山明月城，现场熙熙攘攘，人头攒动，这样的流量传播引爆的前提就是将这个夜生活集市点亮。这种方式在其他地方也屡见不鲜，比较有名的是湖南长沙的文和友，但天山明月城以沉浸式夜经济的方式亮相，无疑给当地带来了去同质化的商业模式。"文旅＋国潮＋演艺＋网红打卡＋沉浸式"这种跨界合作类型的商业模式创造的流量激增，证明了夜经济对消费者的吸引是不二法宝，一个城市的夜经济需要有方式去刺激，激发夜经济的活性。夜经济的活性需要由载体去承担，而载体的选择不仅仅是电影院和酒吧这种比较片面单一的业态，需要多元化多元素的场景来彰显。不夜城的成功凸显出商业上去同质化的大格局，文商旅的发展依然有其强大的市场抓力；更不可或缺的一点是，大家对于中国文化甚至家乡文化的眷恋，让"国潮＋回忆杀＋文化演出"更受到游客的追捧。

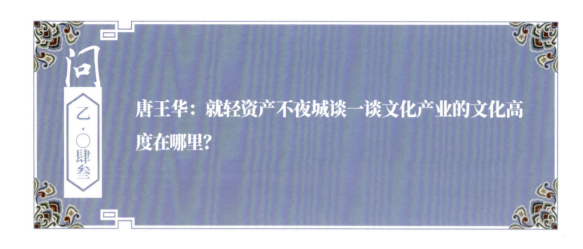

唐王华：就轻资产不夜城谈一谈文化产业的文化高度在哪里？

刘磊 答

在中国，"文旅"这个概念实际上是独创的。因为世界上其他国家不会将文化和旅游直接捆绑在一起。文化就是文化，旅游就是旅游，从来都是泾渭分明、两不相干的。文旅融合这个国家战略的提出本身是个好事情，但凡吃透了其中的玄机，做起来自然如鱼得水，反之则驴头不对马嘴，南辕北辙，难免一败涂地。若再沾染一点不纯的动机，如打着文旅的名义大肆圈地，挂羊头卖狗肉，那就只能把羊肉当成狗肉的价钱卖了。

文化和旅游二者相对来说，文化是个比较虚无缥缈的东西，是精神层面的东西，能扩展认知、激发人们寻根溯源的好奇心，是旅游的主产品。旅游是真实的东西，是人们为了放松身心而产生的一种原始需求，就好比吃饭、穿衣、住房、出行、看电影的需求一样，旅游是一种更高级精神层面的消费需求。

文化的高度首先就是我们在做所有项目的时候，就是要"挖好一口井"，也就是我们要深挖一个点，把夜间经济做到极致。就拿不夜城的灯光来讲，整个街区的灯光可以划分为 12 个层次，从建筑本身的照明到轮廓，到空中的光束灯，到地面的灯光互动以及挂起来的所有的灯笼，还有彩车巡游的道具、表演，将这些发光的场景做成了 12 层立体空间。

如果将旅游看作是一个产品，那么文化就是这个产品上的一种特性。就好比景德镇的瓷器、宜兴的茶壶、龙泉的宝剑一般，景德镇、宜兴、龙泉是文化，瓷器、茶壶、宝剑是产品。如果在淘宝上买一个茶壶，有很多种，但是宜兴的茶壶就要高贵一些，这就是文化和产品形成了一个融合，从而使得产品有了除了自身功能之外的更高一层含义，从而成为更为高级的产品。文化和旅游也是如此，文旅融合的意义也在于此。为什么全国那么多街区，在网上火爆起来的是各个不夜城？因为文化造就了不同的价值，造就了更能吸引人的产品。

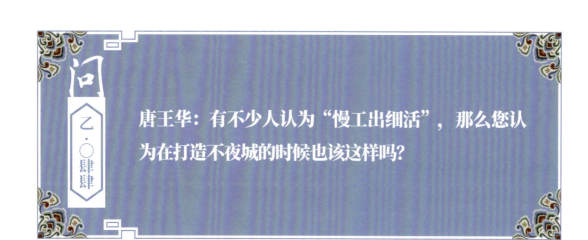

问 乙.〇肆肆

唐王华：有不少人认为"慢工出细活"，那么您认为在打造不夜城的时候也该这样吗？

刘磊 答

我并不认为在进行文旅项目打造的时候一定要"慢工"，只要我们抓住准确的战略，即便是很短的时间也能打造出优质项目。曾经到了一个人口较多的县城，当地做了一个古镇，这个古镇做了多少年呢？做了七年半的时间但还没有开业。他问我存在什么问题，我说你最大的问题就是速度。为什么呢？现在的消费者是五年一更迭，根本做不到十年过去游客还喜欢一样的东西，基本上就是五年一更新换代。但是你做了七年半的古镇施工，当时给你做调研的小年轻现在都生孩子了，孩子都会打酱油了。这个时候他们的消费理念和消费思维发生了巨大的变化。当年做的调研报告，你的客群画像全都变了。在七年半之后还没有把这个古镇盖起来，基本上也不用盖了，消费者进化了。所以这个时候项目盖完了也没有消费者了。

现在很多古镇古街区项目，这个游乐场你不盖的时候那还是一片很好的地，盖完变烂尾盘了，为什么？因为一盖很多年，这个真的容易出现很多问题。刚才我说到的那个古镇为什么也会出现这么大问题呢？就是太慢了。其实创造奇迹的时候，不需要那么长时间，大家知道东北不夜城，全省热度遥遥领先了，那应该是很长时间才做出来的吧，不是，十七天，就是十七天的时间，千人大战干出来的，十七天就做好了。开业的时候尴尬到什么程度，为了抢工期，不瞒大家说，那个房顶还没装呢。前一个星期在营业的时候，幸亏没下雨，房顶都没装就开业了，但是又能怎么样呢？消费者不会关注你有没有房顶，他只关心他自己心里想要吃的、想要玩儿的那个东西。

139

不夜之城

所以十七天干出来的虽然有很多的遗憾，但是这又怎么样呢？没有影响一个游客的到来。实际上在赶速度的时候，其实会付出一些代价。但是我认为和最终的成功相比这一切都算不了什么。

再看 36 天打造出来的大宋不夜城，如果到了大宋不夜城，游客想看到晚上十点钟的表演，对不起，今天晚上走不了了，游客就会为当地贡献五百块钱的住宿和吃饭的钱。循序往复，永无止境。所以做旅游，如果能把时间真正控制在我们手中，必将赢得红利。速度对于我们来说，主要就体现在多快好省，就是做的所有项目必须要求游客多，必须快速，必须要求效果好，必须传播好，必须节约到极致。还要做当地的王者。

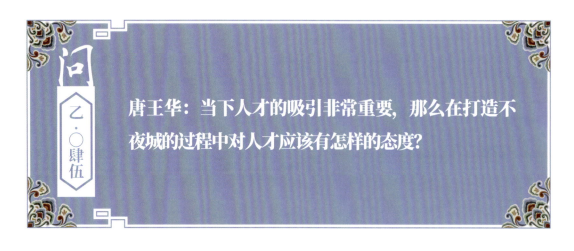

唐王华：当下人才的吸引非常重要，那么在打造不夜城的过程中对人才应该有怎样的态度？

刘磊 答

人才是非常重要的，是一切文旅企业的核心竞争力。大多数的景区输在了人才上面，有一个项目投了几十亿元，一到下班时间你会发现近千个员工跑得是一个人都没有了。每天下午到了 17:00 的时候，你在景区里买一瓶水，你都买不到，因为人家下班了，服务不到位的本质是什么？不是服务本身，是人才。

一个景区投了 10 多亿元，开业两年之后，我去给他们解决景区升级的问题。过去和董事长研讨，董事长说刘老师我下午有急事，你在这坐着听我们讲，我说没问题，咱也是为了礼貌，就坐在那里听他讲。董事长讲了俩小时，都是在讲怎么买 8 万块钱的笤帚，买 8 万块钱的卫生用品，投资有巨资，运营无小钱。

有一次招聘运营总经理，我在现场指导，招来招去看了十几个人，董事长都不太满意，最后来了个年纪比较大的退休老干部，以前应该干过一些旅游，从我的角度，我看不出这个人有多好的潜力和特质，有多么适合这个职位，但是董事长就认为特别合适。

我当时就想说话，但是董事长就跟我说，刘老师你出来，他就趴在我耳朵上说了两个字，便宜。便宜这是什么逻辑？别人可能几十万年薪，这个老头可能就 8 万块钱年薪。便宜，我认为对于人才来说是不公平的，今天我们整个行业对运营人才公平吗？

整个文旅体系，从设计方、规划方，到建设方、招商方，这些都是什么人？这

些都是花钱的人，产业上面只有运营赚钱，但给运营足够的公平了吗？建设方、乙方随随便便拉出来个项目经理，年薪百万元，年薪几十万元，你见过哪个运营的老总年薪过百万元？太难了，经常看到投资几亿元的那种项目，最后的运营经理就是个没经验的年轻人，几个没经验的管着一个景区，这种现象比比皆是。

所以今天怎么对待人才？首先要给人才一个公平的竞争和生活的环境。未来的人才竞争强到什么程度？如果没有乔布斯，能有苹果吗？如果没有商鞅，能够有秦国的强大吗？商鞅变法之前，秦国实力不足，商鞅到了秦国之后就开始变法，干了一件什么事儿？徙木立信，又颁布了法令，确立了奖励耕战的国策。最后激发了秦国人奋勇争强的激情，结果统一了全中国。

所以人才是一个企业发展的至关重要的根本之一，没有人才是非常麻烦的。有很多企业在招才选将的时候没有过人才画布，人才画布非常关键，但是做了吗？人才分 4 种，小白兔型员工、狼型员工、豺型员工、山羊型员工。豺型员工有才无德不能用。小白兔型员工，是有德无才，也不能用。能用的是什么？能用的是那种有才有德的员工，会让企业迸发出无限的力量，如果一开始的时候用人就不对，会造成至关重要的影响。今天尤其是一些人文型的景观，要注意了，因为所有的设备设施并不是一个个铁疙瘩，它要用人去操作的，如果没有足够的人力、人才，那些东西是一文不值的。

所以我认为人才很重要，但是千万不要掉入"人才坑"，如果人才用对了可能整个景区就对了，如果整个人才的体系不对的话，就会使得结果非常糟糕。

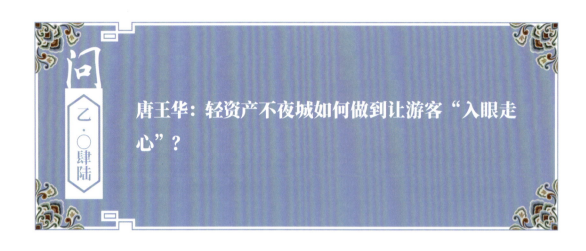

唐王华：轻资产不夜城如何做到让游客"入眼走心"？

刘磊 答

入眼走心，我觉得先要分开来说，那就是景观入眼，文化走心。

一个游客之所以一而再、再而三地来同一个地方，是因为他在这里没有吃够、玩够、体验够。可能想放下都市的繁华生活，追求心灵的放松，希望返璞归真，而这里恰好满足了他。又或者，他像鲁滨孙一样喜爱冒险，探索未知，而这里符合他的气质。抑或他钟情于这里悠久的传统文化，因而流连忘返。

颜值是一个景区吸睛的基础条件。试想，你卸掉都市生活的压力，置身于芳草萋萋、风景优美的文旅小镇，是一种怎样的享受？你会放下烦恼，收获最纯真的快乐。没有高颜值，就是缺少了最基础的能量。

文化是"灵魂"。没有文化景区只能成为"到此一游"的过眼云烟。现代社会的节奏非常快，都市人旅游度假并不是为了简简单单拍几张照片，游客需要放松，游客要返璞归真，更希望心灵得到洗礼。因此，简单的景区一日游满足不了游客的需求，他们需要来一场深度的文化之旅。这个文化，范围非常广，可以是农耕文化、历史文化、山水文化。

一个好的景区，要尽量满足不同人群的需求，让大家闲不下来，要步履不停。这就需要了解不同人的生活习惯或者行为习惯。比如，女生喜欢逛街、美容、做SPA；小孩喜欢儿童乐园、游乐设施；老人可能喜欢喝茶、唠嗑；青少年可能更喜欢游戏、健身。

景区还应该跳出门票经济的误区，全方位地规划住宿、文化、娱乐等功能。做好"吃、喝、玩、乐、购、享"等文章，拉长产业链条，就可以释放最大的经济效益。

　　其实"入眼走心"做旅游还需要五位体感：第一是灵魂上的，也就是文化。第二是能看得到的。第三是能听得到的，不夜城街区的背景音乐是一直循环播放的，在打造场景的时候，音乐运用得好自然就能更好地将游客带入场景之中去。第四是能品尝到的。第五是可以和游客产生互动的，如艺术装置，具有了参与性才能打动游客的心。

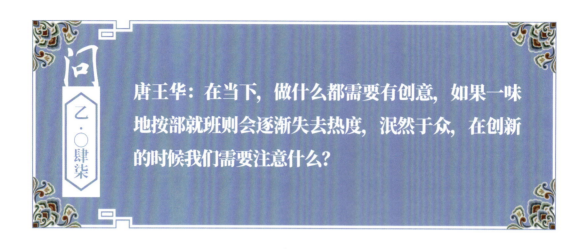

唐王华：在当下，做什么都需要有创意，如果一味地按部就班则会逐渐失去热度，泯然于众，在创新的时候我们需要注意什么？

刘磊 答

我个人感觉，创新比改革还难。改革是指改掉弊端、革除痼疾，实施不同于既往的新政。例如，某企业进行一些改革，其他企业也这样去做，我们都可称之为改革。而创新的要求就高了，它具有独创性。一个企业的新举措叫创新，另一个企业再如法炮制，未必就是创新了。

旅游行业是一个求新求异的领域，只有不断地有兴奋点、新看点，才能不断地招徕和吸引游客。旅游业者所面对的工作领域，是与游客的视角和需求大不相同的，必须踏踏实实地去研究市场、开拓市场，而不是整天在嘴上说说新词。

创新一词以"创"来引领，"创"的过程必然要进行一番革除和扬弃，穿新鞋走老路不能算创新，穿了新外衣、打了新旗号却依旧是旧脑筋、旧做法，也不是创新。创新不应是老牛拉破车的自然发展，而应找准当地的比较优势，选择符合当地实际的发展道路，有所扬弃、有所赶超。从现实情况看，能够敢于自我否定、自我超越的很少。

创新的目的是促进发展，做好做强。但做大不等于做好做强，大的是数量和规模，强的是竞争力和各项数据排名的靠前，好指的是顾客所爱。

145

不夜之城

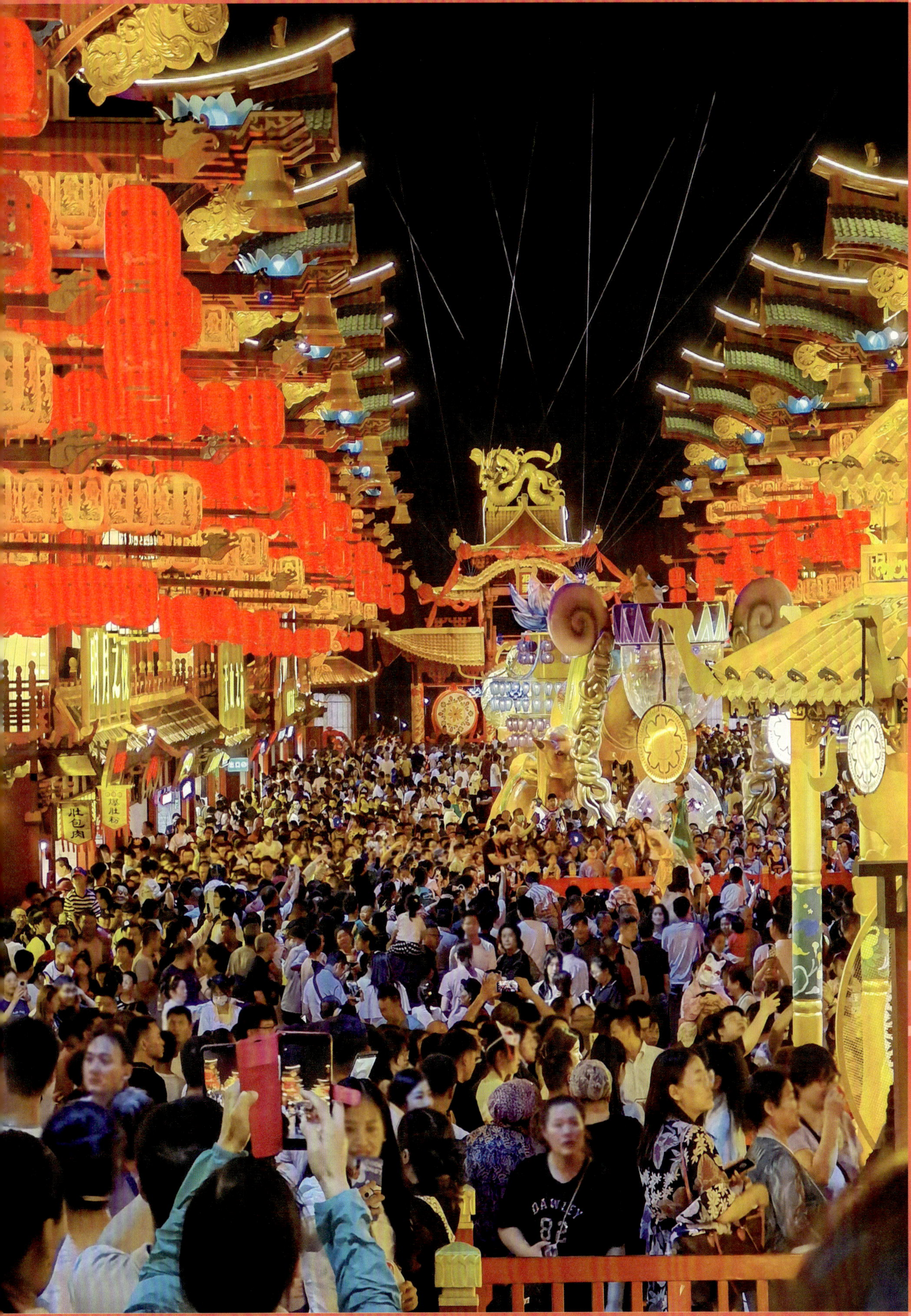

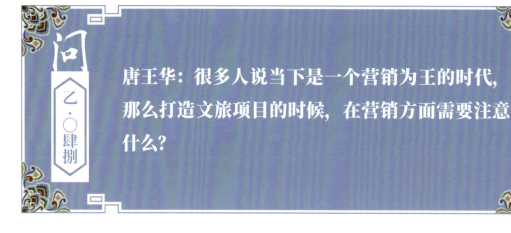

唐王华：很多人说当下是一个营销为王的时代，那么打造文旅项目的时候，在营销方面需要注意什么？

刘磊 答

有一个 5A 级景区，最高的时候一年卖了 5000 万元的门票，今天已经变成 200 万元门票了。谈到营销的时候，董事长就一句话，我们这样的景区酒香不怕巷子深，还需要营销？可见传统景区的转型至关重要，很多人的思维需要大的改变，这不是合格营销人的想法。因为资源型的时代，如果是 5A 级景区，把门一关占据了好的资源，就能活着，就有收入，可能不需要营销的意识、服务的意识，可以不做营销。

但是今天如果还是这种思维的话，可能很快就会被淘汰。要知道最早发展旅游的时候，全国景区只有几千家，现在有 4 万多家，现在的时代发生了天翻地覆的变化。这是资源型时代景区亟待转变的无营销的这种情况，更有一些项目有营销，但是不知道钱怎么花。

有一个项目我去了之后，老板接待谈到营销的事，就说我最重视的就是营销，你来的时候有没有看到高铁站机场什么的，我说没注意。然后为了看这些营销体系，专门派车让我们考察了一天，最后发现一年的营销费用 3600 万元，整个城市的桥底下柱子上都贴的是营销海报，整个城市的电梯上都做有广告，高铁站、机场、电视台都有营销，但是我们想一想，这个钱是花对了还是花错了？

现在的时代从传媒的角度来说发生了天翻地覆的变化，未来谁能霸屏，谁能赢得游客更多的时间，谁就能获得未来。今天的手机已经占据了人们一天中大部分的时间，从早上起来上厕所开始就拿着手机，一直到晚上用手机去催眠。如果不在占据时间的这件事上去投放项目的营销，还在传统的电视广告上去投，会有多大的结果？所以很多文旅项目的营销钱花在了不该花的地方。

今天谈到景区营销的时候，首先要明白什么是营销。营销是一个助推剂，营销是景区的战略，营销是一套体系，很多营销没有搞清楚什么是文旅的本质。文旅的本质是什么？几乎所有的关于营销的理论体系在介绍的时候，第一条都是产品打造，所有的文旅营销体系，能否定产品是营销的第一法则吗？没有一个理论体系，不管是德鲁克还是任何的一个管理大师，他们都不能否定产品是营销第一法则。任何的一个营销，它的理论都不能忽略产品，都不能不把产品放在第一位，所以产品是营销的最重要的点。

东北不夜城，其实并没有花很多钱去做营销，外界传得却悬得不得了，说什么我们有一个神秘的团队，这里可以非常负责任地告诉大家，外面说是帮我们做营销的什么神秘团队都是骗子。我们主要是做产品，就是把产品做到极致，其实不管是在设计场景的时候，还是在做极致产品的时候，都把这个产品当成营销的第一要务，并没有也不是大家想象中花了很多营销的费用，只是把营销作为一个种子或者让其起到推波助澜作用，这个是有的，但是最终还是做极致的产品。

在有500米长的这样一条线路上，我做了38个演艺，形成了矩阵，为什么？强大的赋能，一分多钟的时间，你都能跑完的500米线路，为什么我能留住游客两个小时，这就是一个强大的产品的逻辑，所以产品是最重要的营销，是营销的第一要务。如果做到了极致产品，其实真的不担心后面的整体推广，因为推广这一块有的是游客，游客是最可爱的业务员，他们会帮项目进行无限的推广和无限的想象。

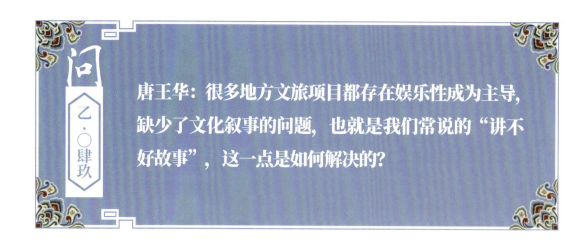

刘磊 答

一直在说的"讲好故事"主要分为两个部分，一个是要讲"大故事"，一个是要讲"小故事"。用东北不夜城来举例，大故事就是梅河口文化下整个文化场景的再现，小故事其实就是在大故事的背景下讲好每个小的点，就像"万家灯火"和"回家文化"在场景及演艺中的表现。可以说东北不夜城是"回家文化"的文化延展。

人是情感动物，古往今来，听故事是人类最基本的精神需求。从唱戏说书，到各类文学影视作品，再到综艺选秀的选手自述……人们容易在各种故事中产生情感共鸣，并且为之买单。而对于文化景区来说，要讲出打动人心的好故事，却并非易事。

最近几年，国家大力倡导发展文化旅游产业，各类景区发展如雨后春笋，其中不乏巨资打造、设备豪华的高端景区，但是并非每个景区都能真正走进游客的心里，大部分原因就在于没有动人的故事，或者没有把故事讲好。在如何讲好文旅这个故事的过程中，需要注意的是要尽量避免宏大叙事，因为讲得太大不太容易把故事说圆说满。要从微观层面开始讲述我们的故事。而我们的游客就像是读者一样，不能让他们在"阅读"这个故事的时候感到过于强烈的推动感，比如，一个故事让读者觉得背后有一双手推动一切，那就不是好故事，由剧情自我推进才是好的故事。游客们来到不夜城之后，是自我推进地想深入了解这个街区，一定要是自然而然产生的兴趣。迪士尼就是个很会讲故事的景区，迪士尼旗下的唐老鸭、米老鼠、各个公主们就是通过讲述一系列的故事从而形成一个产业链，成为人们耳熟能详的品牌，

不夜之城

吸引了大量的客流。

　　观秦始皇陵兵马俑，一个风云变幻、霸气如虹的大秦帝国跃然眼前；游西湖断桥，白娘子和许仙的影子浮现脑海；去日本北海道看雪，自动代入《情书》《非诚勿扰》等电影场景……正是因为有了这些动人的故事，才塑造出属于景区自身独一无二的文化魅力，从而吸引着五湖四海的游客们。所以说，故事才是景区的灵魂。

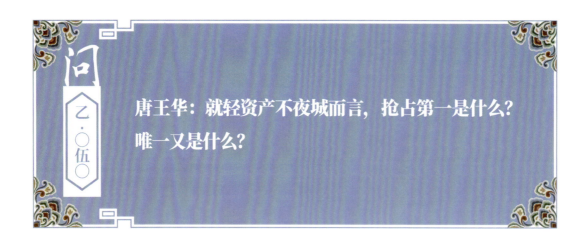

唐王华：就轻资产不夜城而言，抢占第一是什么？唯一又是什么？

刘磊 答

151

必须做尖刀产品，必须把灯光，把街头行为艺术，把文化旅游活动做到区域第一，这样才有机会。任何一个企业都是缺资源的，有些文旅项目为什么会失败？因为失去了焦点，源于人性的贪婪，什么都想做，想做五星级酒店，想做大游泳池、大花海，想做这个想做那个，做到最后发现阵亡了。实际上文旅不难，我通过 20 年的研究，发现文旅就是要占位品类，只需要把一个品类做到极致，做到第一和唯一就可以获得成功。

文旅项目要有一个足够的认知战略，就是方向一定要准确下来。要有一个产品支撑，战略确定下来，还需要一个模式，模式是什么？商业模式就是你造血的工具，商业模式就是景区赚钱的方式和方法，作为一个景区，有了前面所有的东西，但是没有赚钱的方法，还是不行，所以这个时候需要一个模式，不夜城的模式和商业打造是一致的。不夜城，是一个平台，我用互联网的思维注入传统的文旅中，就是要把自己做成一个平台，让别人来创业，我们只是打造一个舞台，最大的受益者一定是中间商"阿里巴巴"，所有的商户、商家没有一个会比"阿里巴巴"更富，这就是大众创新，万众创业，中间商发财。集合百姓的力量，形成浩大的声势，打"人民战争"，采用平台分享思维，必将取得文旅项目的成功。

不夜之城

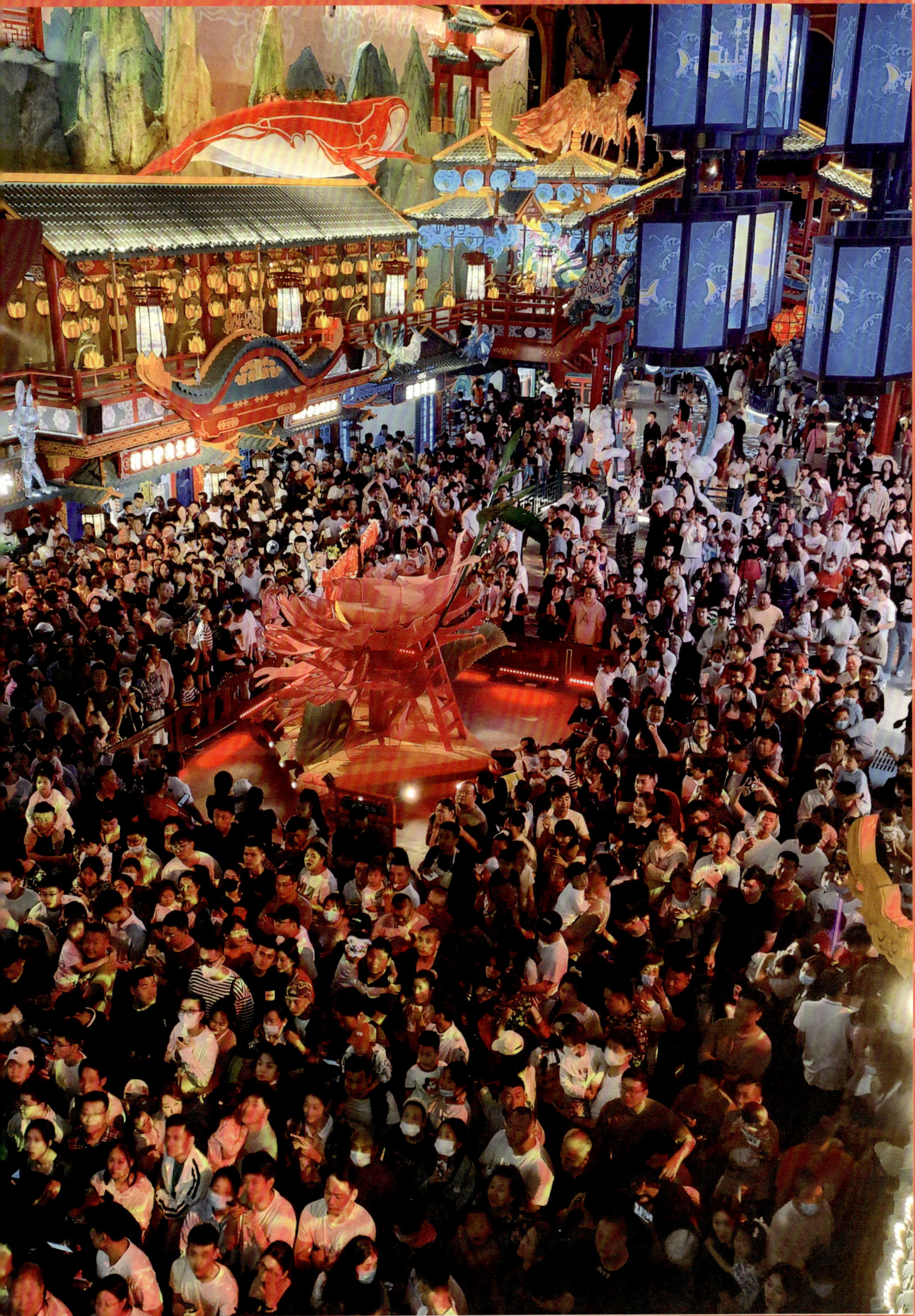

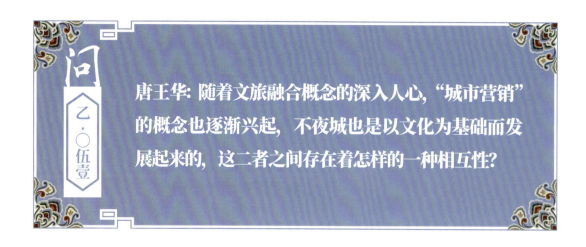

唐王华： 随着文旅融合概念的深入人心，"城市营销"的概念也逐渐兴起，不夜城也是以文化为基础而发展起来的，这二者之间存在着怎样的一种相互性？

现在说的"城市营销"并不是一个新词，最早来源于西方的"国家营销"概念。菲利普·科特勒在《国家营销》中认为，一个国家，也可以像一个企业那样用心经营。在他看来，国家其实是由消费者、制造商、供应商和分销商的实际行为结合而成的一个整体，我们的城市也是一样。

有竞争就有营销，企业营销是为了销售产品，城市营销是为了获得更多的发展。在公平竞争的市场环境中，城市营销是城市获取资源的重要手段，什么是城市资源？有很多说法，在我们看来，城市的最大资源就是"人"。大家也能发现，这几年各个城市都进行着一场"抢人大战"，因为有了人才会有消费活动，城市才能更好地发展起来。

城市办活动就是在营销，也就是说打造一个活动就是在营销一个城市。就像是家中要来客人，提前要把家里面打扫干净、收拾好卫生，才能让客人来，客人来了之后要有吃的、有玩的、有住宿的地方。所以说城市营销的核心还是要和文商旅融合在一起，把城市核心的文化和城市名片给打造出来，这样才会有人感兴趣，才会吸引到流量。

城市营销的主体是环境，其中包括政策环境和投资环境等软环境。城市营销的目的是获得资源，不外乎三种方式，一是来城市消费，二是来城市投资，三是对外销售。就城市消费和城市投资两点来讲都离不开城市的环境优化。所以城市营销中

不夜之城

　　的主题是环境营销，城市品牌运营也是从城市环境优势考虑，并提炼和升华到城市营销的高度来推广的。

　　对于现在的城市营销而言，本质上就是找寻一个城市的有趣灵魂，发掘城市的品牌核心，打造城市舞台以及城市会客厅，然后成体系地用大众化的语言传播出去。只有这样做，城市品牌的价值和魅力才能真正得以体现，也才能对地方经济的发展起到积极的带动作用。

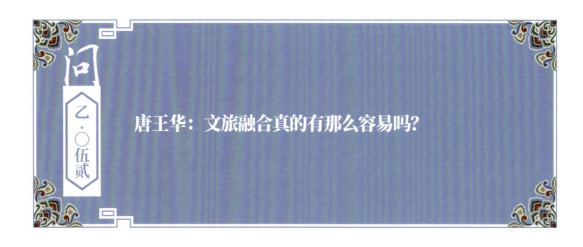

问 乙·〇伍贰 唐王华：文旅融合真的有那么容易吗？

刘磊 答

其实很多项目在融合这个概念上入了"坑"。举一个例子，之前去过一个项目，这个项目投了5.2亿元，我说还行，还行什么？没有赔干净，老板还是有点家底的。

但是你跟他一块聊的时候，会发现他主要是在融合上面出了问题。最早的时候他还是有一些门票收入的，但是随着项目规模的不断扩大，反而门票收入少了。老板介绍的时候说，你看我这里的设备绝对好，这是迪士尼的《飞越地平线》，你看我搞的《飞越地平线》，坐上去跟迪士尼的没有差异，我坐上去之后感觉确实没有差异化，但是他可没人家米老鼠、唐老鸭的故事，然后又搞了类似长隆的马戏，也请了一些外籍演员。然后吃的搞的是什么？按袁家村搞了一些当地小吃，但是没有袁家村的品质，然后也搞了一点国潮的演艺，类似宋城的那些东西也搞了很多。但是每次看到这些东西的时候，都不知道该怎么和他交流，产品多得不得了，最大的问题是做得太多了，试图把全世界所有的好东西都融合在一起。

他又做了个什么？做了个预制菜的大厅，汤圆、饺子、酱油、方便面都有，这个老板是做地产的，很有实力。我说你这个大厅里面卖多少种产品，他说我卖1000多种产品，年销售额600万元。仔细一算，差不多每个产品，才卖一两万元，最高的一个产品，是个预制的大丸子，一年能卖30万元，其他的很少卖钱，得不到足够的效益。

那么它的问题出现在哪里呢？融合得太多了，没有产品绝杀力。一个酱油聚焦后做到全国第一，都有200多亿元的销售额。把一个汤圆做到极致，看三全、思念，销售额也能达到上百亿元。把一个方便面做到极致，一年有400亿元，康师傅牛肉面就是这种情况。做不同产品的时候，所有的组织架构和体系、模式、营销全部都是不一样的，所以真的和品类规模没有多大关系。大家看到我们东北不夜城1万平方米，就占16亩地，一年照样有400多万游客，其实再来一倍也能容纳，为什么？旅游永远追求的是极致的体验深度，而不是广度。

前两天我去看了一个湖大得不得了，150平方千米。但是发现项目不聚焦，留不住游客，游客现在很少，为什么？因为它没有爆点，没有差异化。大家看餐饮企业西贝莜面村，20年磨一剑成功了，老板原来做的其他的品牌，什么超级肉夹馍全都不见了。

我们看海底捞，海底捞是火锅类知名企业，但是海底捞做了一个品牌叫U鼎冒菜，谁知道？没人知道。老大也未必能做起来，为什么呢？一个品牌不可能代表所有的品类。刚才说的老板有1000多种产品，又代表品牌酱油，又代表汤圆、矿泉水、方便面、烤鱿鱼、串串、大丸子，最后什么都代表不了。定位学上有一个关键词是这样说的，叫品牌延伸陷阱，也就是说一个文旅企业不可能什么都干，什么都干，到最后什么都不是。

所以只要把一件事儿做到全国独一无二，你就是全国的第一，你把一件事做到300千米之内的独一无二，你就是300千米之内的第一，而不应是什么都干、什么都做。做文旅手中有1亿元，是穷人，有100亿元还是穷人，因为旅游从来不是一个金钱累积的结果，它是一个格局视野和创意共生的产品。所以我认为融合也是一个文旅上比较大的坑，希望大家要谨慎。

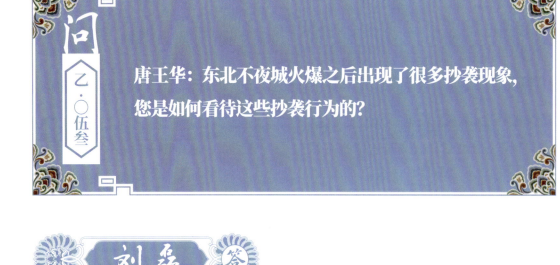

刘磊 答

抄袭早已变成了文旅的一种现象，很多景区的大门现在都快一样了。这两年全国各地都在做灯光，什么山体亮化、河道亮化，其实这些从本质上来说都差不多，游客来了后就拍照片，只是把这些景区的照片放在一起很难分清哪张照片是哪个景区。这样造成了很多资源和资金的浪费。

东北不夜城从开业后到现在已有了 20 多个抄袭项目，甚至有的人直接拿着网上公布的图纸就开始干了，省了画图这道手续。

文旅是一个极致差异化的行业，极致创意的行业，如果真的去抄袭的话，搞不清楚商业结构是什么，搞不清楚逻辑是什么，结果只会遭受失败。前一段时间东北不夜城打假，本质是希望大家不要再去上当，不希望更多的文旅企业遭到损失，抄袭失败最后会损失很多钱，这也是我不愿意看到的。

曾经在一个省见到一个抄袭袁家村的，投了三亿多元，然后全军覆没。招商的时候招了好几年招不到，基本闲置，闲置资产资金的更迭换代率已经导致项目无钱可挣了，这个时候老板见面就一句话，说袁家村把我害惨了，袁家村怎么能把你害惨了？

根本原因，不是袁家村的问题，是他自己的问题，他搞不清楚商业逻辑，搞不清楚组织架构，搞不清楚营销体系，搞不清楚区域位置，也搞不清楚郭占武书记的内心所想，就抄了一个表面的形式，不失败才怪。

前一段时间到深圳，一个规划院的院长，吃饭的时候拿出了个厚厚的本子，我说

不夜之城

这是什么？他说这是袁家村的破解之道，他用了一年时间研究的，为了研究去了十几次，袁家村的水沟有多宽多深，水从哪儿来的？种了多少棵树，那个地方柳树有多粗，磨盘在哪里？哪个地方有个标语，辣椒胡椒面在哪儿，腐竹面在哪儿，一清二楚。我说这个没用，只是复制的一个手段，其实对于成功，几乎起不到任何的作用，所以今天面对抄袭的时候，真的很尴尬。比如拈花湾，在网上搜一搜会发现一大堆说自己和拈花湾有关系的，说和袁家村有关系的更多了，和东北不夜城有关系的也很多。其实假冒伪劣真的是行业的一个窘境，也是当下面临的一个现实的情况。

文旅行业本来就有这个情况，已经变成了一个极端的现象，但是一定要做好自己，不要学着"整容"，结果弄到最后只会失去了自我，也没有了价值。所以，很多景区要做自己的一套相貌体系、自己的价值体系。

前一段时间的一个课程上，我拿出了20张江南水乡的照片，问大家一个问题，说这是哪儿？大家异口同声都说是乌镇，其实一张也不是乌镇。而且底下坐了4个江南水乡项目的董事长，我说哪个是你们的，你们给我找出来，他们自己也找不出来，为什么？因为长三角的江南水乡项目几乎都长一个样子，基本上很少有人能把自己的项目一眼就认出来，已经到这种程度了。

最近我到了浙江的一个城市，还要再做江南水乡，对标的还是乌镇，我就说你可能真的没有机会了，已经同质化很严重了。

不夜之城

我发现唐宋元明清的仿古建筑在全中国几乎是一个样子，基本上分辨不出来。别说一般的老百姓分辨不出来，作为专家现在也分辨不出来是自己的项目，还是别人的项目，因为大家都一个样子。

之前我到了一个城市，一个董事长就带着我参观，他最引以为荣的是什么？就是在一个县城里面做了一个古国，非常精雕细琢。走到大门口的时候就跟我说，城门花了多少力气，当时为了磨砖切缝，为了摆砖花了多少力气，城墙怎么做，屋檐怎么样搞，设计师多么厉害，在这里驻场了4个月才把这个东西搞出来。当时我也不好意思多说什么，因为作为客人，还是要尽量多说一些人家的好话。但是我憋了半天憋不住了，他说了20分钟，我就拿了一张照片，还是手机里面的一张照片，问这个是你的项目吗？他说是，他说你看这门头上的字都一样，牌匾上的"正大光明"四个字，和城门楼上

的字一样。我说这张图不是这里，他又仔细看了半天说确实不是，因为他从来都没挂过那个颜色的灯笼，这才分辨出来自己的这个城门和人家的不一样了，但是二者的相似度，几乎达到了当事人都认不出来的 99%。

所以这种情况下就知道现在文旅项目出现的问题有多大了，连那字都一样，都只会写"正大光明"这几个字，难道不能写一个"花好月圆"吗？或者写其他词语？这个创意都没有，真的很麻烦，包括花边灯笼基本上是一模一样的。这就是抄袭坑，我们要以史为鉴，以人为鉴，可知得失。

我真心希望大家善于学习，勇于学习，因为强大的学习力会让你规避这些坑，没有一个文旅企业没遭遇过坑、走过弯路的，迪士尼难道没走过弯路吗？法国迪士尼为什么生意不好？环球影城没有经历过坑吗？宋城、长隆，谁没有经历过各种各样的坑，

不夜之城

但是学会规避坑，学会知耻而后勇，学会遇到了坑，重新跌倒，再爬起来，重新再创业，这才是关键。

在我大学毕业的时候，院长对我们讲了一番话，他说在 4 年的学习当中，所学的东西，在走向社会的过程中，就要归零，要以一个空杯的心态重新去学习，为什么？因为学习永无止境，因为 4 年的大学生活只会告诉你一个学习的方法，告诉你一生里如何看待学习，而不是意味着学习的结束。

有一个老板光学习做策划案，就花了 2000 万元，又花了 1.8 亿元做策划设计，结果是什么？结果项目阵亡。为什么就非要偏执地去学习，叠加式地学习，什么都学，

每个人都业有专攻，只有业有专攻的时候，只有把专业做到极致的时候，只有研究一件事情，研究 2 万小时以上的时候，才能成为这个行业真正的研究者。我不是专家，因为我也不想当专家，只想做这个行业的一个研究者，希望永远和大家在一起，永远和大家在学习之路上共勉共鸣，一起开拓文旅的光明之道。

通过学习，通过不断深入了解整个行业，会有更多的新文旅、新物种在中国的大地上不断出现，助推中华民族伟大复兴。

唐王华：做文旅一定要种花种草搞绿化吗？

刘磊 答

今天谈到旅游的时候很多人觉得不种点花、不种点草、不种点树，就像不是干旅游的。事实情况真的是这样的吗？我举一个极端的例子，前几年我看过一个项目，投资了 45 亿元。董事长以前是干地产的，一生攒了 45 亿元，可以说是有钱人了，但是他有一个田园梦，只不过他的梦比较大，大到什么程度呢？就是要做一个中国最大的花海。我见到他的时候，他给我讲了个故事，说你看泰国以前历任总理，只要一上台就让种大米，结果种了 30 年。

30 年后，泰国欠了全世界多少外债呢？欠了 1000 多亿美元。他信上台之后，就大力开发旅游，说大家不要种大米了，整个国家要干旅游，让外国人看到我们种

163

大米的样子，让他们看到我们的土地，让游客看到我们的民俗文化，看到泰国人的好客，于是大力发展旅游，三年时间还清了1000亿美元外债。他就给我讲了一个这样的事儿，说你看我现在做的这个事儿，是不是和泰国特别像。种鲜花让人看，多有价值。这两件事，是不是一种逻辑呢？我不敢肯定。结果呢？

结果他花了三年多的时间，45亿元全部投入进去，又借了5亿元，等于投了50亿元，打造了6000亩的花海。里面还有大舞台、古建等。几乎感觉把某些城市的古建都收集齐了，建筑效果好得不得了，甚至花海里面用红木做了一座价值一亿多元的

建筑。但是这个时候发现他的资金链已经断了，6000 亩的花海，50 亿元消耗得干干净净。

打造了三年多，开业已经第三年。三年以来最高一天门票收入 3.2 万元。要多少年收回成本，我感觉没有二十代人的时间是不可能的。

大家想一想，十年前还能听到说谁种鲁冰花一年挣了 200 万元，谁种薰衣草挣了 100 多万元。这几年谁又听说过种花种草还赚几百万元的？为什么呢？现在城市的绿化已经远不同以前了，万科小区里面的绿化就可能比景区的绿化做得还好。所以仅仅靠一个花海去做旅游是非常艰难的。花海都不能做成功，单凭一点简单的绿化、点缀能成功吗？我看很难。

大家可以看到青岛明月·山海间很火爆，但是它一盆十块钱的绿萝都没买过。大家去轻资产不夜城，能看到花海吗？能看到大量的绿植吗？我们今天做旅游的时候，关键是要找到核心吸引核，没有核心吸引核的时候就要去打造一个，花草的吸引能量太小了，去搞万亩荷花、千亩油菜花真的会出现很大的问题。

很多人可能去过我设计的唐渎里街区。当年有很多鱼池和荷花池,改造之后变成网红项目,还有水上的一些挑战赛。到夏天的时候,每天有几千个小朋友在里面跳来跳去。所以今天在文旅项目的绿化方面,我认为有些认知出了一些问题。一定不要以为绿化是做旅游的必需品,不是这样的。很多古镇街区,都在模仿江南的古镇,也在街上搞了一条水系,很多水系反而妨碍了动线。

前两天我看了一个项目,商铺迟迟招不出去。古镇里每家人门口都有一个水系,水系上面又没有桥,又阻挡了客人进店。这个时候水系反而变成了"鸡肋"。很多人可能去过唐渎里小吃街看到过两侧的水系,商铺门口也都有水系。改造的时候就用红地毯和铁板,把水系盖上了。为什么把水系盖上?因为原有水系妨碍了店铺动线。所以今天在研究项目时,尤其是做项目的时候,首先是要解决核心吸引核的问题。没有核心吸引核,不管你怎么努力,就算天天在地里种花种草,甚至像这个董事长一样,投了45亿元,也不一定能干成,所以说情怀是不能当饭吃的。

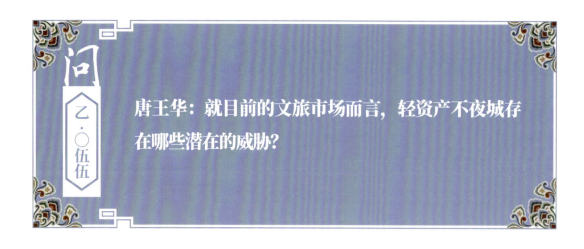

问 乙·〇伍伍 唐王华：就目前的文旅市场而言，轻资产不夜城存在哪些潜在的威胁？

刘磊 答

自杀者生，他杀者死。曾经在网上有一个段子，记者去微软进行采访，因为当时的微软正处于下滑的阶段。这位记者就问微软，你认为自己的竞争对手是谁？微软的负责人说我们的竞争对手已经多到自己也数不清楚了，没有办法进行详细描述。后来记者又去了谷歌也问了相同的问题，谷歌方面的负责人说我们的竞争对手就是美国航天局，因为美国航天局总是能够以比我们更低的价格，雇佣到比我们更加优秀的员工，所以我们的竞争对手是美国航天局。然后这位记者又去了苹果，苹果在当年已经成为名副其实的强者，它在回答这个问题的时候说，我们的竞争对手就是自己，因为每次新品发布会的第二天，我们所有人想的就是如何将自己做出来的这个新产品淘汰掉，这对于我们来说就是最大的挑战，所以竞争对手就是我们自己。这也就是苹果能够不断发展、不断成长的原因，因为超越自我，才可能超越对手。

就目前的文旅市场而言，我们更多的威胁来自自身。如果满足于当下的成就，沉浸在现有的流量之中，或者说我们不再寻求变化，只是想要原地踏步的话，那么离衰败将不再遥远。也就是说不夜城的潜在威胁就是停步不前，而解决办法就是不断创造新物种，不断创新模式。

超越自己，就要不断上一级台阶，需要持续付出与努力，需要不断创新，不断提升自己，不断发现潜在威胁并想办法克服，需要不断面向未来，要引领消费，这样才能抓住游客的心并抓住他们的时间和钱包。

不夜之城

　　做文旅，最大的敌人就是自己。当下各行各业都是日新月异，千变万化，文旅本身就是一个需要不断探索、不断创新的行业。原地踏步就是在退步，"逆水行舟，不进则退"就是现在文旅行业的真实写照。

　　所以要不断制造痛点，抓住游客的心，写好不夜城的故事，要有创意，有创新，有创造力。因为游客对一件事的好奇心不会那么长久地保持，只是在一个时间段会拥有这样的好奇心。

　　时刻都要告诉自己，全世界没有一直强大的企业，要寻求变化，要不断创新进步，变化创新的速度一定要快，以前说"大鱼吃小鱼"，现在是"快鱼吃慢鱼"。

刘磊　答

　　说到文化有一句顺口溜，"没文化很可怕，有文化更可怕"。怎么解释呢？很多地方文化特别厚重，但是文旅项目没有文化，很多地方是文化荒地，但是善于抢文化、抢先占位。迪士尼有文化吗？有，但是更会抢。白雪公主是德国的归迪士尼了，美人鱼是丹麦的归迪士尼了，我们中国的大熊猫、花木兰也归迪士尼了。现在几个IP少说已经产生了50亿美元的收入。所以在做旅游的时候，一些文化荒漠型的城市，比如历史上没有特别出彩的地方，可以用无中生有的逻辑去做。常州从来都没有出土过任何一颗恐龙蛋，也没有出土过恐龙化石，但是不影响常州建成全国最大的恐龙园，这个"抢"实际上就做得非常好，游客提起恐龙都会想到常州。

　　文化研究过重也是很大的问题，我曾经去过一个北方的县城，人口非常多，一个老板研究当地的文化，研究了十一年的时间，当他打开办公室的时候，你会感觉到了一个图书馆，全是当地几千年的文化资料，基本上出土过什么呀，哪年哪月发生过什么事儿呀，研究得特别透彻。但是我说你研究了11年，旅游做成了没？没有。为什么呢？没想好啊。其实很多文化是很难为文旅所用的，太深，文化研究过重也导致了很多问题。

　　还有一次去另外一个县城，当地一位领导对文化的研究也比较深入，我们坐在座位上的时候他就开始聊当地文化。他对什么文化最有研究呢？就是唐代屋脊上的瓦片。研究得特别透彻，我正准备给他讲战略呢，他说先别讲，先听我给你们讲唐代文化。俩钟头讲了一块瓦，把瓦横的竖的，尺寸薄度，怎么烧的，多少温度，用什么样的土都讲了一遍。但是反过来问一句，这样的文化对于旅游来说，有多大的作用？有几个游客像我这样能非常耐心地听两个小时的课。

一定要注意文化的活化和激活，这是非常重要的。文化一旦被激活就会出现很神奇的力量。大家知道的不倒翁小姐姐，它其实是由敬酒仪式演变过来的。这样一个古老传统被激活了之后，产生了多么大的传播力量，得到了多少游客的喜爱。当传统文化被激活的时候，它才会产生真正的力量，否则它就是停留在博物馆里面的那片瓦。砖瓦当然有用，对于我们的子孙后代，对于我们的文化延续有非常大的价值。但是对旅游的价值几乎没有。

之前有一个项目，项目负责人早上突然给我打电话，特别着急地说：刘老师出大事儿了。我说出啥大事儿了，他说景区门口那个大斗拱，装反了。斗拱是什么样的？上大下小，是为了支撑榫卯结构的，但是工人不熟悉，把斗拱的雕塑给装反了，下大上小了。这时候项目负责人就特别担心，当地领导也特别担心。因为上午市长要来剪彩呢，如果因为这个细节被批评了，实在不应该。我说事已至此，也来不及了，就这样吧，应该不会有人去看那个斗拱，也不会有人说那个斗拱装反了，他依然非常忐忑。但是到了十点钟剪彩，甚至过了三天时间来了 22 万游客，没有一个人提

出那个斗拱装反了。为什么是这种情况？因为所有的人只为自己的欲望和自己的喜好买单。游客来的时候，只会关心自己心目中那些吃喝玩乐，谁去关心那个斗拱有没有装反呢？当然了，这只是说明文化不必体现得那么深，努力减少失误也是一种态度。

很多人把文化理解成看博物馆，其实现在博物馆里的很多文化亟待活化。如果不活化，就会出现和现代消费者断层的这种情况。曾经到一个小镇，这个小镇在做非遗的时候就很执着，要把消失了的过去的东西还原到极致。但这样真不行。比如传统的绣花鞋，如果做成三寸金莲的样子，送人时，不就成了给人穿小鞋吗？这样的文化应该被还原吗？所以今天我们在做文化的时候，一定要注意文化的坑。要点是文化的激活，不要活在过去。因为非遗就是正在消失的、和消费者生活发生断裂的，必须通过活化解决这个问题。

可以看到很多人都模仿袁家村，用磨盘和驴拉磨，磨胡椒面、辣椒面。但真的用原始的这种器物加工出来的东西可能你都吃不下去，因为它比较粗糙。所以要点

一定是把文化进行活化和创新，这样项目才有未来有力量。

很多人提到东北不夜城，认为在做演艺设计的时候文化可能挖掘到极致了。其实我可以告诉大家，真的没有太深，挖掘文化的时候，没有必要过深。比如，研究唐太宗有多少个妃子之类的，没必要清楚。做旅游的时候，我是反对把文化做得太过深的。要有广度，不要深度。只需要知道当地有什么风物能够拿来为我所用，就可以了，太深的游客也看不懂。就像研究唐代瓦片，能讲两个小时，研究到了中国第一人，但是对于做旅游没啥用。当然从文化的角度，我非常尊敬和崇拜这位先生。但是从实际做旅游的情况来说，我认为不值得去借鉴。

大家到了东北梅河口，会发现当地没有特别多的知名人物和知名故事，那就只好"拿来主义"。比如说街上有一个美人鱼，东北怎么能有美人鱼呢？又没挨着海边儿。那么就可以给他讲一个故事，说白娘子和许仙当年打败了法海所以上天当了神仙，小青功德不够没有去成，所以就跑到梅河口海龙湖定居了，定居之后就教授了鱼弟子，但因为发力不够，变成了半人半鱼的美人鱼了。这样就在街上给大家呈

现出来，很多人不信，但是不信又能怎么样呢？反正西方神话也讲不明白美人鱼是怎么来的，我们的故事还更合理。所以在做旅游的时候，故事比文化更重要，要学会讲故事。

2017年，我在打造盐城的欧风花街时，就有一个桥，它特别偏，有人就提出不行就把它拆了，黑乎乎的也不好看。但是我的想法是能不能讲一个故事，把这个桥变成网红呢？最后往那个桥上面绑铁丝，然后买了2700块钱的锁，并做了个牌子，说有情人终成眷属，谁在这儿挂个锁，谁就会与爱人白头偕老。说起来这个故事是在糊弄人，但非常贴合热恋情人的心理需要。一年之后桥上挂的锁已经近万把了，还得去拿钳子把旧锁剪下来，因为害怕桥出问题。

不夜之城

　　今天在做旅游的时候，一定要坚信一点，就是故事比 IP 重要太多，故事比文化重要，大多的城市没有特别强势的历史，或者特别有优势的文化。深圳旅游最早做的世界之窗、欢乐谷，都是全中国名列前茅的。长隆是什么文化？长隆的文化叫开心快乐？但是它从动物园做成了能够抗衡迪士尼的一个产品。所以，一定不要把问题想得太复杂，想得太深。如果真的用尽全力去研究一片瓦的前世今生，会占用很多的精力，导致文旅航行迟迟无法启程。

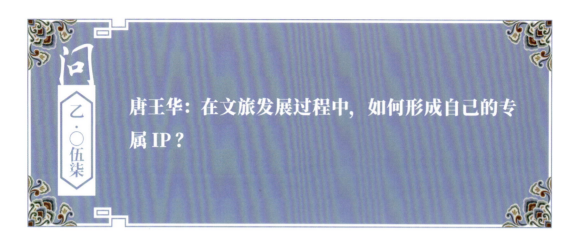

问 乙·〇伍柒

唐王华：在文旅发展过程中，如何形成自己的专属IP？

刘磊 答

IP在每个人的眼里都有着不同的意义，明星、网红是IP，动漫游戏形象也是IP，一个标签、一个图形、一个品牌都可以是IP。而它们有一个统一的特质就是自带流量。因为有流量才有更多商业价值，所以现在很多人都想要打造一个属于自己的IP。

说到IP，有一个地方做得非常成功，那就是日本熊本县。圆滚滚的外形搭配着标志性的腮红，这样一个熊的动漫形象成了日本最赚钱的角色之一。对于这个动漫形象大家都非常熟悉，并且将其称为"熊本熊"。熊本县打造出这个IP形象之后，对其在日本的所有商业授权都采取了免费的政策，只要得到了政府的许可就可以拿去商用。在2018年的时候，当地还将"熊本熊"的海外授权进行了开放，当年的收入就高达74亿元，可以说塑造出了世界级的网红IP。

其实现在很多自带流量的事物并不能称之为IP，真正的IP不是指那些突然火起来的网红，凭借颜值或者俏皮的话，得到人们的关注就可以。而是需要人们深度认可，需要有自己的故事、人格和底蕴。

当一个IP成长起来，就不再受创造IP的人或者组织控制，而是受认可这个IP的粉丝控制。也就是说，粉丝不仅仅是消费者，也是生产者。比如，小说被翻拍成电影时，看电影的人会觉得还不错，但可能会遭到小说粉丝的抵制，因为他们觉得自己认可的IP被电影毁了。短视频平台有很多网红，但是真正的IP很少，大家更多愿意看有意思的内容，而不是为了谁去看短视频。

不夜之城

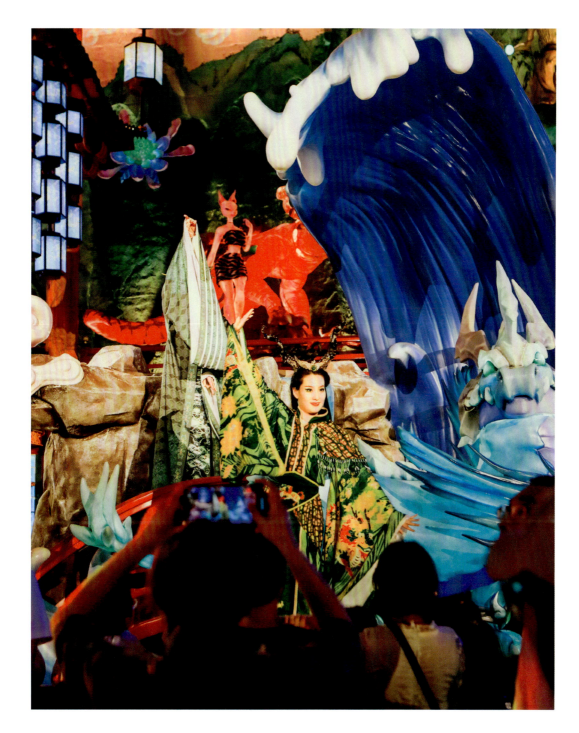

　　一个真正的好 IP 是可以跨越平台、跨越空间，甚至是跨越时代的，当然也是最难造就的。比如迪士尼，这是我们谈论打造 IP 时无法避开的，因为他们会讲故事，小孩儿感兴趣，大人也爱听，受众十分之广，可以说是推广到了全世界。东北不夜城也在打造自己的 IP，成功与否就在于未来这个故事能不能讲好，能否讲到游客们的心里去。

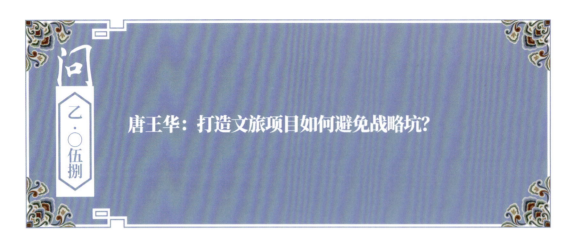

问 乙·〇伍捌

唐王华：打造文旅项目如何避免战略坑？

刘磊 答

战略坑是我较早提出的一个观点。做文旅，尤其是新文旅项目，不要一开始就找人做规划，因为它只是一个工具，如果没有明确的战略导向，没有一定的战略定力就进行规划将是无根之木。海底捞为什么会成功？海底捞数十年如一日，坚持做服务，战略没有动摇过，于是水滴石穿，它变成了一个知名的企业。

可口可乐、百事可乐坚持了 100 年的时间，就卖一个糖和水形成的碳酸饮料，变成了世界上最知名的企业之一，今天文旅也是这样子，"战略不对，努力白费"。

不夜之城

战略坑绝对是大坑，战略不对的时候，所有的努力全都会报废，所有的投入都会打水漂。前几年的时候有一个项目，那个项目为了赶在"十一"开业，发动了3000名工人在现场干活，大家想想这是一个多么壮观的景象。光吊车就100多台，看起来真的就像大片场景一样轰轰烈烈，当时他说，刘老师你觉得我发动工人的能力强不强？我说特别强。但是问题出在哪里，3000名工人今天去抢工，如果方向对，你得到的可能是财富，如果方向不对，可能是给你自己挖了一个大大的坑，今天文旅的成功，和"大干快上"是没有太大关系的。

　　讲课的时候经常会聊到"穷忙"，很多人都在穷忙，越穷越忙、越忙越穷，一天忙得都不知道自己在干什么了，但是核心是什么？没有时间思考。战略就是方向，要去北京，却买一张去乌鲁木齐的票，一辈子都到不了。要去北京是方向，战术是交通工具，走路、跑步、汽车、火车、高铁，只要方向选对了，都能去北京，但是行动方向是去乌鲁木齐，对不起，坐火箭都到不了北京。

　　所以战略是方向、是产品，如果在做规划之前，方向确定不了，产品确定不了，依靠谁做的规划，都会失败。

　　我曾经经历过一个事儿，一个做规划的学者和一个老板，他们是很好的朋友，一块喝酒的时候喝醉了，学者就跟老板说，我当年那个乱想的规划，你真的敢干。从这件事你就知道规划可能有多坑了。

今天很多项目不盈利的关键是什么？战略不对，战略方向不对。战略要顺应时代进行调整，比如说我最近接触了一个沙漠旅游项目，以前项目做到了整个省的第一名，但是现在没有游客，为什么？这个项目让游客干什么？徒步，到沙漠里面徒步，徒步了6千米的时候，会有驼队在那儿等着拉你回来，但是今天谁还愿意走，今天的消费者都讲究舒适旅游、体验旅游，沙漠骑骆驼倒是火爆了。所以战略方向要及时调整，怕就怕调整不过来，更怕意识不到。

规划只是一个工具，没有一个清晰的战略，规划图再漂亮，画得再好，规划的业态再多，也不意味着成功。第二次世界大战中，希特勒的闪电战打遍了欧洲无敌手，但是他犯了一个致命的错误，去打苏联，只要这个战略错了，最后就得失败。当然入侵他国这个战略，本身就是最大的错误。

不夜之城

举一个这两年发生的骑墙战略案例，文和友一年多的时间内在深圳和广州都开了店，当地政府给了很多优惠条件，但是今天却出现了很多问题。我认为最大的问题就是战略骑墙，为什么？一个餐饮企业，"命"是什么？就是要把产品做到极致的好吃。这个是餐饮企业首先要做到的，但是文和友做到了吗？如果是一个文旅企业，那么它把文旅的高维点理解透彻了吗？文旅演艺的再造、情景的再造、场景的再造，文和友理解透了吗？如今去看文和友，它更像一个装修好的打卡点，一个很好的 20 世纪 80 年代的壳子，大家都会去拍照片，但是意味着什么？大多数人不消

费。战略上出现问题的时候，所有的一切都会出现问题，在做战略的时候，再优质的企业都不能战略骑墙，战略骑墙是一个非常可怕的事儿。

当年的苹果，在乔布斯没有回归之前，就是骑墙战略，什么都想干，结果没有达到商业本质，最后出现了一些非常大的问题。很多企业盲目跨界，不是好的战略。希望大家都有一个清晰的认知，从而制定出正确的战略。如果有了正确的战略，每天的投入都是通往成功路上的更进一步，如果战略不对，每天的投入都像在给自己挖一个大大的坑。

第三篇

北产品

不夜之城

变爆品

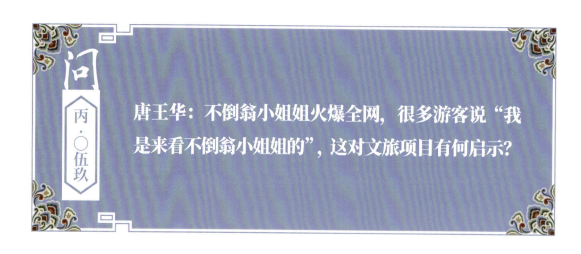

唐王华：不倒翁小姐姐火爆全网，很多游客说"我是来看不倒翁小姐姐的"，这对文旅项目有何启示？

刘磊 答

"不倒翁小姐姐"是创意十足的行为艺术，这些表演在网络上收获了超高人气，在线下吸引了大量游客，让网红景区的名气也越来越响。而不倒翁小姐姐的走红，也显现出当前旅游业发展的一些新趋势、新特点，一个人能干一千个人干不了的事，一个人能干一个团队干不了的事，"一人兴一街"，这个人的出现就是爆点。

一个爆点的出现远比去做大量的营销还要管用，一个人出圈了比一百个人的作用还要大。2022 年 7 月 9 日，我们在梅河口东北不夜城举办了首届东北泼水节。活动第一天人流量就达到了 8.6 万人次，第二天人流量增长到了 10.7 万人次，第三天也有 6.8 万人次。因为人们对泼水节的热情过高，使得本来要在第三天举行的篝火晚会难以按期举办，泼水节已经成为梅河口市的一个城市爆点。

现在互联网的社交不断带火一种产品、一个景区、一座城市，这就是虚拟网络

和真实社会深度融合的必然结果。随着移动终端的普及，从社交平台获取各类信息成为越来越多人的习惯，文旅消费更是如此。每一个时代，都是年轻人的时代。尤其"90后""00后"是伴随着移动互联网一同成长的，更易于接受网络新鲜事物。

在移动互联网时代"走红"的城市，可以使得部分用户成为该城市的粉丝，从而直接为城市的文旅产业等带来新增收入。同时新问题也摆在面前：该为游客提供什么样的旅游产品和体验，才能让游客继续买单？人们常说旅游业发展水平并非一个孤立的指数，这与资源禀赋、地方经济和社会发展水平也有着密切的联系。也应当注意到，城市在争夺流量的同时，也是在争夺人才，毕竟年轻人越多的城市，越具备未来发展的动力。

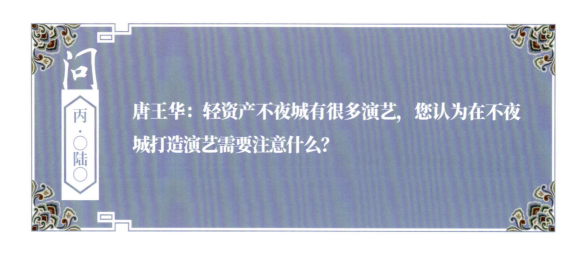

问 丙·陆 唐王华：轻资产不夜城有很多演艺，您认为在不夜城打造演艺需要注意什么？

刘磊 答

　　我以前考察了一个项目，这个项目的演艺大概投了 5.8 亿元。疫情前三年就开始准备，大量的时间、精力、物力、人才、财力一点点堆砌出来，从其本身而言我认为是非常精彩的。但是 2022 年只开业了一天的时间。第二天就没开门了，这是为什么？当天 200 个演员，20 个观众，这种差距，让人信心丧失。

　　大家说是疫情的原因，其实我觉得跟演艺本身有非常大的关系，因为第一代、

第二代产品基本上就是山水类的户外演艺，或者是大型的室内演艺，这些演艺给我的感觉就是太重，太重是什么？就是投资大，强度大，演艺人员多，程序也非常多，但游客的参与度都不太够，这个时候再好的演艺，游客也记不住，主要以热闹为主。我曾经做过实验，带好多客户去看一场演艺，三天后问他们关于这场演艺的印象是什么。客户说热闹得很，有点什么故事角色，大概能说出几样。七天之后再问，基本上记不起来了，十天过后又问就更说不出来了。所以我认为演艺要重视体验感

与参与度。

目前很多大型演艺不盈利的原因是什么？第一是饱和。各地都在上演艺，觉得很精彩，觉得它是文化的制高点、旅游的造钱机器，结果就上了很多演艺，但是大量同质化，吸引力自然下降。就拿这两年的演艺来说，大量在做什么？基本上就是女孩舞袖子的那种场景，或者红蓝光的这种场景，同质化严重，几乎每个节目都快变得差不多了。

很多的演艺在做之前基本上不做调研，往往是区域内有一个旅游演艺然后又做了一个，而且还想着要超越前面的演艺，其实最后做不到超越。

第二是代差。第一代的演艺，《印象·大红袍》《印象·刘三姐》这一类的演艺非常优质，当时满足了游客的看点，满足了游客的需求，当然也赢得了经济效益。第一代产品的观众，不需要说话，也不需要做任何动作，只需要坐在椅子上，老老实实地看表演就可以了，场面很震撼，游客不用参与互动。

第一代产品的体验度是满足了那一代消费者的，但是到了第二代产品，比如《又见平遥》《只有河南》这些，演员观众已经充分开始互动了，观众开始参与演出。

这一代的产品体验度，在第一代产品的体验度上又有所提高。在宋城，人们可以看到演员和游客不断在互动，甚至游客走的时候天空还会出现一个透明的幕布，女演员在上面向游客招手，体验度非常不错。

但是第二代产品我总结为，游客仍是过客，有参与度，但是不够。第三代演艺要做到什么？真正实现游客变演员。大家去东北梅河口会发现东北不夜城所有的演艺，都是几个演员带动游客完成的。

如泡泡篝火晚会，4个演员带着几千个游客互动。这一代的演艺，我认为互动、沉浸一定是趋势，让游客变成演员，体验变成生活，大家都穿上汉服的那一刻，大家一起穿越到了古代，都变成了跨历史的演员，每个人都扮演着不同角色，共同体验不一样的生活。

不夜之城

　　所以我认为第三代演艺，未来的方向就是游客变演员，谁能把游客真正地变成演员，谁能够真正地和游客互动，谁才能吸引游客。

　　不夜城的演员个个都会变成小明星，为什么呢？因为有粉丝。好多女孩子去献花，好多人送去巧克力，有的还给演员买包子，为什么？因为大家玩在了一起，你中有我，我中有你，形成了共享。

　　很多演艺的失败，原因之一是没有做基本的调研。调研的时候很多人不知道自己需要什么，还有的调研，其数据的真实度也是一个很大的问题，但传统演艺给我的整体感觉是什么？就是过重、不稳定。

　　比如我们看到一个演出，其实演得特别好，投资 10 亿元以上，演出成了一个城市的名片，但是一年只能演 6 个月的时间，另外 6 个月演不成，为什么呢？因为下雨或冬天的时候就演不成了，过了 10 月 15 日就停业，一直停到第二年的 4 月份，这就是大型户外演艺不稳定的一个现象。

　　常说"稳定压倒一切"。我认为演艺的稳定也很重要，连一个稳定的演出时间、空间都确定不了，又何谈盈利呢？

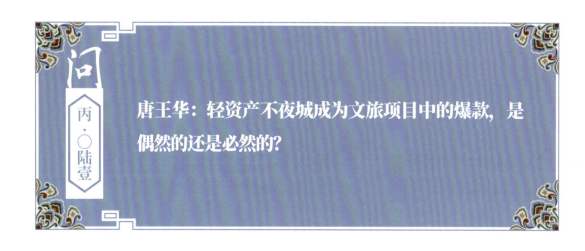

唐王华：轻资产不夜城成为文旅项目中的爆款，是偶然的还是必然的？

刘磊 答

要我来说，轻资产不夜城成为文旅项目中的爆款，这是必然的。为什么我敢这么说，因为多年的文旅积累，从无到有，从很多项目中提取到了营养，从打造欧风花街的灯光，让这个街区成为城市最亮的一条街区和最大的人气集散地，从这里面吸取了很多宝贵的经验，所以说必然是源于 20 年来的坚持。

有这样一种说法"文旅 IP 保鲜离不开文化赋能"。在这一点上，东北不夜城依然做到了，而且做得还不错。看轻资产不夜城打造的泼水节，南节北移的方式让东北人民体验到了泼水节的文化魅力。这些都是一种文化赋能，所谓智慧时代，应该是以商业智慧代替商业资本的商业创新，应该是生活智慧取代生活奢华的生命觉悟，应该是精神文明建设代替思想文化娱乐的民族精神回归。在这种发展逻辑中，商业价值的塑造和表达都将发生巨大的变革。

正因为文化赋能运用得好，才能体现出强大的活力。没有文化积淀的时候，见山是山，见水是水。然而当你对一座山、一条河流，从地质构造上的缘起，到历史上的典故，再到沿着这一脉山水形成的风物有了更多了解的时候，所见的，就是一部生动的有层次的博物志。它的生命力就能鲜活地呈现在你心中，就如庖丁解牛般，解构一个宏大的历史存在，具有强大的活力，成为爆款，自然也就是必然的了。

不夜之城

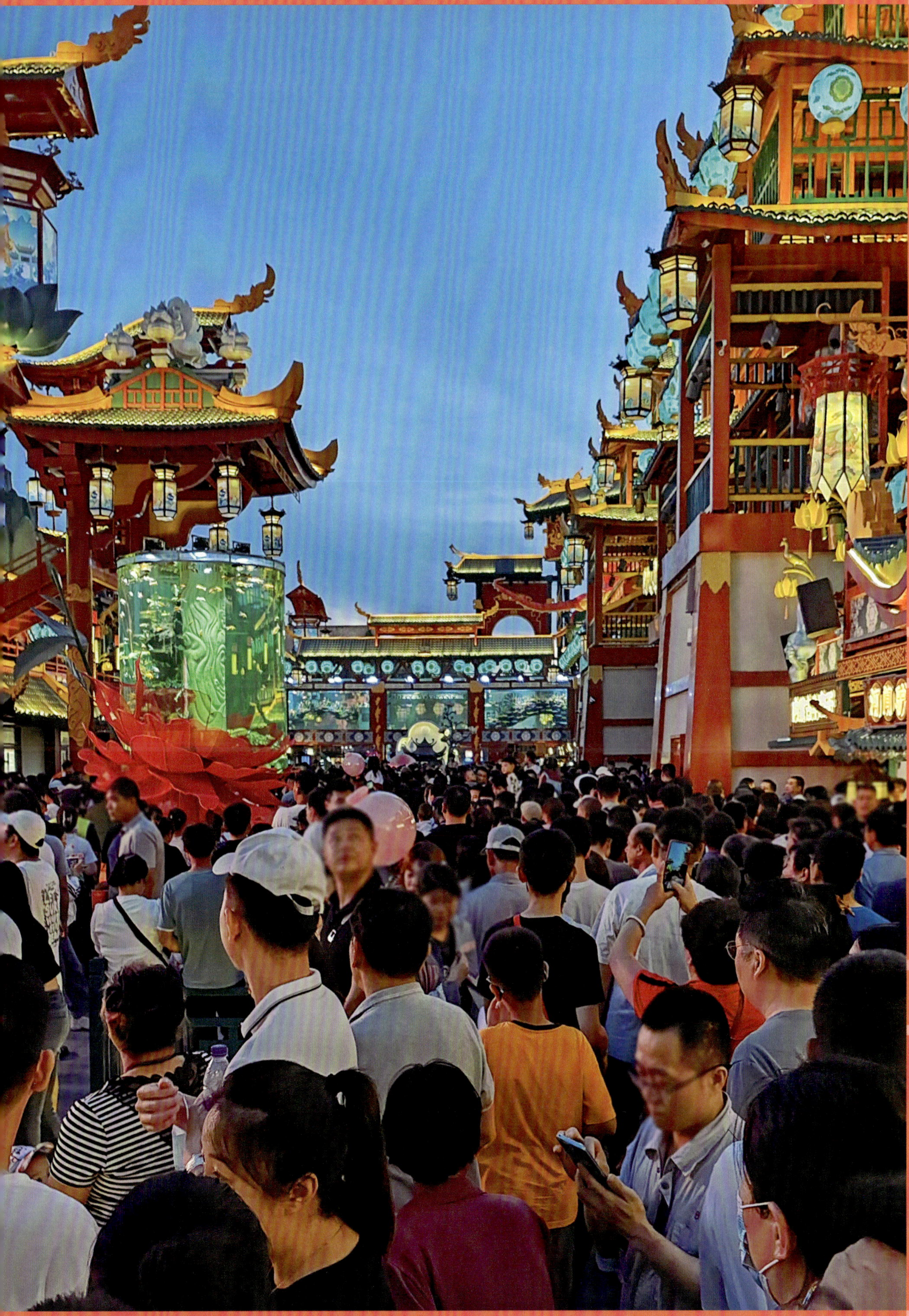

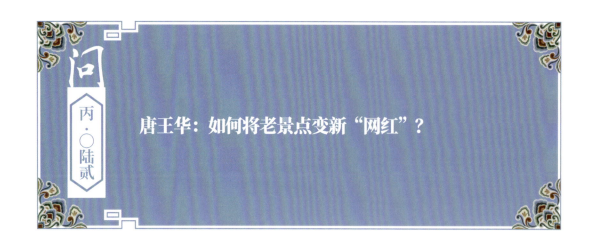

唐王华：如何将老景点变新"网红"？

刘磊 答

　　将老景点变成新网红最主要的就是需要改变其特性以及本质，可以发现的是很多景区在改变了自己的名字之后，其客流量有了明显的增加，就是因为这样的改动改变了本质，而一个好的名字也会成为让消费者记忆深刻的点。就像"老乡鸡"以前的名字叫"肥西老母鸡"，张家界以前的名字叫大庸市，香格里拉过去的名字叫中甸县，赤壁市以前叫蒲圻县，普洱市以前叫思茅市，都是因为改变了名字，才被人们所熟知的。同时还要认识到现如今的时代已经从资源时代过渡到了流量时代，就像老君山本身是一个二流的资源，但是疫情防控期间通过营销手段做出了一流的流量。还可以看到在渠道时代，一个二流资源的景区做到了一流的渠道，云台山就是个很好的案例。

　　做文旅，内容才是营销力，与其投入大量广告，不如充实文旅内容。内容生产是景区走红前的重要准备，决定了后期景区是一个浅薄的景区，还是一个有底蕴的景区。内容生产工作不是一蹴而就的，不仅仅在景区走红前要做，景区走红后仍然需要继续，因为景区的发展就是一个不断将自己的内容体系传递给受众，让受众持续受到吸引，并源源不断地消费内容的过程，内容生产也为日后景区转型升级做了重要积累。

　　内容展现形式多样，包括图片、文字、视频、语音、活动等，这些内容要与独特性相配合，分成若干明晰的系列，每一个系列都能够充分展示自己的特点。系列

　　的划分不必过多，但是一定要结合定位，一定要适应市场，确保每个系列都能够收获相应的客群，取悦相应的群体。

　　最为重要的是，找准定位，也就是找到自己的独特性。大家看到不夜城，第一反应就是"亮"，灯光亮，不愧为"不夜城"。任何一个景区只要能做到唯一和第一，就可以让游客记住。

　　而在一个信息碎片化的时代中，要引起人们的关注需要有独特的定位，但是要能够引导人们持续关注直至下定决心消费的，则需要系列化的内容生产。目前的网络中，充满了各种浅尝辄止的信息，当人们需要获得更加详细的内容去做出决定时，却又缺乏可深入探寻的信息。因此，系列化的内容生产就是要给人们填补这种空白，让人们不仅能够快速地得到这种信息，而且能够因这种信息产生信任感，最后实现由信息阅读到心动欲往继而线下转化的过程。

不夜之城

　　将老景点转变为新网红其实有很多种方法。首先，就是改名字，比如说"香格里拉""普洱市"这些都是改过名字的城市，它们因为名字的修改而被人们所熟知。其次，就是改变性质，比如说欧风花街之前就是个欧洲风情街，是一个婚纱拍照集散地，接手之后变成了一条美食街，这就是项目性质进行了改变。南宁之夜以前是一条默默无闻的车行道，大家并没有认为这里是一个景点，在我们重新定义之后将其打造成一个文商旅结合的街区，然后成功了，成了城市的夜经济聚集街区。再者就是调整方向，比如东夷小镇，以前就是个以民宿为主的小镇子。接手之后将其战略方向进行了调整，变成了一个以美食为主的小镇，也获得了成功。还有就是差异化，比如说茶马花街，当昆明所有的街区都在注重社区消费的时候，我们注重了文旅的

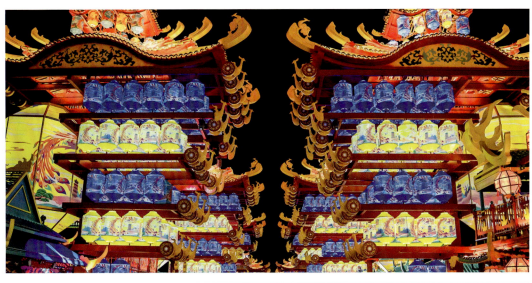

外来微旅游消费，因为体现了差异化，所以茶马花街成为昆明的人气街区，创造了 500 多万人次的年客流量，获得了成功。最后，就是反差感，这就要说一下袁家村。因为袁家村到西安的距离并不算近，是一个远离城市的村子，要开车两个小时才能到，人们就会想这个远离城市的村子能有什么独特的呢？但是当人们来到这个村子里面的时候都被震撼到了，这种强烈的反差感就会使得景点变成网红。

　　网红景区虽看似不同，但也属于旅游景区，同样适用旅游业的发展规律。要适应高质量发展高品质生活，打造全域旅游，要注重全域化发展，做出亮点，做强特色，做深内涵，把景区连成线路，提升旅游的文化底蕴和特色魅力，也就是提升景区的软实力。

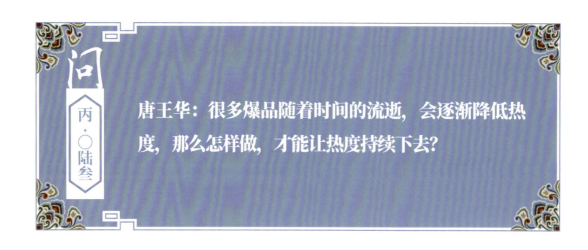

唐王华：很多爆品随着时间的流逝，会逐渐降低热度，那么怎样做，才能让热度持续下去？

刘磊 答

打造不夜城项目的时候用了"网红"的概念和元素，但是要知道"网红"是有周期的，这个时间基本上就是三个月。但是做爆品却像是种庄稼，播种不能误农时，如果错开了播种时间，收成会很低。要丰富种苗培育，按需在不同的时间点将储备培育的"网红"引爆，然后推给游客。比如东北不夜城 1.0 版本和 2.0 版本就是一种换代升级。

在我看来，这个文旅融合的时代背景下，景区景点不仅要善于运用自媒体与网络直播手段，还要在精准营销的同时深挖景区景点的文化内涵，对景区元素不断进行升级以及迭代。

运用自媒体与网络直播手段，是现阶段网红发展的要求。移动视频在现阶段网红发展中承担重要角色，短视频或直播显然更受到粉丝关注。未来网红产业的创意策划、内容制作以及分发都将发生重大变革：专业创意团队，组织化生产，标准化作业，跨平台、多渠道内容分发，使网红触及用户更加广泛，快速生产成为可能，且避免了创意的枯竭和风格的单一。

景区景点在借助外力进行专业化运作的同时，特别要重视那些营销的网红，他们横跨公关、社交、新媒体以及内容营销，产生了巨大的品牌传播的影响力。运用网红人群作为品牌代言人，需要考虑网红人群形象与旅游目的地形象的吻合度。

网红生命力取决于内容本身。特色产品以及有文化含量的产品，只有具备传播

不夜之城

的高附加值与文化底蕴，才能维持旺盛长久的生命力。否则，刻意打造并无丰富内容的景区景点，很快就会因为游客、粉丝的失望，成为昙花一现的败笔。

新奇特的景区容易成为网红，背后要有历史文化或创意的支撑。被网络视频热捧的重庆洪崖洞夜景以及西安永兴坊"摔碗酒"习俗，就得益于当地独特的建筑格局以及文化习俗。挖掘景区景点文化个性，要运用文化旅游、遗产旅游的思路，特别是要重视挖掘当地物质文化遗产与非物质文化遗产中具有鲜明个性的内容。

不夜城也是这样，不能固步不前，而是要不断地创新。但是在创新的时候亦不能忘记本身的中心文化，所有的创新都是围绕着在地文化激活而展开的，这样的项目才能持久下去。

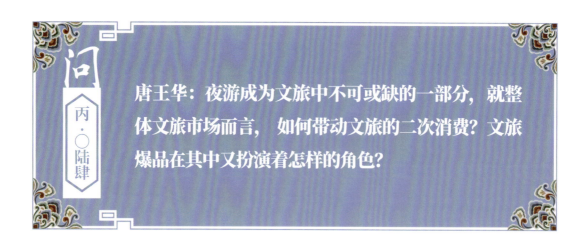

刘磊 答

    "二次消费"是这样的，首先是街区里面的消费，吃的、玩的、买的，基本上是随带随走的，也就是让大家休闲逛街的时候进行的消费。这个二次消费其实是"快销"。

    其次是周边的二次消费。对于文旅来说，真正带动的是周边的经济，如周边的餐饮和住宿等。

    数据显示，国内大部分景区的二次消费仅占景区收入的 10% 以下，而国外许多景区的主要收入是由二次消费构成，这也说明了国内景区挖掘二次消费具有的巨大潜力。

    游客在景区停留的时间有限，但在节假日，游客的宝贵时间很多浪费在排队等待上。排队时间过长，不仅损害游客体验，更重要的是占据了游客本可以用于消费的时间。

    游客购买的不是纪念品，而是旅行体验、回忆。高度同质化的纪念品对游客毫无意义，自然慢慢失去吸引力。事实上，市场上泛滥的劣质纪念品已经越来越难卖出去了。

    对于刚刚起步的小景区而言，投入大笔资金进行文创产品的开发是不切实际的。即使是大景区花费大量资金生产的文创产品也可能陷入"叫好不叫座"的困境。

    相信大家对于"小猪佩奇"都不陌生。不少人的朋友圈都曾被一只长得像粉红

不夜之城

色吹风机的小猪佩奇给占领了，大家都很开心地在朋友圈晒起小猪佩奇玩具手表，尽管这只是一个看起来像手表的玩具糖果盒。

"小猪佩奇"的经营方凭借爆款IP赚得盆满钵满。所属的英国Entertainment One公司在2017年上半年的强势增长，主要也受益于中国市场迅猛发展的推动，在中国的授权和商品销售收入增幅超过了700%，这还不包括市面上各种未取得授权的商品销售，小猪佩奇已然成为当之无愧的"移动印钞机"。

迪士尼的场景深入人心，米老鼠、唐老鸭人人熟悉，这就是一个强大的IP。现在是一个IP时代，好的IP具备替代性小、黏性大、文化内容丰富、商业模式更多元、变现能力更强的特质。而景区也需要有这样的IP文创，这种文创产品可以成为景区的爆品，进而刺激游客的二次消费。

对于景区二次消费来说，最具价值的还是原创内容，这样定义的文创爆品不仅可以消费，可以成为景区引爆市场的载体，也可以增加游客的情感黏性，充当维护客户关系的角色。同时文创商品是景区在地文化的直接体现，属于景区可移动的风景，是旅游目的地体验的一个极好的补充和延伸。

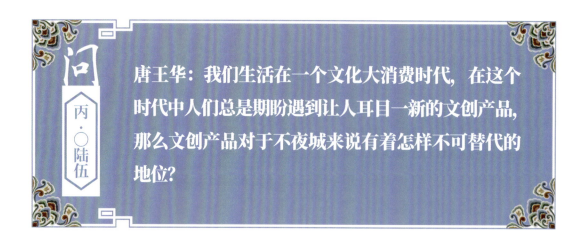

唐玉华：我们生活在一个文化大消费时代，在这个时代中人们总是期盼遇到让人耳目一新的文创产品，那么文创产品对于不夜城来说有着怎样不可替代的地位？

刘磊 答

说到文创，曾经有一位老板找到我，让我推广他们的文创产品，并且拿出来一大筐，我一看，这些文创产品是什么？是满满一筐各式各样的鲁班锁。当即我就拿出手机，打开了购物 App，搜索出来的鲁班锁和这些所谓"花了大代价"的鲁班锁一模一样，网上售卖的还更加便宜，那么游客到这里来为什么还要买呢？文创产品是 IP 的具象化，不可以盲目打造。

可以说文创产品对于轻资产不夜城来说，是一种形象代表，游客们一看到这个东西就能想到东北不夜城，也可以看作是一种宣传手段，更是自主品牌的打造抓手。

现在这个时代，一个地方火爆起来相对容易，但是想要长久维持热度，却不是一件容易的事情。当下的短视频 App 非常火爆，同时也诞生了无数的网红，有些网红一直都能在平台上面维持着热度，但是有些网红只是昙花一现。网红的火爆周期就是三个月，从市场来看，这个时间是非常短暂的，所以街区不可能只是依靠爆点和网红来维持热度，而是要打造自己的东西，属于自己的产品。你看故宫，多么强大的 IP，也要有自己的产品，那就是故宫文创。

游客消费时都面临过上哪儿买、买哪个品牌、哪个产品的困境，其困惑的背后是缺乏强认知的品牌，在情感消费时代，自主品牌打造变得尤为重要。

品牌代表着产品在消费者眼中的形象和承诺，所以景区在业态品牌上需要差异化规划和培育，塑造二次消费的品牌矩阵，通过长期运营，塑造品牌影响力和知名度，

不夜之城

吸引更多的游客关注和买单。此外，当品牌发展到一定阶段，可打破景区销售的瓶颈，构建立体的线上线下销售渠道，增加游客的重复购买力。

在厦门鼓浪屿，会发现景区有很多原创的文创品牌，这些品牌积累了自带流量的粉丝基础，形成了品牌文创标签，游客通过线下体验消费后，还有大量的消费是在景区外及线上完成的，这样大大提高了品牌的重复购买力。同时景区品牌与业态品牌之间也能相互赋能，形成品牌叠加效应。

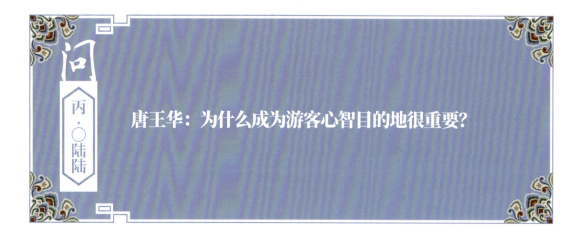

刘磊　答

　　有的景区其实就在游客的家门口，但是有的人可能一生都没有进去过一次，当项目成了游客心智目的地的时候，其实距离已经不再是问题。比如，袁家村距离西安市有两个小时的路程，但是消费者蜂拥而至。很多城市距离丽江很远，但是每年全国飞往丽江旅游的游客有上千万。天安门广场是人们的心智目的地，出现在学校的课本上，成为每个人内心都向往的地方，人们去了北京都会专门去天安门广场看

不
夜
之
城

一看，留下一张具有纪念意义的照片。当游客非常想要去埃及金字塔的时候，其实游客钱包里面的钱已经交给了埃及当地，之后的消费行为只是完成了一个刷卡的动作而已。通过心智目的地景区便可以打开游客的心智账户，人的钱是存在不同的心智账户里面的，有的人在日常生活中甚至舍不得吃一碗18元的面条，但是当他要给自己的孩子买东西的时候变得格外慷慨。游客的钱藏在不同的心智账户里，当这个景区成了游客的心智目的地的时候，他的心智账户就会开启，就会前往消费。

整体上来看，游客的旅游行为变化是比较明显的。过去信息不流通，交通不发达，大家出门旅游只能靠旅行社，跟团也就成了最主要的旅游方式。现在大家选择自由行、自驾游、自助游的比例在直线上升！不再把玩多少景点作为首选，取而代之的是放松。轻松自由的旅游方式，相较于跟团旅游，发生了根本改变，度假的越来越多，找个地方待几天，感受下当地独一无二的民俗文化氛围，给自己紧张的生活放松一下。

总结起来，游客要去什么地方，更多取决于他们内心所想，只有能走入游客内心的景区，才能拥有大流量，打造文旅项目的目的不是让游客路过这里，而是留在他们心里。

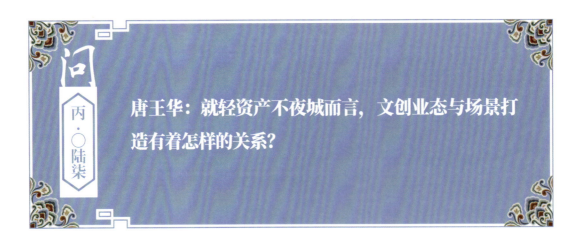

问 丙·〇陆柒 唐王华：就轻资产不夜城而言，文创业态与场景打造有着怎样的关系？

刘磊 答

二次消费卖的不仅是产品，更是一种主题化的生活方式。在品质旅游时代，消费升级释放的体验式购物需求，使得线下空间重新作为变现的入口被瞩目，而变现的路径必须通过多元化的消费场景来实现。从文创商业的角度，需要人、物、空间保持文化认知的一致性，才能一步步构建主题化空间的强大势能。

以日本茑屋书店为例，其被称为文创商业的朝圣地，是日本最大的连锁书店，这与其构建的极致的场景化密不可分。书店融入咖啡、饮食、亲子、宠物美容、文体和慢生活等多维度消费空间，并定位为"生活方式提案者"，甚至还开发出了公园绿地，使其成了一个超越书店的文化生活空间，任何年龄阶层的人都可以在这里感受一种类似"家"的舒适感。

不夜城也要这样发展，在有限的空间内做到超出空间范围的心智体验。

问 丙·〇陆捌 唐王华：轻资产不夜城爆品的产生，是否在创新运营放大价值？

刘磊 答

有人说，产品很重要，就像华为因产品成为世界性企业。也有人说，商业模式很重要，那些自恋式地推销自己产品的人，只会饿死。

然而，本质是，产品或模式是否真的是消费者关心的？到底是为了引起人们的注意，为了吸引投资者的注意，还是为了考虑消费者的需求？近年来，爆品战略非常流行，许多中国知名企业家都在为这一爆品战略大声疾呼。如今，爆品的经济效益非常显著，引起了广泛的关注。从中国到日本，爆品一直在燃烧。

例如，过去的几年，在日本购买吹风机非常流行。所有人都说日本的吹风机使用纳米技术，可以吹得很蓬松，这和国内的不同。一些人去日本专门购买陶瓷刀具，因为据说其用料耐磨性是普通钢的 60 倍。有款日本毛巾，售价超过 100 元，但非常热销，一年的销售额为 33 亿元，它的旗舰店也与苹果旗舰店相似，格调很高。还有一家日本书店，叫"盛冈书店"，每周只卖一本书，却引来消费者关注。这些现象背后有一个词：爆品。

在我看来，什么是爆品，爆品就是把握住了顾客的需求，找到了顾客痛点的产品。天山明月城就是乌鲁木齐的文旅爆品，也是乌鲁木齐这座城市文旅的人气湖泊。

不夜之城

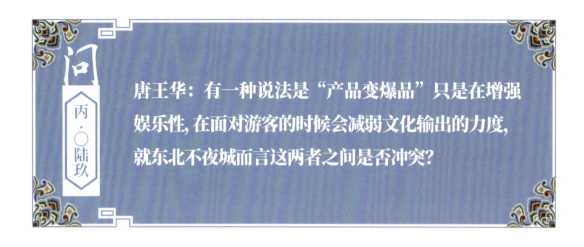

唐王华：有一种说法是"产品变爆品"只是在增强娱乐性，在面对游客的时候会减弱文化输出的力度，就东北不夜城而言这两者之间是否冲突？

刘磊 答

拿东北不夜城来说，娱乐性和文化输出，这二者之间根本就不存在什么冲突性，在我看来，反倒是相辅相成的。

为什么这么说，最好的例子就是"不倒翁小姐姐"，之前有一次我在东北不夜城吃饭，旁边坐了一家人，在谈论"这个不倒翁小姐姐很值得一看"。刚开始我并没有在意，之后那家男主人和家里小孩的对话，却引起了我的兴趣。小孩就是七八岁的样子，对他爸爸说那个小姐姐穿的衣服真漂亮，孩子的父亲却说"这个衣服是融入了当地文化的"。简单的一个对话，却意味着当地文化在传播。

爆品并不是纯娱乐的产物，真正的爆品一定蕴含着深厚的文化底蕴，其在传播的同时也会使得这个文化获得二次活力，两者之间相辅相成、互相成就，爆品的出现反倒是增加了文化的输出力度。

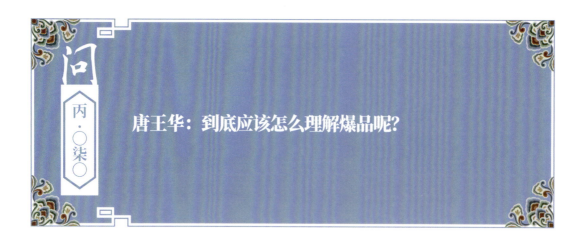

問 丙·○柒○ 唐王华：到底应该怎么理解爆品呢？

刘磊 答

　　说到这个问题，要先看看什么是爆品。近几年来，爆品已然成为市场的一大趋势，做产品的都想打造爆品，电子商务圈都想用一款爆品"打天下"，关于爆品打造的课程培训不计其数，一个企业能够做出一款爆品，它所带来的利益是无法想象的。那么，什么才能被称为爆品呢？

　　打造大单品的时代，是以生产为中心，利用渠道优势，发挥广告效应，迅速占领消费者心智。但是现在发现这个套路不行了，首先渠道分散且成本高，然后是广告效应不明显了，因为消费者的信息来源多样化了。在互联网时代，爆品概念出现了。

不夜之城

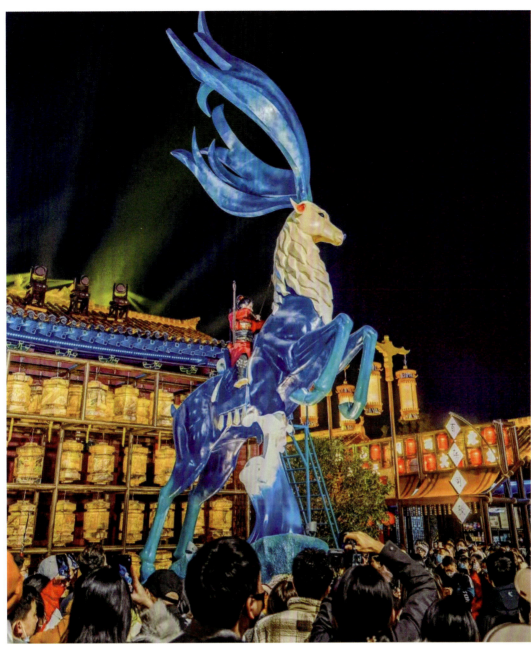

　　爆品一定要在线上（偶尔是线下）形成高关注度，就像在线下的农贸市场，要有人围观一样。所以，爆品要先在消费受众中形成热议，吸引大家来尝试，尝试过后，痛点有效解决，更多的人通过自媒体来传播，这时，"热点"形成了，爆品的条件具备了一个。还有一个条件，就是渠道。因为现在热点太多了，如果渠道配合不上，热点过去，爆品的机会也就过去了。爆品还要实现销量的突破，不然也不能叫爆品了。企业要完成线下、线上渠道的布局，特别是线下渠道。"高关注度＋高销量"这才是爆品，和大单品打造的路径是不一样的。

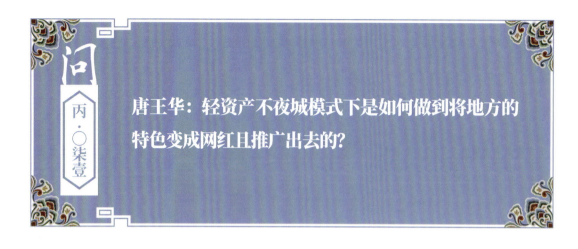

唐王华：轻资产不夜城模式下是如何做到将地方的特色变成网红且推广出去的？

刘磊 答

　　只有做不好的品牌，没有做不好的产品。锦上添花文旅集团创造品类新赛道，只做蓝海，不做红海。在下沉市场的侧翼战、尖刀战中找到了新蓝海，不断从区域文化母体中提取到优质基因，用轻资产不夜城模式点亮文商旅地，以爆品为突破口，形成超级品牌。打开了游客心智账户，找到了为发展地方经济助力加油的核心着力点。锦上添花文旅集团打造的吉林梅河口市东北不夜城火热出圈，在 2022 年文旅市场环境重压下，依旧达到惊人的 420 万客流，全国各地考察团蜂拥而至，甚至出现一房难求的情况。全国各地各种模仿东北不夜城的文旅景区接连出现。2022 年 7

月 23 日，东北不夜城主办的"第二届东北泼水节"在海龙湖隆重开幕，再次引发关注，流量爆棚！短短四天时间引流 30 多万人次，一举成为品牌节会，在东北乃至全国有了广泛的影响力。梅河口举办的"第二届东北泼水狂欢节"盛况空前，傣族热舞，活力四射，现场人头攒动一片欢腾，本地游客外地游客纷至沓来，大巴车停满了广场。此次泼水节不仅打破了"东北举办泼水节"的先例，更让东北不夜城知名度大幅提升，在文旅界火爆出圈。

丰富的节事活动促进了旅游与文化在更大范围、更广领域、更高层次上的深度融合，增进了旅游和文化资源的有效整合。推动引领把文化作为旅游发展的核心价值原则贯穿到旅游发展规划、旅游项目建设、旅游商品生产、旅游宣传促销策划等旅游工作的全过程。在不同景区推出不同特色、不同内涵的文化旅游产品，大力建设文化旅游主体功能区，以文化的活力强化旅游发展的源动力。

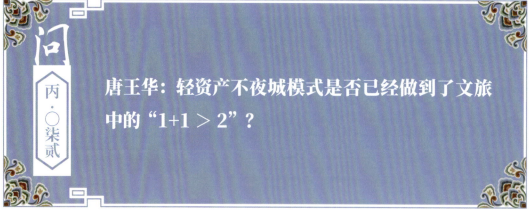

问

丙·〇柒贰

唐王华：轻资产不夜城模式是否已经做到了文旅中的"1+1＞2"？

刘磊 答

都说读万卷书，行万里路。自古以来，读书就和旅游融合在一起。但是，文化＋旅游不等于文旅，它是中国旅游高质量发展下衍生出的新物种，自有其运行规律。文旅产业的金山银山之路，除了现在常见的小镇模式之外，就是文旅IP之路。文化旅游的发展要会讲故事，文化是看不见的，而旅游则是触手可及的，文旅融合的新物种就是文旅IP。

文化旅游IP是一个系统化的庞大工程，优秀的IP应具有以下十大特征：主题性、形象性、独特性、故事性、引爆性、互动性、延展性、符号性、创新性、系统性。根据地方的具体条件，因地制宜打造出具有差异化体验的旅游产业，让旅游产业进一步升级为地方文化的符号，是文化旅游IP成长的必经之路。

从这一点上来看，我们已经初步拥有了自己的IP，轻资产不夜城项目是成功的，接下来需要考虑的就是如何将这个IP的力量加大，让它具有更强大的影响力。

不夜之城

唐王华：随着文旅融合逐步加深，一些倾向性问题也引人担忧。一些地方特色文化挖掘不够深入，文旅项目的文化含量不够高，"看山还是山，看水还是水"；一些地方习惯于抄袭模仿，在项目设计风格、经营模式等方面缺乏创新，引发了同质竞争；有的地方忽视经济效益和社会效益的统一性，把一些投资规模小、建设品位低的项目包装成文旅项目，甚至为了追求经济效益而歪曲文化、媚俗恶搞，那么打造成功的文旅爆品是否就意味着已经规避了这些问题？

先说为什么要打造爆品，马太效应是社会学家和经济学家常用的术语，指任何群体和地区里，某个群体或地区一旦在某个方面获得了成功，就会产生一种积累优势，就会有更多机会取得更大的成功和进步。简单来说，就是我们理解的两极分化现象，通俗一些来说就是强者越强，弱者越弱。

对于旅游产品而言，首先要让产品拥有"自生长"能力，当产品有了"自生长"的能力，自带流量以后，就会呈现"惯性"增长，不断地叠加和积累；另外稳定的高销量，也会让成本变得更低，游客更稳定，促使爆款更加火爆。

还有就是从众心理，其实就是个人受到外界人群行为的影响，而自己在知觉、判断、认识上表现出符合公众舆论或多数人行为方式的心理。这在现实生活中可以常常看到，宁可选择排长队买网红奶茶，也不去人比较少的奶茶店购买立马可以喝到的奶茶。

旅游的爆款产品无论在销量还是点评上，都给了用户足够的说服力。本身大量的购买记录和点评就是对产品的市场验证，而这在一定程度上，缓解了用户的选择焦虑和选择困难。即便是打造出了成功的文旅爆品，依然还是需要注意。因为市场不是不变的，而是日新月异的，所以说不要固步不前，更不能原地踏步，要不断前行。进化是未来发展的必要条件。

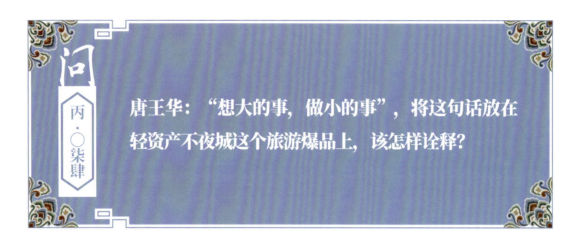

问 唐王华："想大的事，做小的事"，将这句话放在轻资产不夜城这个旅游爆品上，该怎样诠释？

刘磊 答

　　"想大事"就是在考虑未来能走多远，就是思考文旅项目的战略问题，要保证战略。"做小事"是从游客角度出发，做的所有的东西都要符合游客体验需求。

　　对于不夜城来说，大的事就是展现繁华风采，打造自己的独特 IP，而小的事就是如何展现。说得更具体一点，就是不夜城一直在做大场景并包含很多小场景，做

好每一个小场景，大场景自然而然就被构造出来了，行为艺术的打造是轻资产不夜城最为明智的决策。

对于景区来说，文化必然是消费的核心，每一个景区的品牌、产业、业态都将围绕自身文化来构建消费内容。在缺乏主题文化的时候，单个消费环节难以形成互动，缺乏整体旅游消费集聚的动能，所以文化需要创意来激活，才可以赋能景区全域化的消费力。

随着旅游产业从"游玩"向着更健康更有深度的方向发展，旅游与文创产业融合已成为必然趋势。在打造景区消费时不能就景区做景区，要依托文创赋能，用全域化的思维构建景区内外联动的消费场景。如何在休闲旅游开发大格局中融入文化元素，凸显特有文化内涵，是一项重要课题。

旅游产业与文化充分结合，既要丰富文化旅游线路及文创产品，在旅游开发中赋予鲜明的地域特色和文化内涵，同时还要依托景观特色，深入挖掘文化精髓，不断创造、运用艺术手段将旅游项目展示或表演给游客，以增强游览的娱乐性和参与性。要在战略上藐视敌人，在战术上重视敌人，方向对了目标终将实现，方向不对努力白费。

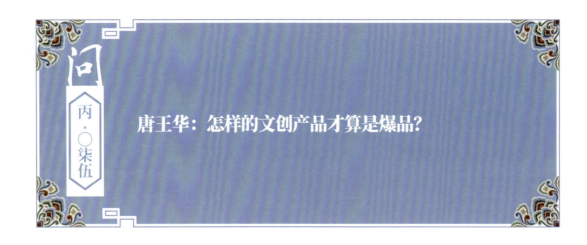

唐王华：怎样的文创产品才算是爆品？

刘磊 答

就文创而言，品牌化之路是文创产品在竞争中脱颖而出的利器，在打造品牌时，包装是消费者视觉感受的第一步。但包装设计不仅仅是机械地将包装做出来，一定包含视觉包装和心理包装，一定要得到消费者视觉和心理的双重认同。产品的包装要和产品的优良品质相匹配，这样才能相得益彰，塑造品牌价值，好的产品包装本身也是一件非常优秀的文创产品。

什么是爆品？直白地讲爆品就是人们很需要的产品，必须符合用户要求且用户使用频次高。可以解决痛点，制造爽点，需要跟着客户的理解走，可以快速地让客户感知，能够引起客户的心理反应，这才是爆品。一个极致的单品甚至爆品，会带来海量的销量，也是一个非常好的引流产品。比如说可口可乐，品牌本身就被打造成了爆品，这就是品牌效应自带流量。现在的市场已经不是打价格战的市场了，想要通过降价吸引流量也是不现实的，一味降价没有未来！

所以策划文创产品，要用心，用心体验、用心设计，把产品细节做到极致，要让游客爱上，要以爆品的思维来打造。

223

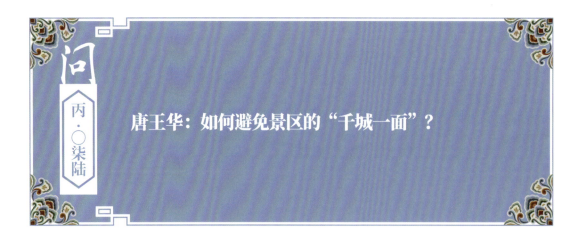

唐王华：如何避免景区的"千城一面"？

刘磊 答

　　中国的城市应该有什么特点？每个城市又应该有什么特点？仔细回想一下，其实很多城市有自己的特色。比如北京，红墙黄瓦灰色城墙；再比如苏州，园林秀美。除了城市色彩，在建筑形式上很多城市也很有特色。比如西安很多建筑的顶部都有一个坡屋顶仿古建筑（北京其实也有很多，以北京西站为代表），呼和浩特很多建筑的顶部都有一个蒙古包。暂且不论美丑与造价，确实是把城市特色区分出来了。除此之外，天津的小洋楼、上海的外滩等近现代建筑群，南京的法桐、杭州的桂花等植物性景观，都是城市特色的很好体现。

不夜之城

除了少数有特点的大城市，大部分是新发展起来的千城一面的中小城市。其实，千城一面是工业化发展的必然，特别是中国工业化速度之快，保证质量的前提下，标准化的东西能显著降低成本。那么后续的城市更新中如何体现各城市的特色呢？

主要还是挖掘传统文化符号，人为加强城市建设中的特色：

（一）明确市花市树，在城市绿化中进行重点突出。如果能形成季节性城市景观就更好。

（二）明确城市色彩，让整个城市有一个大体上的主色调。

（三）强化城市（地域文化）符号，比如蒙古包上的花纹、新中式城市设计、藏区小窗户等，形成鲜明的城市特色。

（四）打造城市自己的特色文化街区，独特的夜经济。

（五）打造城市会客厅和名片。

（六）打造城市舞台。

（七）本地文化转化成优质 IP。

唐王华： 在生活中，常常会听到人们吐槽"各地都有自己的特色街区，虽然街区不同，但是贩卖的东西似乎都是从同一个地方生产出来的，最多就是起了不一样的名字罢了……"不夜城项目如何避免这种"不同地，却同物"的情况出现？

刘磊 答

　　"不同地，却同物"意味着景区贩卖的是各种市场化的商品，为什么称呼这些东西是"商品"而不是"文创产品"呢？因为不少景区售卖的都是"义乌制造小商品"，有时贴的牌不一样，但都是同一工业流水线上下来的。大家去了南山北海然后带回来的纪念品大体上都差不多。真正的"文创"不是靠模仿制造出来的小商品，也不是一拍脑袋的创意，而应是拥有当地文化特色的产物。

不夜之城

文旅街区，如果没有抓住当地的文化特色，也会变成"千街一面"。我们在打造不夜城的过程中，从文化创意到落地执行，从文化活动到文创产品，从文化演艺到特色风情，始终坚持"以文化为核心，以旅游为依托，以融合为手段，以体验为目的"的理念，同时，以当地文化为背景，以特色元素为主线，以体验消费为特征着力，打造一个多元化的开放式商业步行街区，让城市文化赋予街区人文魅力。

很多街区建设思维重，常常花了几百万、几千万元造一座房子，但是在开街运营之后这些造价高昂的房子，却用来出售小朋友的发卡和弹弓之类的小商品，投入与产出完全不相符，这样的景区如何能够拥有未来？所以我以为伪古镇、伪古村在以后的发展中大多会阵亡，原因就是这些地方缺少了运营前置和产品升级的思维。

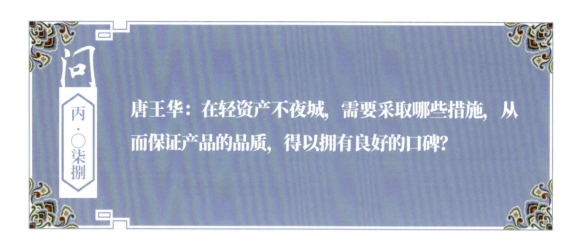

问

丙·〇柒捌

唐王华：在轻资产不夜城，需要采取哪些措施，从而保证产品的品质，得以拥有良好的口碑？

刘磊 **答**

我们对街区里面的每一个商户，都有着严格的服务要求。另外就是发动游客，来给项目提意见和建议，然后去做整改和调整。

所有的景区，无论度假区，还是观光景区、主题公园，抑或其他特种旅游产品。最终都有一个共同的规律，就是需要不断打磨，不断积累，滚动发展。好的企业都有一套永远在创新的体制机制。做景区产品的经营者，目的绝不仅是让顾客花钱，更重要的是找到完善产品的新路子，使景区形成生生不息的动力，真正再造出一些新优势。

还有就是要有个性化标签，什么是个性化标签？自然是景区拥有自己的IP。随着旅游经济的发展，在不远的将来，全国各地的景区将会面临同质化的竞争。旅游IP代表着个性和稀缺性，对景区而言，是认知景区形象的产品，是简单鲜明有特色的元素和符号，是景区可持续发展的关键。景区IP元素要能够充分体现旅游景区资源或产品的唯一性和独特性，同时景的核心要素被凸显出来才更具意义。IP赋予旅游景区独特的性格特点，也给予了景区生命力。它可以是一个故事的再现，也可以通过影视、游戏等再现。当然，景区IP并不是"万能钥匙"——如何利用、如何表达、如何运营，以及如何创新、开发新的IP才更为关键。因为在故事还没开始的时候，也许景区只需要一个亮点或期盼让游客"惦记"上，而当游客真的走进了景区，只有真实的、美妙的、别处无所寻的绝好体验才可以赋予景区独一无二

229

不夜之城

的底蕴与内涵，使之拥有灵魂，继而铸就品牌价值，延续景区的生命力。

做旅游其实就是做文化，如何挖掘景区文化是篇大文章。时代在变，传统景区如何因时而变？深挖景区文化内涵成为有力抓手。可以深入研究和挖掘该景区的传说、诗歌、典故等或举办富有特色的民俗节庆活动。景区旅游文化品牌的构建，应立足本地的特色文化，走差异化和特色化发展之路。在旅游文化产品开发类型上，应当区分优势、各有侧重。旅游景区文化的挖掘，除了要结合当地旅游资源外，更要注重历史文化传统，深入挖掘民俗活动，同时还要增加民众的参与度，让游客有所收获。

景区运营是景区后续发展的根基保障，运营管理也就是景区的一个大服务概念。好的服务可以提升游客满意度，展现景区正面形象形成良好口碑，从而为景区带来源源不断的客源。不好的服务，则会带来负面消息及不良口碑，加速景区形象的陨落，严重可导致景区夭折。

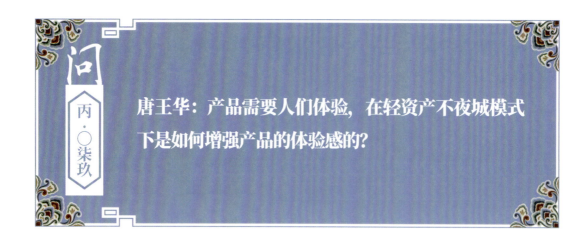

问 丙·〇柒玖

唐王华：产品需要人们体验，在轻资产不夜城模式下是如何增强产品的体验感的？

刘磊 答

　　说到体验感，一定不能把体验和场景分开来看。看到过一个很可笑的做法，某景区里面有一个单独的建筑，上面写着某景区体验馆，这样的做法就显得很可笑。既然能在这个体验馆里面得到各种体验，那么游客为什么还要去景区的其他区域？体验一定是要融入景区的场景之中去的。

　　东北不夜城打造了不少的节日，就拿泼水节来说，游客完全参与到了活动中。泼水节虽然属于傣族的特色节日，但是全国人民对这个节日都不陌生。即便没有参加过这样的节日活动，也会对这个节日活动感兴趣。正是这样的因素使得泼水节被北移到了梅河口之后产生了极强的反差，东北不夜城从 2022 年 7 月 23 日开始在海龙湖举办泼水节，短短四天的时间里就达到了引流 30 多万人次的成果，并且在东北地区乃至全国都有着不错的品牌影响，而这些被吸引来的游客其实就是为了体验。

　　没有什么地方，需要专门标注着"体验区"这样的字样，不必多此一举，将体验感带入场景中去，才是游客喜欢的，不需要再刻意引导，游客自己会主动加入这样的体验活动中。

不夜之城

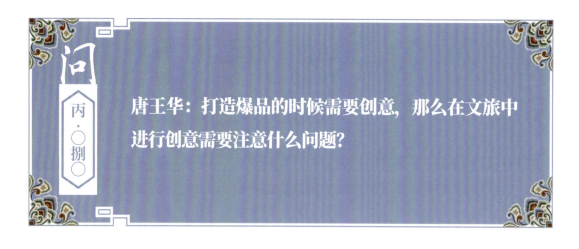

唐王华：打造爆品的时候需要创意，那么在文旅中进行创意需要注意什么问题？

刘磊 答

233

过去看到很多在抖音、微信上征集城市广告语、景区广告语的这些活动。本意或许是汇集民智，但也产生了不少平庸的口号。有的口号，看上去特别有文化有档次，但大家听不懂，比如"大行德广"，显得曲高和寡。在做创意的时候，有两个极端，一是没创意，很多企业确实没创意，但是他们有抄袭的能力，结果就导致李逵和李鬼的问题。二是创意过度，这时候也会产生问题。

不夜之城

我之前到了某企业，发现董事长办公室里面摆了几十个箱子，我说这摆的是什么？他说这都是女士用的胸罩。我说你要干什么呢？他说你知道不知道世界上有个奇葩的胸罩墙？一年能吸引两百万游客。我说我当然知道了，在新西兰嘛。他说他准备把那个门口的墙搞成胸罩墙，这样的话就新奇了。我说这是"出奇"，成恶俗的代名词了。

新奇不假，但一定要因地制宜，中国人相对来说还是比较含蓄和传统的，不能照搬国外的东西，做一些会产生心理冲突的东西。这就属于典型的创意过度。再比如说之前的大连日本街，叫个什么名字不好，非得叫个日本街。中日关系这么复杂、历史问题这么错乱，大连又处于这样的位置，怎么能以娱乐的态度做这样的东西呢？曾经有一个品牌，它是在北京发展起来的，叫禾绿回转寿司，最多的时候开过三百家店。可每当两个国家关系稍微紧张一点的时候，这个店就要承受压力。老板也很冤枉呀，说我这里从创业到现在都没有一个日本人。但是中日问题不一样，所以我们一定要规避一些东西，这样的话才不会出现问题。

模式

第四篇

定天下

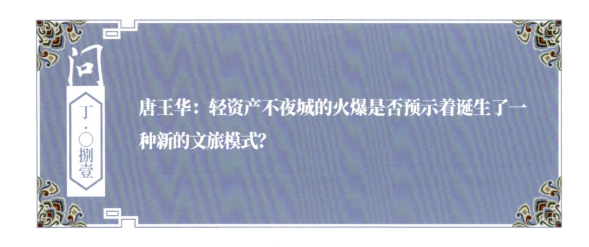

唐玉华：轻资产不夜城的火爆是否预示着诞生了一种新的文旅模式？

轻资产不夜城是"文商旅地"模式，是文商旅地互动、行为艺术街区模式。作为产业融结合的重要抓手，旅游业一直被寄予厚望。过去传统的旅游模式已出现瓶颈，新型业态成为各地进行供给侧结构性改革的推动力，特色小镇及文旅项目在其中扮演了重要角色。但在推进特色小镇建设的过程中，不同地区或多或少都存在一些问题：盲目跟风，急于求成；特色不足，缺乏产业支撑；市场化机制不足，缺乏发展可持续性；规划不完善，后期管理运营滞后等。导致在激烈的市场竞争之后，有的只能勉强维持，有的已关门大吉。

在文旅项目模式同质化严重的今天，一些优秀项目带来的创新模式正在逐渐启示文旅发展的新路径。

旅游演艺正在成为新的热门旅行方式，白天逛景区、晚上看演出逐渐成为年轻游客主流的行程安排，旅游演艺，以文化为内容，以旅游为形式，用人们喜闻乐见的形式，将文化融入旅游消费之中，正为当今的文旅产业发展提供着巨大的动能。将诗和远方融在一起，将读万卷书和行万里路融在一起，将城市故事和今天的顾客体验融在一起，通过艺术创新让文化"活"起来，才能为今天的游客提供高品质的旅游文化产品。

237

不夜之城

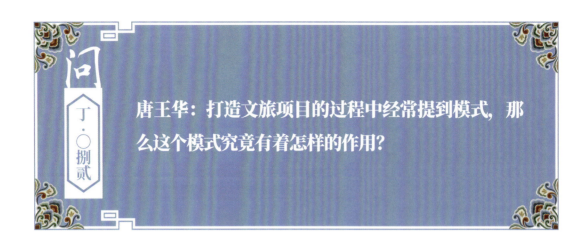

问 丁·〇捌贰

唐王华：打造文旅项目的过程中经常提到模式，那么这个模式究竟有着怎样的作用？

刘磊 答

在打造一个文旅项目做规划之前，第一件事就是想好战略是什么？景区究竟要做什么？因为战略是方向，只有方向对了，接下来的规划才能有意义。规划是一个工具，并不是一个战略，只有战略准确，才能够掌握方向。就像导航系统，到西安去如果点错了导到长沙，就会走错路，必须有一个特别准确的方向，方向之下起支撑作用的是产品，要把产品做到极致，做成爆品。

传统的产品在做市场的时候可能已经失效了，必须做出爆品才能符合当下游客对景区的需求，必须把城里的购物中心做得更好，把体验度做得更好。只有不断升级的人文型景区才能有机会。必须做一套行之有效的商业模式。商业模式是什么？在文旅上，商业模式就是盈利的工具。如果没有盈利的工具，就没

有办法挣钱。太多项目因为资金链断裂而破产倒闭，原因是没有盈利模式，没有赚钱的方法方式。

　　大家可以看到从 2021 年 5 月 1 日东北不夜城开街到现在，全国已经有 20 多个项目在模仿。但是，最长的一个项目只活了 45 天时间，为什么？他们根本不明白其中的商业模式是什么，以为就是搞了一堆臭豆腐、肉夹馍、凉皮卖一卖，就可以赚钱了。其实这种附加值是特别低的，一个小吃它的销量上不去的时候价值就特别低。前一段到某省一个知名景区考察，这个古镇在省内已经排名前三了，年游客量超过 300 万，但是你会发现这个古镇的租金低得吓人，一平方米租金只有 40 块钱，100 平方米一个月才 4000 块，一年就只有一点微薄的租金。这就是出现了一个方向性的问题，或者说模式出了问题。

不夜之城

其实今天做文旅关键是要有平台思维。我们拿餐饮行业举例，全国最大的餐厅不是海底捞，是美团、大众点评、饿了么等网络平台。互联网思维就是平台思维，阿里巴巴、京东等是什么？都是平台，这个世界上平台是最赚钱的。

实际上轻资产不夜城也好，袁家村也好，商业模式都很简单，简单到极致。就是要做一个平台，左手打通顾客，右手打通供应商，挣的就是中间的钱，这一块利润如果真的能够挣到，会发现它也是不少的。这就是商业模式的具体表现。商业模式当然有很多，具体对于文旅来说，平台化有极大的优势，因为平台化是一场"人民战争"，团结了群众，团结了老百姓，文旅就会变成一个大众参与的行业，它有一天很有可能就变成了一个高频复购的行业。这个并不是妄言，大家看到轻资产不

夜城的本地游客占到了55%，为什么？就是大量的刚需、高频复购。过去一个景区可能是一辈子只去一次的地方，今天这个情况已经发生了天翻地覆的改变，一个景区已经变成了一个刚需，变成了一个高频。所以今天必须关注商业模式，而没有商业模式的景区未来会面临很多挑战。

现在很多古镇古街还在搞租金模式，我去了一个城市的古街，老板当时表态说十年免租，我说你十年免租也没有人来，为什么呢？商业是追高不追低的，租金越贵越有人来，租金便宜越说明你信心不足、位置不好、人气低迷，那么谁会来呢？所以大家一定要注意商业模式就是命，要有一个盈利的根本，要有一个赚钱的方式，连商业模式都说不清的企业是悲哀的。

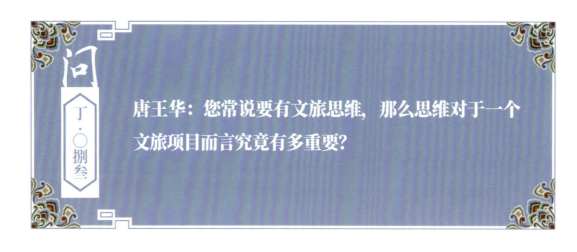

问 丁·〇捌叁

唐王华：您常说要有文旅思维，那么思维对于一个文旅项目而言究竟有多重要？

刘磊 答

　　思维这块我想大家都应该知道，思维一变黄金万两。人类本身之所以比其他物种更强大，是因为有大量的知识积累。人类的知识可以通过教育留给子孙后代，而其他动物做不到。大家说海里的乌贼智商高，但是再高也是人类的食物，为什么呢？乌贼一生中积累的所有知识没有办法对后代传播。思维方式是非常重要的。我们大部分人可能记得住自己爷爷的名字，爸爸的名字，但是多少人记得住自己曾祖的名字呢？记得住曾祖的名字又有多少人能记住高祖的名字呢？相信大多数人记不住，为什么？离大家太远了。今天做旅游也是一样。如果你做的项目或者你的吸引核离游客心智太远，那么就没有未来。要和顾客发生关系，不断发生互动。在做旅游的

不夜之城

时候，很重要的一个事就是思维的改变。这个世界上从来没有一个企业强大到不能去战胜，也从来没有一个企业弱小到不能去竞争。历史上的案例比比皆是。锦上添花也是一个从小到大，由弱到强、敢竞争、敢挑战的例子。甚至经常说一些看似过激的话，比如说 0A 打 5A。核心在于思维要发生天翻地覆的变化。这时，看到所有景区，都要认为它们是过时的，因为一定要在它的基础上进行创新，进行更迭，进行换代，进行迭代，才有未来。为什么那么多抄袁家村的村子一个都不成功？原因就是只抄到了皮毛，抄袭永远是老二老三，永远当不了老大。所以可以去抄袭，但是抄袭要经过过滤并升级和换代才会有好结果。

　　从 2021 年 5 月 1 日至今，全国学习轻资产不夜城的已经超过 20 个了。最久的一个项目只活了 45 天就关门了。不深入了解只抄袭表面真的是很麻烦的一件事儿。所以必须改变基因，改变思维结构和对事情的一些看法，今天看旅游，过去的很多理论支撑已经跟不上形势了。比如过去一个大专家说，旅游就是有吃头、有拜头、有喝头、有住头等，当时按专家说的这样干，能成功，而且做成功了非常多的案例，但今天再去理解这件事儿，就会发现不成立了，为什么？因为现在的竞争已经不是 20 年、30 年前了，那个时候全中国才几千家景区，现在有几万家景区，很多细分品类已经完成了竞争的结构性调整。所以这个时候一定要寻找新的品类，坚持区域为王的战略。在今天首先要活着，活着才能火，活都活不了，火就更不可能了。尤其今天如果有做旅游地产的朋友的话，还是那句话，一定要改变基因。改变成做旅游的基因，因为用地产的思维做旅游肯定会失败，没有见过成功的。现在想一想，拿地做的那些古镇，有多少做起来的？大部分是沉默，所以今天必须改变基因。

　　经常给大家讲的一个小段子，有一只蝎子到了河边，跟青蛙说：青蛙大哥你能

不能把我背到河对面去，我不会游泳。青蛙说：我不敢背你，你是蝎子，你把我蜇死咋弄？蝎子说：不会的，我把你蜇死，我掉水里我也淹死了。那青蛙一听说：是呀，我就把你背过去吧。背到河当中的时候，蝎子就把青蛙蜇了。青蛙临死之前就跟蝎子说：你怎么这样子，我好心去帮你还把我蜇了。这时候蝎子就非常歉意地说：实在对不起，我是个蝎子，我见人就蜇，我忍不住就把你蜇了。这个事儿怪谁呢？结果双双阵亡。今天也是这样子，如果骨子里就是只蝎子，它就改不了蜇人，如果本质上是地产商，就会追求快，为什么？因为房地产的行情波澜曲折，像 K 线图一样，一会儿涨一会儿降，需要赶上每轮行情，需要关注资金的周转率才能持续。所以对于地产商来说，快是活着的最大根本。但是对于文旅，文旅需要快吗？需要很快吗？文旅是个慢工出细活儿的事，是一个慢慢养孩子的过程，不是一朝一夕的事。要求一年收回成本，像地产一样，做得到吗？没有一个景区能做得到。

前段时间去南方见了一个地产商，66 岁的地产商，基本上退居二线了，但是他非常有钱，资产 60 亿元。这个老先生在家赋闲，他说刘老师，听说你是中国做战略非常资深的一位专家，我想让你帮我做一个产品的战略，你看一下，我这一生最后的梦想就是想把这个东西做成年销售额百亿元的产品。我问是什么呀？他就特别神秘地拿了一个杯子，我一看这杯子很熟悉，这个玩意儿咱喝过，不是喜茶吗？他说对，就是这个喜茶。他说这个东西据我观察肯定能火遍全国。我说其实人家已经火遍全国了，你可能不太知道这个事儿。我问他，王总，这个瓶子里面的东西你喝过没？这个老先生说，我高血糖，这是奶茶我不能喝。我说你喝都没喝过，你知道它卖给谁不？他说，不知道卖给谁。我说，你连卖给谁都不知道，你也没有喝过，己所不欲，勿施于人，你怎么就敢做这件事儿呢？从中也能一窥今天文旅为什么会出现这么多问题了。很多人不旅游，但是搞的规划却能墙上挂挂，你给他说迪士尼的"飞越地平线"，他不知道，他一生都在兢兢业业地制图纸、搞规范、守安全，所以这个时候就出现了很多思维上的一些差异，就会出现很多的问题。

　　我在疫情期间，多次给大家讲课的时候就聊到一个观点：疫情当中，危机危机，危中有机，文旅一样有机会，文旅一定要拒绝躺平。春天的时候不去播种，秋天的时候就不可能有收获。越是有危机，越是有机会，二代不夜城在疫情期间，实现了

247

不夜之城

高增长，疫情期间做的项目都出圈了。作为我来说，疫情期间大部分是搞古镇更新，啥叫古镇更新呢？说好听点就是更新升级，说不好听点就叫烂尾盘改造，就是做烂尾盘古街、古村、古镇的改造。但疫情期间团队还做了新盘，我们的案例，竹泉村在当时三天就收回了夜经济投资成本，东北不夜城更是在疫情期间诞生的，2021年5月1日开业，全东北出圈。

疫情当中产生了力量，并且赋能城市。老君山也是在疫情期间出圈。所以改变思维非常重要，躺平还是要奋斗，也是思维上的一个改变。当时很多专家都说疫情这么严重，作为文旅从业者应该怎么办呢？都应该把大门关了，要节约资金，遣散员工。但是连这基本的都没有了，本质都没有了，疫情之后怎么办呢？疫情之后靠什么活着呢？所以我认为思维的改变是非常重要的。如果有了向上的思维和真正了解文旅的逻辑，再去做旅游肯定是能做成的。如果思维方式出现了问题，那么文旅这件事就很难做成功了。

问 唐王华：我们轻资产不夜城中的小店既新潮时尚，又有地域特色，广受全国各地游客欢迎。那么在不夜城整体火爆的情况之下，这些小店自己该怎样做，才能更具有竞争力？

刘磊 答

旅游业的竞争力提升其实大家一直在说，也有很多人觉得旅游业已经在走下坡路，但我觉得这一观点是不正确的。旅游业作为第三产业，属于服务业中的朝阳产业，其发展趋势是越来越好的，原因是人的旅游需求会越来越高。这是由社会发展趋势所决定的，人的需求有一个高低之分，也就是马斯洛需求层次理论里面的从"生理需要"到"自我实现需要"。随着经济社会的快速发展和人们受教育程度的提高，人们逐步从物质生活时代过渡到追求精神享受的时代，在这个过程中旅游业是人们追求精神享受的重要选择，旅游业是与精神享受紧密联系的。因为旅游业是一个综合性很强的产业，其中文化因素也很强，这也是为什么我们国家提倡"文旅融合"，并组建文化和旅游部的原因之一。

但不能否认的是，传统的旅游业或者说旅游产品的竞争力在逐步下降。一是旅游从业者或者旅游行政管理部门要转变思维，把思想从传统的观光旅游中解放出来，更多关注体验式、参与式、互动式、高端休闲式旅游的发展。二是要赋予传统景区新的生命力。每个以某一吸引物为主的景区，都会经历一个由冷到热，再到冷的过程（一开始景区开发时，由于顾客对景区的向往以及符合旅游市场需要，景区的游客量会持续上升，但后期会随着旅游目的地也就是景区的旅游环境下降，服务质量改变，旅游产品吸引力下降和其他新兴景区兴起的原因，景区的热度会开始降温），因此要对景区赋予新的生命力，建设开发新的景点、旅游项目。三是要积极发挥好

　　节庆旅游的功能，通过举办活动来吸引游客，如乌镇的"戏剧节"，丹霞山的"徒步穿越大赛"等。四是要加强对科学技术的应用，打造好智能化的 C 端，为游客提供更人性化的服务，如信息获取、产品服务等。旅游业很有趣，但也很难做。

　　作为很多景区里面的小店，首先就要保证自己的产品质量，这是最基本的要求，就像做餐饮，如果不能保证饭菜可口，那谈什么场景？谈什么设计？谈什么宣传？只有在保证质量的基础上进行运营才能得到想要的效果，才能够打造出一店一色、一店一品、一店一策、一店一场的小店，不然就如同无根之木。

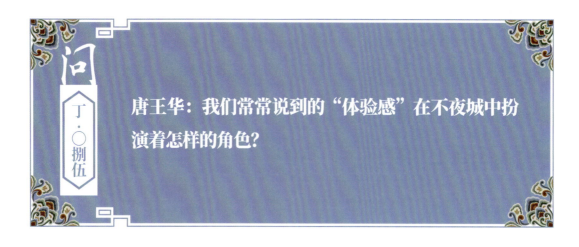

问 丁〇捌伍

唐王华：我们常常说到的"体验感"在不夜城中扮演着怎样的角色？

刘磊 答

这些年，随着旅游供给侧结构性改革的不断深化，一批参与感强、文化味浓的旅游新业态纷纷崛起。这些新业态，不断刷新人们的出游体验，成为旅游市场发展的新的增长点。"体验感"可以带给项目什么？体验感可以给项目带来营销、带来口碑以及带来爆品的出现。

旅游新业态可用"参与感""沉浸式""互联网＋"三个词来描绘。文化正成为全国很多景区发力的重点。文化与旅游的结合，让文化可以更好地走向"远方"，旅游也更有"诗"意。文化景观、旅游演艺、主题公园、特色小镇、文创开发、文化节庆……各种文旅融合发展新模式纷纷涌现，给游客带来一场场文化味更足的旅游盛宴。

随着旅游消费升级，较之传统旅游，人们如今对旅游体验提出了更高要求。住进民宿感受当地风俗、戴上 VR 看一场超级大片、穿上古装来一场穿越之旅……拥有更多体验感和参与感的沉浸式旅游越来越受到游客的追捧。

就像以前外出旅游，喜欢住星级酒店，现在外出旅游，基本上会住民宿，游客更加青睐民宿的一个重要原因是，能享受一次"沉浸式旅游"，和民宿的房东聊天、感受当地风土人情，而不再仅仅是把住处当成一个睡觉的地方。

不夜之城

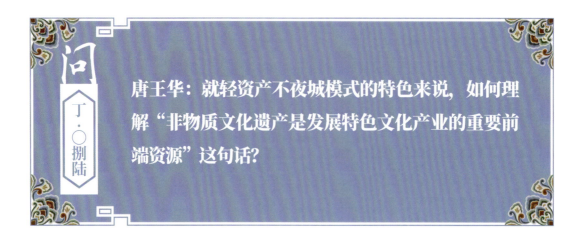

问 丁·〇捌陆

唐王华：就轻资产不夜城模式的特色来说，如何理解"非物质文化遗产是发展特色文化产业的重要前端资源"这句话？

刘磊 答

习近平总书记曾强调"中国有坚定的道路自信、理论自信、制度自信，其本质是建立在 5000 多年文明传承基础上的文化自信"。以此来看，"非物质文化遗产是发展特色文化产业的重要前端资源"这句话便不难理解。

非遗与旅游的结合增强了游客的文化体验，同时也为非遗"活"起来开辟了新路径。在文旅融合的大趋势下，非物质文化遗产项目作为重要的旅游资源也获得越来越多的关注，其既有利于旅游的发展，也有利于非遗的保护、传承与传播。

不夜之城

　　将非遗与文旅体验结合起来，不仅是一次亲身感知非遗的过程，更是一段刻骨铭心的旅行体验，不夜城的文化表演就吸引了无数的游客驻足观看。

　　文化是文化创意产业的基石和载体，是沉淀着独特底蕴的宝贵资源，要充分挖掘文化资源并将其转化为创意产业的动力源泉，提高竞争力。非物质文化遗产为文化创意产业提供了文化素材和创意源泉。文化创意产业也给非物质文化遗产带来了前所未有的发展机遇，为其提供了创新机制和融入现代社会的平台。结合两者，挖掘非物质文化遗产的创意价值将其转化为创意资本，不仅能提升文化创意产业的竞争力，同时也能赋予非物质文化遗产新的活力。

　　非遗源于生活，还要回归于生活，不能只作为艺术品"挂在墙上"，还需要符合当代人的审美和节奏。在内容时代，不同于非遗与其他空间形式的融合，民宿从本质上来说作为一种居住空间产品，处处要同消费者的身体与思想接触和交流，因此，其所承载内容的独特性与体验感才是核心竞争力。而当非遗遇上民宿，民宿所蕴藏的内涵早已不仅仅是居住，更是承载了民族民俗文化。传统文化不能只是停留在博物馆而是要活化，激活并融入消费者的生活当中才是地方区域文化能够发展旅游产生价值锚的关键点。

丁·〇捌柒

唐王华：东北不夜城举办的泼水节为什么会火爆？

刘磊 答

梅河口举办的"第二届东北泼水狂欢节"盛况空前，不断将文化活动和文化节日打造成为专属东北不夜城的文化 IP，傣族热舞活力四射，现场人头攒动、一片欢腾。本地游客和外地游客纷至沓来，大巴车停满了广场，此次泼水节不仅开了"东北举办泼水节"的先例，更让东北不夜城知名度大幅提升，在文旅界火爆出圈。

东北泼水节之所以能够成功举办，南节能够北移，其中有四点原因：

（1）吉林梅河口的东北不夜城率先抢占了"东北泼水节"这个概念，其他城市再使用这个招牌，都是为梅河口宣传！能成为第一个"吃螃蟹"的首秀者，不仅需要极大的勇气，更离不开锦上添花对游客"心流体验"的极致把握。因为抓取游客心智才是真正的中心，人心的流动决定了客流，泼水节的心流体验为亲密场景的爆发力量！

（2）东北泼水节的氛围把东北人的性格展现得淋漓尽致！地域气候和生活习惯，造就了东北人粗犷豪放、大方开朗的性格，他们对生活充满了激情和热爱，热情好客，质朴纯真，泼水节营造的体验与东北人的性格底色能够完美融合，东北泼水节成功的背后是主办方精准洞察了东北人爱热闹、爱刺激的性格特征。

（3）在傣族传统泼水节的传播和影响下，泼水习俗实际上已被人们看作是相互祝福的一种形式。水是圣洁、美好、光明的象征。世界上有了水，万物才能生长，水是生命之神，这也是必不可少的原因之一。

不夜之城

（4）东北泼水节是有主题的文化旅游，是有概念、有策略、有目标，并以活动为主线、以体验为重要手段的一种文化旅游形态。节庆文化旅游是一种体验经济，不止于满足顾客的物质需求，更重要的是为顾客带来新鲜的生活体验和丰富的精神享受。

丰富的节事活动促进了旅游与文化在更大范围、更广领域、更高层次上的深度融合，增进了旅游和文化资源的有效整合，应推动引领把文化作为旅游发展的核心价值贯穿到旅游发展规划、旅游项目建设、旅游商品生产、旅游宣传促销策划等旅游工作的全过程，在不同景区推出不同特色、不同内涵的文化旅游产品，大力建设文化旅游主体功能区，以文化的活力强化旅游发展的原动力。

东北不夜城第二届泼水节，节日氛围隆重，无论是节目的选取、演员的装扮、场景的布置、氛围的打造，还是活动的组织，会让游客真正身临其境地感受傣族泼水节的特色和风土人情。在一定程度上活跃了东北群众的文化生活，是一次傣族水文化、音乐舞蹈文化、饮食文化、服饰文化和民俗传统文化与东北风土人情的一次完美结合，对促进梅河口乃至东北社会经济文化的发展起到了积极作用。

跨省旅游开启，东北泼水节真正意义上吸引了全国游客，以泼水节为爆点促进了全域旅游发展，泼水节举办期间梅河口酒店爆满，有力证明了节庆产品对城市文旅发展起到的中流砥柱的作用。

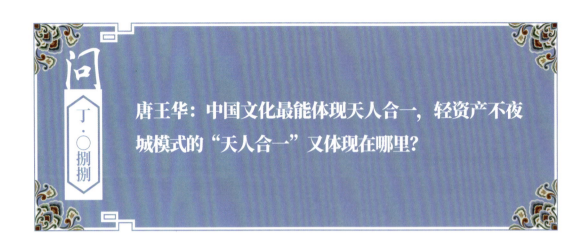

唐王华：中国文化最能体现天人合一，轻资产不夜城模式的"天人合一"又体现在哪里？

刘磊 答

257

　　对于不夜城来说，首先没有把游客当作乙方，最主要的是我们将游客当作我们的家人。也就是说，你把你的游客真正地当作你的客人和家人的时候，你把他请到家里来，那么他在这里所有体验的感觉就不一样了。所以"天人合一"，第一个是气场，就是到这个地方之后游客舒不舒服，提供的场地、提供的内容是不是适合。核心的一点，就是要发现并解决游客、消费者的痛点。比如，把过年的气氛打造到街区里面去，不是看着像是在过年一样，而是让大家感觉到这里是和回家过年一样的。

　　现代人认为或者理解的天人合一，主要是在自然的层面，比如到一个风景迷人的地方，心旷神怡，感觉自己与大自然融为一体，浑然天成。人也是自然的一部分，"天人合一"就是说，人要和自然和谐共处。人类文明的发展不能以破坏生态环境为代价，要遵循自然的法则，所谓天道，就是这个意思。

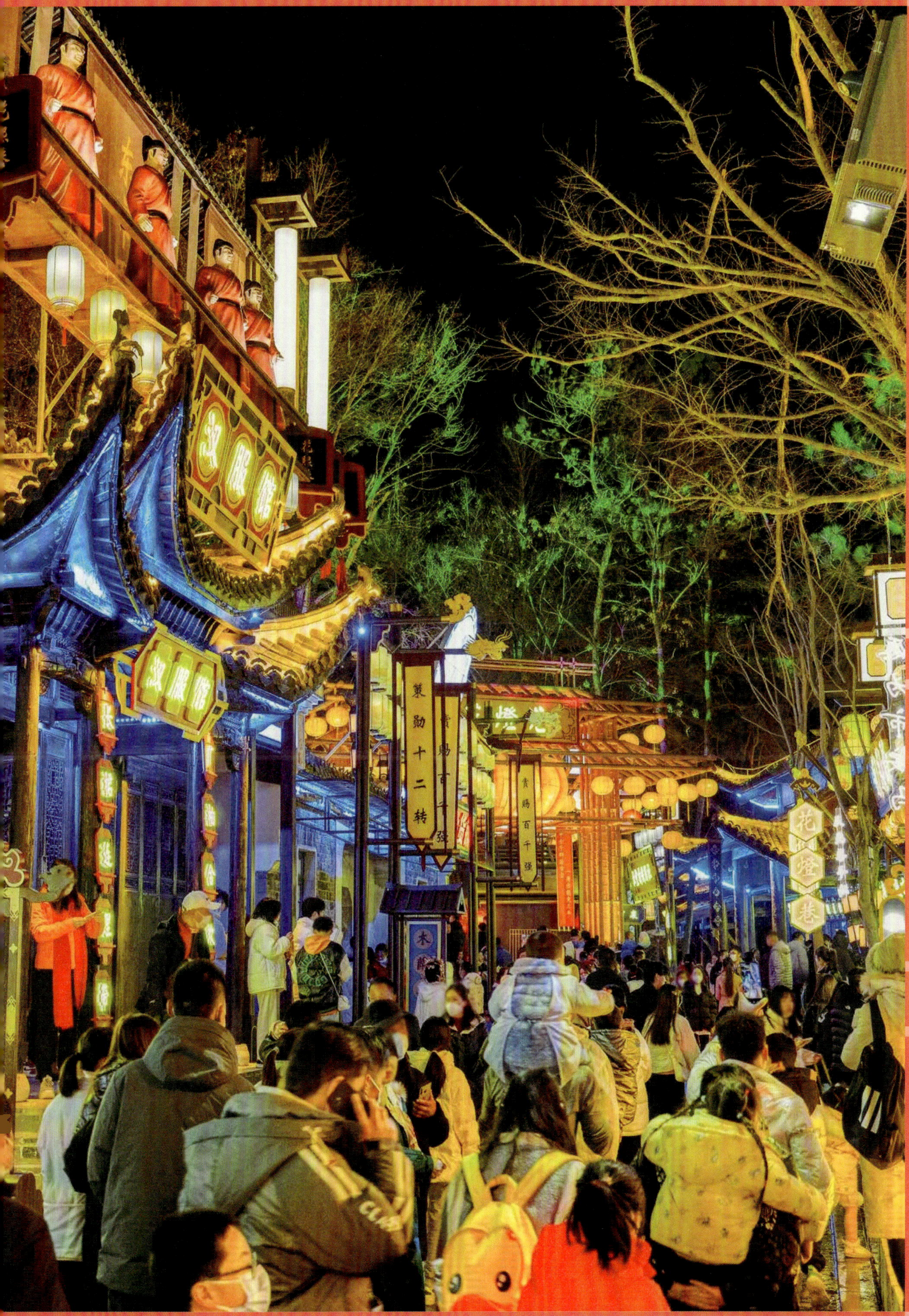
策勋十二转
花灯巷

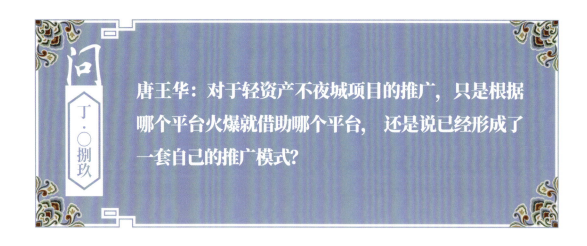

问 丁·〇捌玖 唐王华：对于轻资产不夜城项目的推广，只是根据哪个平台火爆就借助哪个平台，还是说已经形成了一套自己的推广模式？

刘磊 答

259

　　我们肯定是有自己的推广模式的，并不会永远就被禁锢在某一个平台之上。其实平台更像是给我们搭建了一个变现的舞台，而在这个舞台上表现得精彩与否，和平台关系不大，关键看我们自己如何表现自己。

　　对于不夜城里面的这些演艺来说，无论是不倒翁小姐姐、秋千女生，还是泼水节、篝火晚会、泡泡节，都是自己创造了传播，我们将其称为"自播"。我们在不夜城项目中自己创造自己的内容，自己创造自己的传播，有了好的内容，传播就会朝成暮遍。

　　所以我们已经形成了适合自己的推广模式，我们不怕平台的变化，因为我们自身也在不断变化。以不变应万变不适用于这个时代，只有做好准备，随机应变，才能在这个时代的舞台上大展风采。

不夜之城

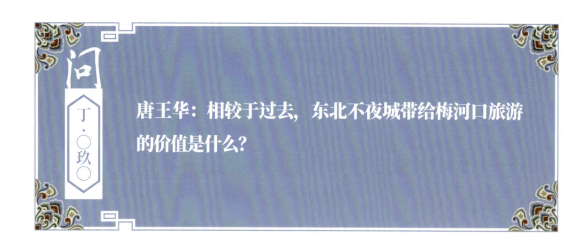

唐王华：相较于过去，东北不夜城带给梅河口旅游的价值是什么？

刘磊 答

要说价值，那就是给梅河口的夜经济注入了崭新的活力，并不是说梅河口以前没有夜经济，而是说没有代表性的夜经济。现在如果有朋友来梅河口，那么晚上去哪里就不是想到哪里是哪里了，而是很明确地告诉他，去东北不夜城！

作为夜经济，首先就是品质要好要有卖点，能吸引游客的目光。然后就是宣传，现在是短视频时代，宣传并不需要花大价钱去"买流量"，不倒翁小姐姐火爆全网，一人兴一城，游客们到了这里之后会自发地拍视频发在短视频平台上，然后会有更多的人看到，最后被吸引到东北不夜城来，带来更多的流量。这就是东北不夜城对于梅河口的价值所在，这条街区已经成了梅河口的新城市名片。

不夜之城

　　让生活更美好，是城市发展的永恒主题。夜经济被称为中国经济新兴活力源，从提升城市发展水平来看，夜经济打造的亮丽风景线，不仅是一张崭新名片，更能创造就业岗位、带来产业发展机会。从拉动内需、促进消费角度来看，夜经济不仅是城市消费的"新蓝海"，更为当前经济发展注入了新动能。

　　同时不夜城的出现也提升了居民的幸福指数，使得人们对这里的认同感不断增强，创造了就业的机会，很多人在东北不夜城找到了属于自己的事业发展方向，同时还有效地提升了周围的房价，也让政府在对梅河口进行宣传的时候，有了更为强大的力量。其实东北不夜城在抖音等短视频平台上面火爆的同时，就已经是在对这个城市进行宣传了，让更多的人重新认识了梅河口，让世界对梅河口都有了全新的了解。

　　在各地进一步点亮夜经济的同时，也少不了要在夜经济的管理上下功夫，让广大居民能够享受到更高质量、更健康、更安全的产品和服务。既充满活力，又规范有序，夜经济才能成就更加美好的城市生活。

问 丁·〇玖壹

唐王华：轻资产不夜城模式下如何打造 IP？

刘磊 答

　　首先，做任何事情都要有高维绝杀的状态，要有上帝视角，一定要做唯一和第一，做到地区的客流量第一，这就是第一性原理。除此之外还需要注意的是，第一性原理还意味着做事的时候要抓住事情的本质，做事情的时候一定要像剥洋葱一样，一层一层地剥下去直到发现问题抓住核心。对于不夜城而言，问题的核心就是客流量，将游客作为核心就是做不夜城项目的第一性原理。

其次，在当下做任何文旅项目时都要拥有重新组合的能力。众所周知，马斯克在"造火箭"，但身边有不少人反对他做这件事，认为他就应该老老实实造车。因为造火箭的成本太高了，即便是马斯克这样的富豪也要承担巨大的压力。但是马斯克通过一层一层抽丝剥茧之后，用第一性原理抓住了问题的核心所在，并且在将问题重新组合之后发现成本没有那么高了。这个时候火箭变成了什么？变成了一堆铜电线、一堆铝皮等材料，这样一来成本也就没有那么高了。就像此前马斯克发展特斯拉汽车一样，对电池进行了重新组合并且在源头解决了问题，之后就发现成本并没有那么高了。所以说当下，重新组合就是一种创新的能力，可以发现，不夜城里面的元素并不全是原创，并不都是此前世界上没有出现过的东西，里面一些元素在其他景区也能够看到。但是将这些元素进行重新组合之后就会变成一个新的事物，激发出了更大的能量。就像在音乐领域可以用七个音符创造出无数首乐曲，一把看起来普普通通的琴也可以弹奏上万首美妙的音乐，这就是重新组合、重新规划的魅力所在以及能量的体现。

最后，做文旅项目或者说做任何事情一定要有"破界"的能力，所谓破界其实就是学会如何跨界进行重新组合。在做文旅项目的时候我们为什么敢和甲方对赌几百万，甚至千万人次以上的客流量？因为破界的能量！从文旅行业本身出发很难做到这样的效果，很难做到出圈。但如果从当下的商业本质出发，就可以发现文旅是可以变成高频和刚需的。而文旅项目一旦成为高频和刚需，文商旅地可以跨界的时候，那就不仅仅是简单的文旅项目了，这个时候就已经破界了，当做到超越行业界限的时候无论是客户还是游客都会变得更多，也会适应市场上的新变化从而满足更多游客的需求，更好地迎接时代挑战。

　　对于 IP 打造其实我认为最大的误区是什么呢？我们现在很多景区把 IP 当成 LOGO，LOGO 是什么？比如麦当劳的金色拱门，大家看到的 LOGO 就是字母字符和一些图形所组成的一个具有企业辨识度的符号。其实在国外，尤其是在英语系国家，这个 LOGO 的制作是比较普遍的。在日本的大街小巷，也很少有英文 LOGO。在中国最好的 LOGO 是中文，但是 LOGO 不是 IP。

　　今天很多景区花了很多钱做 LOGO，就比如说五岳名山都有 LOGO，可是，提到泰山、华山、嵩山等，谁能记住它们的 LOGO？我上一次给餐饮界讲了一堂课，全中国有 700 万个餐饮品牌，其中哪个的 LOGO 最让人记忆深刻？500 个餐

饮品牌来听我的课，我当时提了问题，我说谁能记住海底捞的 LOGO，到黑板上画下来，奖励一部手机，500 个人没有一个人记得住海底捞的 LOGO，甚至有一个人在海底捞做过店长，他也画不出来。这里说的是海底捞的第一代 LOGO，就是像山一样上面写了海底捞三个字。如果没有这三个字谁知道你是卖火锅的？所以 LOGO 在中国有没有效果呢？我认为大多数没有效果，大多文旅企业做 LOGO 也没有效果。问大家一个问题，知道环球影城的 LOGO 是什么吗？谁能回答上来？即便是去过那儿的人也回答不上来，当下很多 LOGO 已经变成设计公司忽悠旅游景区的一个招数了，做个 LOGO 花几十万元的比比皆是。

大家都说故宫文创好是因为做了 LOGO，是因为文创的标识系统、色彩系统做

得形象，但很多人不知道全国文创除了故宫，几乎都不赚钱。其实真正成功是因为有很多资金在后面推动这件事儿。所以今天一定要透过现象去看本质，任何一个景区，就连任何一个小饭店，谁能不用汉字直接挂个LOGO？没有一个景区敢这样。

今天一定要冷静去思考，什么是IP？美国的解释是自有知识产权，日本的解释是能够让人记住的产品。之前看到有一篇文章说华侨城做了30年的景区，为什么没有一个IP能让大家记住？但东北不夜城就做了一个大富猫，为什么大家一下就记住了？原因是什么？原因是背后的故事和逻辑，IP和故事与文化要永远衔接到一起。我经常带朋友在西安爬城墙，有次带一个英国朋友爬城墙，发现中国人爬西安城墙的时候，很多人能够坚持走一圈。虽然大家知道一圈很长，没俩钟头走不下

来，但能坚持走一圈儿，边走边观赏西安的美好风景并畅聊十三朝古都的文化，大家聊着秦汉历史都非常开心。可是英国人走不动，为什么呢？他就会问你，现在在哪里？你说在南门，这叫南门。他说往前走是哪里？你说往前走是西门。再往西门走。他说往西门走有什么？往西门走有城墙吗？那城墙上面可不就是城墙。走着就走不下去了，他没有走下去的欲望和冲动了。为什么？因为我们中国的文化和他没关系，没有他了解喜爱的知识，这个现象就涉及 IP，到底什么是能让我们记住的产品？搞清楚这点我认为是最重要的。

IP 可以影响我们的心智，可以影响消费者的心智。我之前去延安看了一个正改造的商业街区。当时就觉得内心非常澎湃，为什么呢？因为延安是中国革命圣地、新中国的摇篮，所以我心潮澎湃。当时街区的董事长就问道，给我们做个方案得多

269

不夜之城

少钱？我说我能收你钱吗？我不能收延安项目的钱，因为我心里面也有一个延安情结。我奶奶原来是河南人，1942年从河南逃荒要饭走到了西安，走到西安以后听说延安是红区，在打土豪分田地，能够给老百姓分地。所以我奶奶就又走路走到了延安，在延安生活了七年时间，分得了一块地，分了个窑洞，生存了下来。所以说感情有，文化也有。当有了这种穿透力的时候，当在延安感受到那波澜壮阔的氛围的时候，宝塔山在我看来就是最好的一个IP。此情此景之下，如何能谈钱？还收什么钱呢？心里也想为这个城市做一点事情。所以今天我的想法就是，做IP的时候一定要慎重，IP永远不是LOGO，IP也不是鬼画符，一定是有故事、有感情，影响人心智的东西。

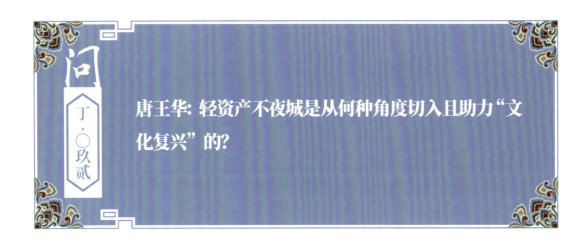

刘磊 答

我认为不夜城是从夜间经济和文化活化的角度切入且助力"文化复兴"的。夜经济是现代都市的经济业态之一，也是繁荣消费、扩大内需的有效举措，是衡量一个城市经济活力的重要指标。主要是以城市居民和外来游客为消费主体，以旅游、购物、餐饮、住宿、休闲娱乐、演出等为主要业态类型，在夜晚目的地时空下进行的各种商业消费活动的总称。

从国家层面来说，提倡发展夜间经济，是因当前国内外发展形势，特别是因拉动消费发展经济的迫切需要而做出的战略决策。从城市层面来说，提高夜经济收入是提高城市实力与发展的重要策略，是打造城市文化名片的重要措施。

在白天游览走入困局的今天，"沉浸式"夜游体系可为景区、城市带来更多商机，还能提升周边经济。游客旅行途中对夜间旅游的需求逐渐增高。发展夜游体系能达到天黑后3～4小时的留客目标，游客在品味地域文化元素中欣赏五彩斑斓的夜景，在主题活动中体验精彩的互动，在结束白天的活动后夜游、夜宵、夜演出、夜购、夜住宿……

在这个过程中还能深刻感受到文化的魅力，也是文化宣传的一种方式，夜间经济和文化的活化造就了不夜城。夜游项目中，注入独特地域文化元素，加深了游客关于景区、乐园所在城市"旅游名片"的印象，达到经济效益、社会效益双丰收的成果。城市、景区、乐园、度假村等形成一整套完整的配套链，让游客充分享受丰富的旅行。

不夜之城

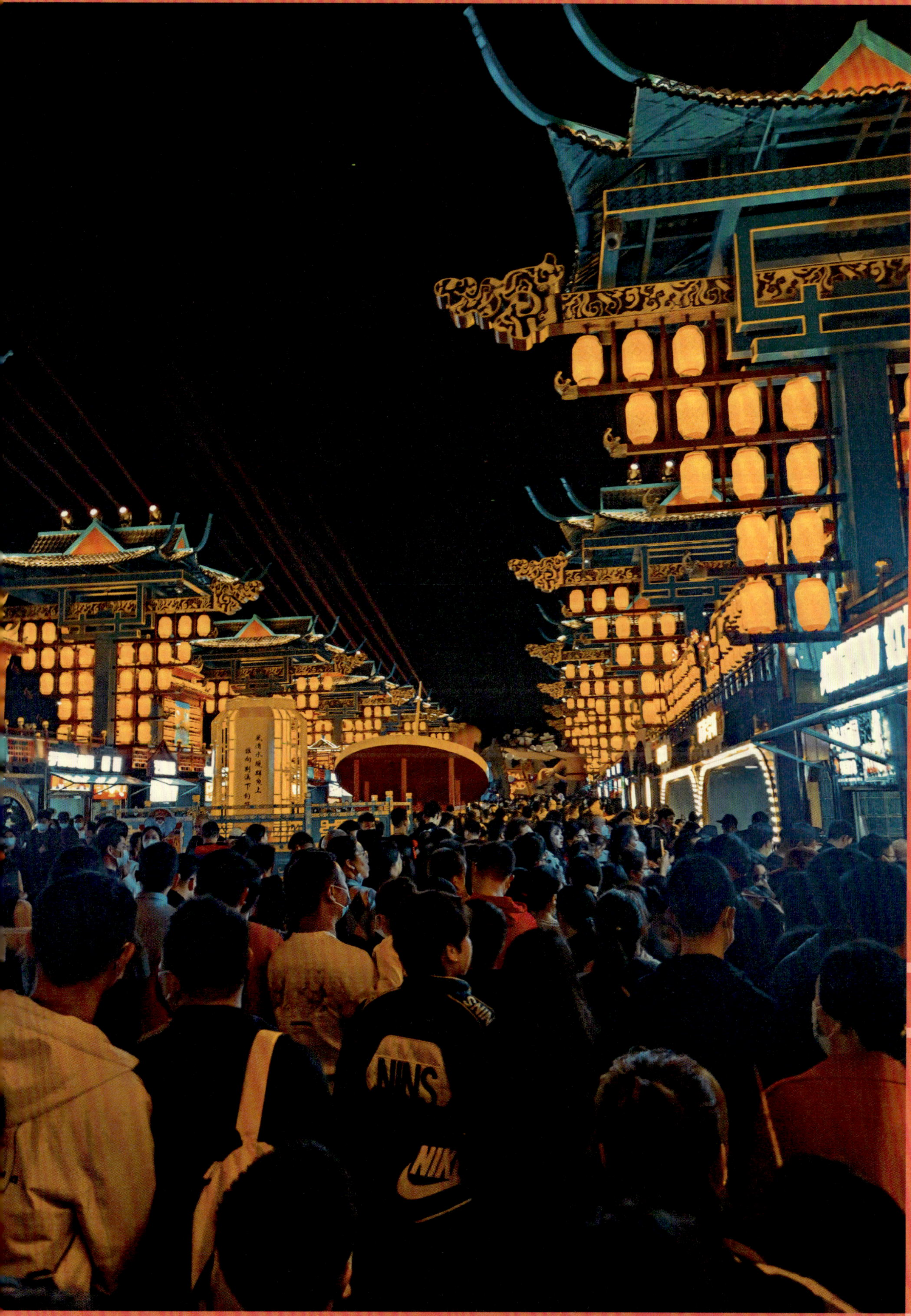

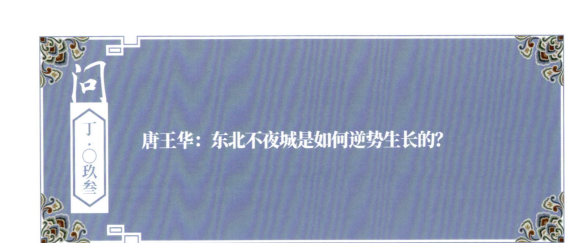

刘磊 答

2022 年，疫情形势仍旧严峻，新冠病毒肆虐，旅游业受到冲击。在这样的局面下，位于吉林梅河口，由锦上添花文旅集团打造的东北不夜城两次盛大开街，给迷茫中的文旅人指引了方向，给行业带去了希望，像黑暗中的凌晨洒来的第一缕晨光。

东北不夜城逆势生成的核心原因就是"运营前置"。凡事预则立，不预则废，运营前置的方式极大地规避了很多后期运营中出现的问题，让东北不夜城成为二代不夜城的行业标志。因为已有前期策划规划的支撑，可以对具体的业态配比、各业态产品的数量、空间面积要求等进行提资。锦上添花文旅集团针对这个问题，进行了详细的分析和规划。

近些年，不少城市都热衷于打造特色旅游文化，其中，城市 IP 是最受青睐的项目之一，一个城市本身就是最好的剧本。特别是对于三、四线城市来说，论名气、论经济、论实力、论文化等，每一项都远不及一、二线城市有吸引力，唯有通过打造城市超级 IP 来为自己重塑形象，进而助推城市发展，提升城市的吸引力。

对于文旅街区来说，流量运营能力很重要，但比流量更重要的是什么？当然是人心。一个旅游街区的关键是 IP 博得人心，IP 引领街区成长。算准了人心才是更高级的算法。如果人心算不准，对游客的洞察算不准，光有后面算技术、算流量、精准分发，只能算术不能算道。东北不夜城便是算对了人心，用网红行为艺术的强势 IP 催生发酵能力，在媒体中开始裂变，同时人心也在裂变。朋友圈的裂变本质

不夜之城

上是前置流量的分发，形成了社交货币。

城市始终站在游客的角度，去创新夜经济产品才是城市夜消费的长期主义，从北京、深圳来梅河口的游客说："在北上广都看不到如此的壮观场面，今晚在梅河口是这么多年最开心的。"

游客在街区品尝梅河味道，看了《云歌琵琶》《清歌妙舞》等演出，与不倒翁小哥哥、小姐姐互动后，拿着礼物脸上露出甜蜜的笑容，"拍、晒、嗨"成了游客最基本的标配动作，也是最好的打开方式。

对一个城市来说，火爆的夜经济有诸多益处，不仅给市民生活带来便利，还能提供就业岗位、提振消费等。驰骋在城市竞争的新赛道上，夜间经济也最直观地体现着一座城市的时尚度、美誉度与繁华度。

东北不夜城——不夜城迭代的第二代产品，除了有第一代产品的多、快、好之外，又增加了"省"。

　　"省"强调省钱、省时间、省空间，相比较其他文旅项目投入动辄就是几亿、几十亿元的投入，二代产品不需要建筑，不需要绿化，不需要面积很大的空间场地，一万平方米就可以打造文旅项目，重要的是时间省去很多，开业快，流量变现快，最终景区盈利快。

　　目前从轻资产不夜城的模式来说，以5～6年收回成本的这种角度去考虑的话，盈利还是比较乐观的，当然未来也是要不断精进。目前不夜城的投入，占到传统文旅的10%，却能够创造约10倍于传统文旅的客流量。

　　疫情的反反复复，在低谷时期大家都郁闷，在郁闷的时候快乐就会变成主导性的追求。所以要追求快乐，就要适应玩的心态、研究玩的学问、建设玩的项目、开

拓玩的市场、培育玩的氛围、追求玩的艺术、丰富玩的功能、创新玩的产品、创造玩的文化、谋求玩的财富，东北不夜城正是发力于这十个玩，去升级产品与内容的。

　　游客的体验证明了夜经济产品的核心逻辑，东北不夜城便达到了微旅游的战略初心，让产品生活化，把游客变成顾客，顾客变成粉丝。

　　疫情中的东北不夜城，经历疫情两年连续火爆，流量超越很多景区，为状态低迷的文旅界注入了希望。东北不夜城犹如一朵盛开的水莲花，香远益清，亭亭净植，让人们嗅到了文旅前行的征途，更为文旅人找到了解决问题的方法论。

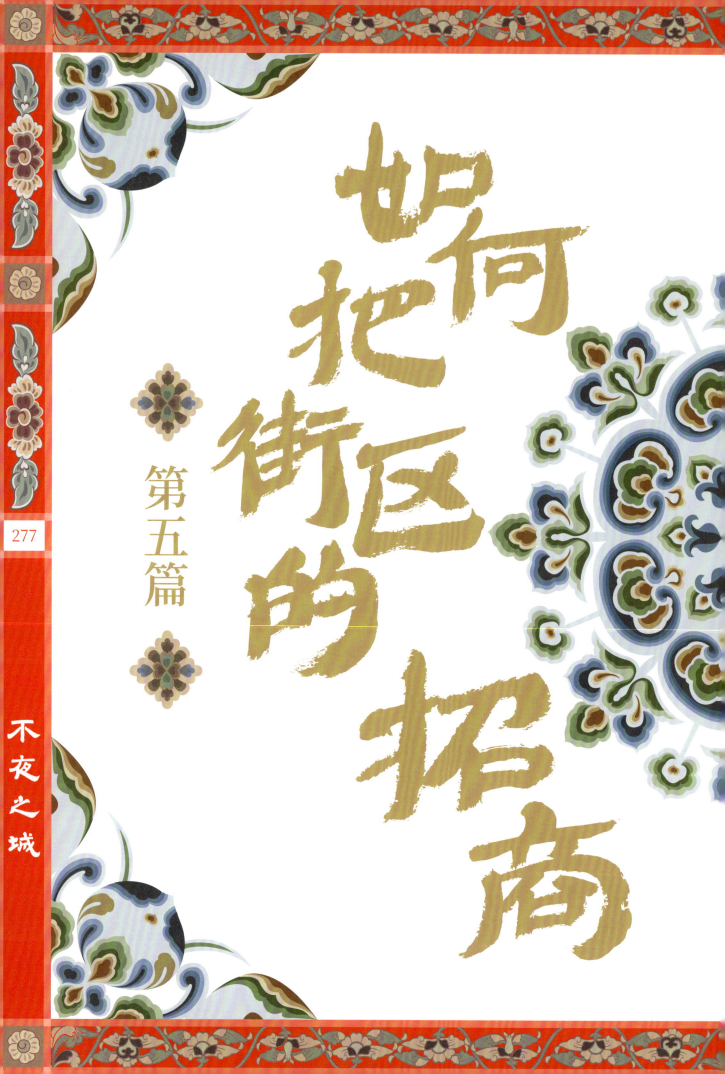

如何把街区的招商

第五篇

277

转变为平台创业

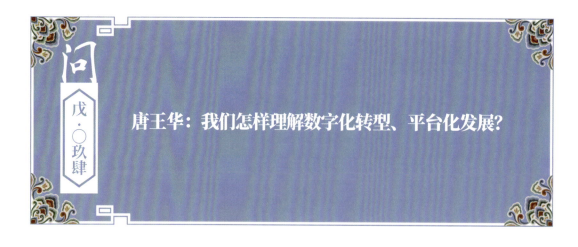

唐王华：我们怎样理解数字化转型、平台化发展？

刘磊 答

平台就是互联网思维，所有的互联网都是平台思维，全国有一个最大的"餐厅"，它一年有上千亿营收，几百亿利润，但是这个餐厅从来都不给一个厨师交社保，也不买一棵菜，这样的餐厅其实就是大众点评和饿了么。这些平台就是在中间收费。全国最大的出租车公司是滴滴打车，一年有几百亿元的收入，但是它并没有买一辆车，也没有给一辆车加过油。在我们看来，街区也是一个大平台，我们将其称作大众创业、万众创新。政府就是大剧院，为企业方打造了演出平台，演员就是由品牌商家来做，而游客就是我们的观众。

　　旅游业是受疫情影响最大的"全周期服务性行业"。可以说，新冠疫情是改革开放以来对中国旅游业影响范围最广、程度最深的一次冲击。在感叹疫情对旅游业巨大冲击的同时，我们必须看到，粗放价格战式的旅游发展模式已经过时。"靠山吃山"拼资源的时代也将过去，在未来，提升文旅产业影响力和吸引力的关键是生活方式的打造。

　　近地旅游和城市休闲是两大主流方向，特别是城市休闲的进一步激活和周边休闲的进一步振兴非常重要。由于现代城市生活的密集度和压力，人们需要一个突破口去释放，而周边游是最为便捷的体验形式。市内"赏花游园"、户外踏青、运动康养等近郊旅游主题备受青睐，热度不减。

　　在大的"文旅融合"背景下，文化创意会赋能旅游产业发展，一些有特色、有创意的旅游产品不断涌现。如"故宫文创"就是将深厚的中华传统文化底蕴与时尚化审美结合起来，通过再创新、再表达，使其更贴近现代生活，同时利用互联网营销等现代传播手段，使故宫这一古老文化的代表重新焕发出新的生命力。

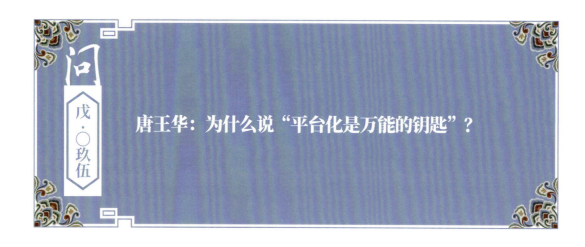

唐王华：为什么说"平台化是万能的钥匙"？

刘磊 答

　　平台化是未来的趋势，所有的旅游企业都应该向平台化方向发展。旅游平台化现象已经出现，比如，很多不夜城项目的本地游客数量占到总游客量的半数，这些客流来源于大量的复购。东北不夜城、南宁之夜等项目，商业模式简单到极致，就是要做一个平台，左手要打通游客，右手要打通供应商，挣的就是平台费，挣的就是总数量。以旅游餐饮业为例，全国最大的"餐厅"并不是海底捞。通过商业画像分析，发现这个餐厅一年有上千亿元的营业收入，不用给一位厨师买社保，不买一滴油，也不会开一家店，这就是美团、饿了么等外卖平台，所有的互联网大厂都是平台，阿里巴巴、京东、小红书、抖音等都是平台。

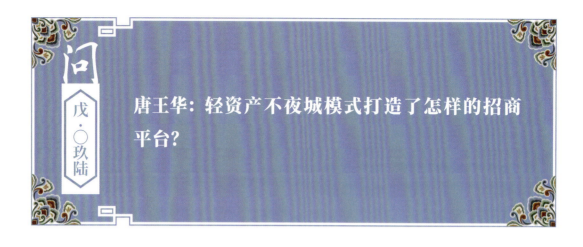

刘磊 答

可以说打造了一个公平、自由的文商旅招商平台。为什么这么说？公平，说白了就是有能力你就来，没有能力不要占用大家的资源，这就是最大的公平。为什么说自由？因为不夜城的核心就是包容和创新，本身就需要具有活力的元素注入其中，而且一定要是百花齐放、百家争鸣的状态，所以不会有那么多限制，这是一个自由的平台。

疫情防控常态化之后不夜城复商复市按下"快进键"，每当夜幕降临，在街区华灯初上的映衬下，餐饮美食、沿街商铺、街区演出等都已正常开放，各地的游客们沉醉于美好盛景，流连忘返。

项目步行街融入商业、休闲、娱乐、体验等多种元素。近年来，以文商旅到商旅文深度融合为导向，满足游客及市民的全方位需求，拉长拓宽旅游产业链条，实现大型城市综合体和文化商业新地标。

区域旅游的发展，要经历"吸引客流""客流转化""促进行业发展，提升旅游产品数量和质量""进一步吸引更多客流"这样一个四步循环的过程。

梅河口正处在第一步与第二步相交的节点上，网络的风口梅河口是把握住了，接着就看城市旅游服务、旅游管理的承接力。同样也打造了一个充满机遇的平台。

不夜之城

问 戊·〇玖柒

唐王华：平台化的难点是方向还是方法？

刘磊 答

　　我一直都在强调的是，方向和方法二者缺一不可，要有正确的方向，再辅助以正确的方法，才能获得超出预期的所得。如果方法不对，你越勤奋，越是巩固自己的错误，坚持的时间越长，朝错误的方向走得就越远。一个错误的习惯，你坚持了一天，可能要一星期才能改过来。坚持了一星期，可能要一个月才能改过来。坚持一个月，可能要一个季度才能改过来。坚持一个季度，可能一年还改不过来。坚持了一年，这辈子基本就这样了。

不夜之城

对于平台化来说，首先要考虑的一定是方向，确定了方向才能寻求到好的方法。你想，如果一开始方向就错了，哪怕方法再好，到头来也不过是竹篮打水一场空。就像明明是要去北京，却买了一张开往乌鲁木齐的高铁票，那么永远都无法抵达北京。到北京去是方向问题，而战术就是产品和模式问题，如果方向无法确定，那么不管采用怎样的战术都永远无法到达。但是如果方向正确了即便是走路也终能抵达目的地，这就是方向的重要性。

其实对于平台来说，最难的是方式，就是商业模式，还有一个是机制。模式和机制里面的关键是利益分配，就是你想要搭建一个平台，就相当于你是一个带头人，你需要将你的最大利润让给你的合作伙伴、让给你的游客、让给你的商家以及让给为你带来流量的人。所以，归根结底是转换思维，不要是公司思维——我是老板，都在给我打工。平台更需要考虑的是什么？是利他而不是先利己。

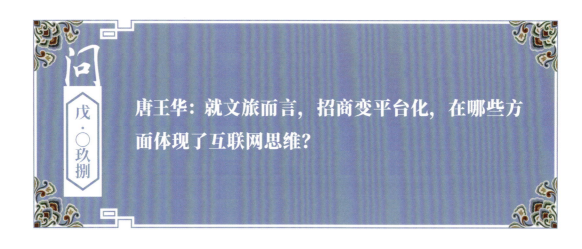

刘磊　答

说到互联网思维，不能回避的就是现在是一个内容时代。内容时代是指进入移动互联网时代后，旅游业发展劲头最足的是马蜂窝、抖音、快手等内容流量平台。

可以看到随着整个中国经济和互联网的发展，用户的注意力从线下到线上，从 PC 到移动，从百度到 OTA 到抖音，每一个改变都是基于大盘的改变。这样的情况下，你就能知道，旅游行业的互联网思维就等于用户思维，用户思维的意思就是说：用户的注意力在哪里，那么你的触点就应该放到哪里。从全网的铺货，到内容前期种草，再到线下的持续曝光，就能够构成全渠道运营思维。在这样的思维下，需要考虑三个问题：我的游客在哪里？我这里的游客对什么感兴趣？我匹配的产品是什么？

　　这里需要强调的一个概念是：互联网思维不是说天天只能在线上搞整合营销，我认为真正的互联网思维，尤其在现在的情况下，该整合的东西大平台都整合完了，那么基于细分市场的旅游行业，要做好互联网运营，该是去做线下资源投资打造的时候了，去做底层创新，比如自己去开发新的解决用户痛点的旅游产品，自己去投资项目等。

　　旅游行业的互联网思维等于用户思维，用户思维就是去解决游客痛点，去做底层创新，做真正的壁垒资源打造。

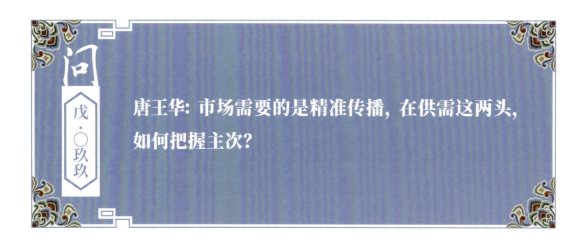

问 戊·〇玖玖 唐王华：市场需要的是精准传播，在供需这两头，如何把握主次？

刘磊 答

既然说了是精准传播，一定要考虑怎样才能传播效率最大化。传播策略的关键项不外乎维度、规模、力度和节奏这四项。传播策略就是根据传播目的、受众和预算情况，将这四个关键项的内容进行排列组合，整合、优化资源以提升传播效果。所以，掌握了这几个关键项的内容和关系，传播策略分分钟手到擒来！

不夜之城

　　如果说角度能够让人看到一个东西的不同侧面，那维度就能让人看到一个东西的多个层次，也就是可以看到这个东西在不同层次上的各个侧面。搞传播时，站在不同维度的制高点，就能够以上帝视角掌握全局形成降维打击的压倒性效果。

　　考察市场，就是为了知道市场需要什么，然后才能决定自己供应什么，这个顺序不能错，如果不理会市场的需求，只是埋头苦干，最终发现提供给游客的东西，市场并不买单。

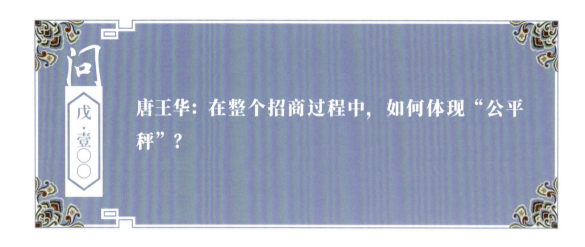

唐王华：在整个招商过程中，如何体现"公平秤"？

刘磊 答

　　想要获得认可，务必采用换位思维，站在意愿者角度去考虑问题，如果站在这个角度思考，则要熟知基本流程，这样在工作的每一阶段都能有条不紊地给出应对方案。

　　为什么会选择"你"而不是"他"呢？这时候应该发挥主观能动性，主动去挖掘具备潜在投资能力的意愿者，即便当下无意愿也要建立起长期的联动关系。主动对接，有投资计划时，便已经领先其他平台一步了。

　　而且提前了解也是一种尊重。因为了解后，更知道哪些适合哪些不适合，才能做出更准确的判断。当然少不了游客和政府机构的监督，招商透明化，这也是体现不夜城"公平秤"的地方。

問

戊·壹〇壹

唐王华："平台化"引来了怎样的"活水"？

刘磊 答

　　梅河口东北不夜城不仅在数据上有着傲人的成绩，而且在 2021 年 11 月被文化和旅游部确定为第一批国家级夜间文化和旅游消费集聚区。

东北不夜城这个平台通过"造节"的方式迎来"活水"，2022年疫情阴霾尚在，文旅景区举步维艰。很多景区入不敷出，不少选择躺平，但躺平是节约资源吗？答案是否定的，躺平是两手一摊的不作为。

危中有机，只有逆流而上，才是正确的不二选择。越是面对不确定性，越要进行景区街区场景的转型，有话说，"智者把握机会，圣者创造机会"，有节庆要有活动，没有节庆要学会造节庆，这样景区才能有持续的热度和爆点，这样才能制造新奇特，吸引本地化客流，进入生活化。

2022年5月15日晚，在吉林梅河口东北不夜城，一位男士的求婚仪式独特有趣，让众多游客纷纷前来打卡体验，嗨爆全场。集体舞、双人舞、气球雨、回忆杀、送玫瑰、话题板等碎片场景，让在场的男男女女一生都难忘。在场的一位女生问工作人员，我以后能不能也在这里举办一次求婚仪式？工作人员说，当然没有问题。这位游客从来没有见过如此有仪式感的求婚现场，这一幕幕场景好似看电影一样，在脑海里定格。从求婚的尖叫点来看，制造爆款场景才是文旅街区生存的命脉。

更多的时候景区应该更要理解城市叙事的命题，这才是游客一个又一个真实个体的体验。或深刻、或浅显，或当下、或遥远，或未来、或亲近。尖叫场景引爆流量，已经成为街区生存的独有秘籍，不断地创造爆款场景，游客才会源源不断地追随你。求婚仪式的流量解码给大多数文旅街区带来了启示。

　　魔幻泡泡电音节，无须出远门，吃、喝、玩、乐、逛，快乐一下，文旅人的自救需要革新，节日的活动不能少，没有节日创造节日，唯有不断创新，才能紧抓游客心智。

　　肩上芭蕾是最唯美的杂技，也是最惊险的芭蕾，随着音乐的缓缓响起，一只轻灵的东方"白天鹅"正在"王子"肩头翩翩起舞，轻点足尖、舒展身姿、轻盈旋转，曼妙的舞姿，将肩上芭蕾的优雅展现得淋漓尽致，给人以强烈的视觉冲击，也将表演现场氛围推至高点。

不夜之城

中国只有两种景区：一种是正在走红的景区，一种是希望走红的景区。网红景区是由于景区自身的某种特质在网络作用下被放大，从而受到追捧。网络的迅速传播让这些原本养在深闺人未识的地方一下子走红，再通过一些工具的美化，加上了滤镜和剪辑效果之后的景点，让人看了就心生向往。于是吸引大批游客慕名而至，尤其是在节假日里，这些在网上爆红的景点自然成为游客争相打卡的目标。

通过节庆活动，加造节活动，将东北不夜城打造成了"网红景点 + 旅游 IP"，让游客不能自拔，深陷其中，这也就是紧抓了游客的心智，让游客留下来，产生二次消费，最终使景区获得盈利和口碑。办法总比困难多，文旅景区要想突破瓶颈，必须有所作为，而创新是景区吸引游客的终极法宝。主动求变，而不是坐吃山空，机会总是留给有准备的人，甚至试错都不可怕，就怕两手一摊的不作为，那文旅景区的未来是肉眼可见的。

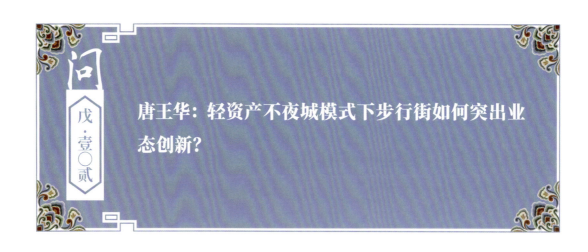

问 戊·壹〇贰

唐王华：轻资产不夜城模式下步行街如何突出业态创新？

刘磊 答

297

每一座城市，一般都会有一条或几条比较热闹的步行街令人流连忘返。这些步行街聚人气、汇商气，承载市民消费、牵萦城市文化，是城市亮丽的"金街"。改造提升步行街，进一步把"金街"的成色做足做优，既顺应广大市民对美好生活的需要，也是摆在城市治理者面前的一道"考题"。

突出业态创新有四点，首先是需要突出"高频"。曾经在不夜城遇到了一个女生，她说一年要来这里几十次，原因就是演出节目是高频的，节目也是不断变化更新的，而她想要看节目的这种心理也是高频的，所以想要来这里。其次是刚需，就像我们每个人每天都需要吃饭，但是买衣服对于一个人来说可能一年都不会超过十次。再次是跨界产品，跨界合作将会展现出更为强大的力量，更能吸引人们的目光。备受人们喜爱的灯笼仙子就是一个跨界产品，其实就是将民俗里面的红灯笼，进行了跨界打造，以灯笼仙子的形式展现在人们的面前。最后是复兴老字号，很多老字号在来到不夜城之后都焕发出了新的生命力，需要突出的是业态创新。

答好这道"考题"，需要统筹规划、建设、管理等各项工作，兼顾资金、业态、人气等各种要素。步行街选址既要考虑城市布局、功能和交通，又要兼顾历史文化和产业，突出商业特点和人文特色。应当广开言路，倾听市民、商户、专家等群体意见，尊重历史、立足当下、放眼未来确定选址规划和改造提升方案。特别是步行街打造提升并不是推倒重来，而是坚持集中集约建设原则，在既有步行街基础上提

不夜之城

升，予以保护性改造，不贪多求洋、贪大求快，不搞"形象工程"和"面子工程"，着力打造各方受益的"百年步行街"甚至"千年步行街"。

步行街打造和建设很重要，管理运营同样重要。政府部门在加大资金投入的同时，也要加强政策引导，充分调动社会资本和社会力量参与积极性。人气就是商气，是步行街最宝贵的财富。政府应当聚焦开放式、互动式、体验式业态，充分调动市民参与的积极性，以源源不断的人气聚集商气。

轻资产不夜城步行街本着"突出业态创新、提升商业品质、促进消费升级"理念，着力提高商业品位、引进品牌商户，同时配套教育培训、文化娱乐、时尚书店及特色民宿等，使周边新业态呈现出百花齐放的局面。相信这些步行街将成为城市消费的名片、高质量发展的平台和对外开放的窗口。在疫情后，大力促进旅游消费的当下，各地积极培育文旅消费集群、发挥特色文旅优势，打造夜间休闲旅游品牌、挖掘步行街消费潜能等，也将提升居民消费热情，助力经济发展。

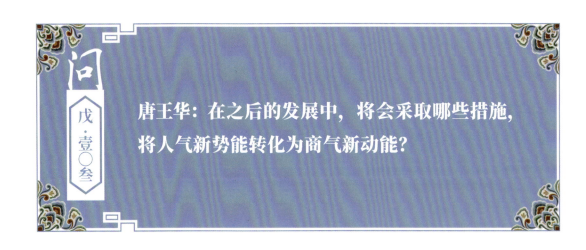

唐王华：在之后的发展中，将会采取哪些措施，将人气新势能转化为商气新动能？

刘磊 答

　　灯光造景。夜间造景是夜间旅游项目的最初级也是最普遍的开发方式。灯光仍是良好夜间旅游氛围不可或缺的基本要素，夜间景观的打造中灯彩的使用是夜间旅游的基础手段。

　　演艺活动是一个很大的范畴，目前国内大大小小的各类旅游演艺项目已经不下上百处，规模有大有小，大到投资上亿元的大型表演，小到乡间小剧场演出。演出形式也多种多样，包括山水实景剧、露天广场乐舞、室内剧场的演出、乡村小舞台的民间曲目等等。

　　商街夜市不同于以本地居民消费为主的城市商业街，景区的商街夜市如果要形成一定的吸引力必须具有文化元素作为支撑，能够充分体现当地特色。商街夜市在夜间旅游中的作用分为两种：一种是位于人文资源为主的景区之中（如古镇、古村、古城等），可以单独打造吸引力；另一种是人文资源不是很有特色的景区，商街夜市则与其他形式结合，起辅助作用。

　　在这样的场景之下，吸引来了大量的游客，我们常常说有种现象叫"人传人"，打造这样一个刺激游客消费的场景，带来大的流量的同时，提升的人气便会化为商业动能。

问 戊·壹〇肆

唐王华：轻资产不夜城中的灯光秀是最主要的吗？

刘磊 答

白天一景、晚上一秀成为旅游景区着力强化的旅游特色，尤其夜间游娱逐渐成为最具消费潜力的消费方式，同时夜游还具有完善城市旅游功能、促进城市经济发展、弘扬城市传统文化的作用。

夜间旅游首先给人一种独特的空间感，时间短而集中，空间具有聚集性的特点。利用灯光等效果，可以造就视觉上最突出、最反差的夜景。

以人文旅游资源作为依托，人为策划开发和文化特色明显是文化性的两层含义，定制主题灯光新媒体光影艺术，或梦幻，或震撼，或浪漫，打破单一夜赏模式，创造夜晚情绪极致体验。

不夜之城

　　灯光秀是文旅景区夜游成功的条件之一，但不是充分条件，如何将文旅景区做到极致化，成为一个国内知名的文旅景区，寻根溯源，要学会找方法。

　　运营前置的核心是由专业的运营团队，对项目策划定位，场景设计，施工建设，商业业态优化整合，一切以结果为导向，贯彻"谁对结果负责，谁有决策权"的理念，保证项目主线明确，关键环节高效落地。

　　为什么要运营前置？因为运营才能对结果负责。运营最了解市场一线的需求，运营最了解业态落位的需求，彻底转变重前期、轻运营的观念。项目运营方需要丰富的实战经验，具有商业、营销、演绎、推广全体系的操盘能力及强大的资源支撑，文旅运营不能是多个团队的拼盘，一定是多要素于一体的整体打造。

把前期的策划规划、中期的建设和后期的运营管理同时一体化考虑，形成闭环，运、策、设、建同步，整体整合才是保证。

因为已有前期策划规划的支撑，可以对具体的业态配比、各业态产品的数量、空间面积要求等进行提资。例如，策划阶段，决定要放置一个剧场类项目，概念方案设计之初，就可以提出项目的室内外排队等候区、预演区、主演区的容载量要求、面积要求、建筑的层高要求，在概念方案设计阶段，结合规划，一次布局到位，避免方案阶段的反复修改。

近些年，不少城市都热衷于打造特色旅游文化，其中，城市IP是最受青睐的项目之一。特别是对于三、四线城市来说，论名气、论经济、论实力、论文化等，每一项都远不及一、二线城市有吸引力，唯有通过打造城市超级IP来为自己重塑形象，进而助推城市发展，提升城市的吸引力。

在运营前置的方案设计阶段涉及建筑的平立剖，投资应细化到各个空间的具体要求，仍用不夜城类项目举例，舞台的搭建、灯光音响的设备是否到位，各项工程安排工期节点等。

不夜之城

　　17 天的时间建成东北不夜城，占地 10000 多平方米的街区，共兴建牌楼 2 个、大型灯柱 56 个、商铺花车 91 个、大舞台 6 个、互动娱乐设施 2 个、演出舞台 38 个、篝火舞台 1 个，仅用 3 天时间，完成近百个商户的招商工作，可以说这相当于其他文旅项目几年的工作量。

　　同样短短 3 天民族演员、舞蹈演员、歌手全部就位，街头表演艺术彩排完成。统筹"五一"假期，演艺 380 余场，落地完成国际首届烟花节、开街等相关工作。

　　用 17 天的时间去打造一条不夜城模式的街区，这不是一件容易事，对于效率的要求是极高的。在东北不夜城的打造过程中，离不开各个团队的呕心沥血，更离不开团队的坚韧品格。在这个过程中因为高强度的工作，我个人身体方面也出现了一些问题，如耳鸣，所以无论是对我个人而言还是对我们整个团队而言，这件事情做成，来之不易。

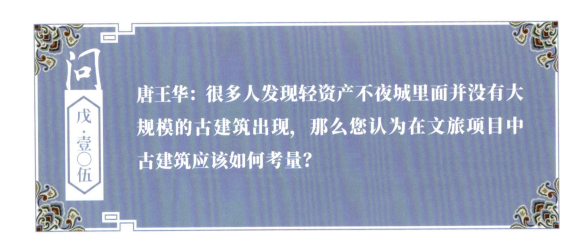

唐王华：很多人发现轻资产不夜城里面并没有大规模的古建筑出现，那么您认为在文旅项目中古建筑应该如何考量？

刘磊 答

其实古建筑很容易让文旅项目入坑，现如今我们想一想，哪个 5A 级景区门口还没有一个古镇？哪一个县城还没有一个古镇？很多领导认为自己的县城没有一个古镇古街区，好像出门都不好意思跟人打招呼了，但是现在出现了非常多的同质化。大概在 10 年前的时候，古镇刮起了一阵非常热的风，几年之内全国各地到处大兴土木盖古镇。哪个县城在过去还没有自己的一点文化，大家没有 3000 年恐怕也有 1000 年，没有 1000 年，几百年的历史也是有的。都想要把自己的文化，用最好的一面呈现出来，想把博物馆中的古董真正地还原在大众面前，还原在游客面前，从而为这个县城增加 GDP，为县域经济注入能量。

现在全国各地不统计不知道，一统计吓一跳，古镇类的项目全国有上千个，除了古镇还有很多的古国。

但是古镇时代过去了，只需要看一下古镇古街区里面售卖的产品，就知道为什么出了那么大的问题。大家看到很多古镇古街区，花了重金盖的建筑，但是里面卖小朋友玩的弓箭、水枪、弹弓，卖臭豆腐、酸辣粉、烤鱿鱼串，这些已经变成古镇的一大标配了。走到全国各地都能看到。不是说古镇古街区不能做，而是大家一定要有创新和创意。

乌镇现在做得就很好，袁家村的建筑，很多人认为是过去留下来的，其实不是，是一个仿古建筑，但是做得也非常好，也做到了极致。其实全国这一类古镇项目成

功率并不高，大多已经变成沉没成本。沉没成本大家都知道，就是把围挡一扎就不开业了，基本上就是闲置、被放弃的状态。

让我非常惊讶的是什么？就在疫情期间，很多城市还在大规模地去盖古镇，今天再去做一些没有希望的项目，没有未来，项目的失败不是在今天，是在5年前3年前，董事长做决策的那一瞬间，就注定了项目未来必死，没有结果，很多时候就是这样。今天再去做古镇古街区的话，会发现200千米之内有无数的竞争对手。我去浙江讲课的时候，当时很多江南水乡的负责人都坐在底下听课，我拿了十几张照片放在屏幕上，我说哪个是你们的江南水乡，大家都矢口否认，大家都说这不是我们，这都是乌镇的照片，最后我说一个都不是乌镇的，都是你们的。

乌镇已经占据了江南水乡心智品类第一的位置，全国人民想去江南水乡一定会去乌镇，游客搞不清楚谁是第二、第三、第四、第五，全世界的消费者都有一个特征，他们记不住第二是谁。第一个登上月球的人叫阿姆斯特朗，第二个是谁？大家记不住，没有人能记住。区域为王，今天一定要做区域细分市场的第一名，未来才能有结果，没有谁会记住江南水乡的第二、第三、第四。

今天还有很多古镇开工，其实是从地产的逻辑去做的，做古镇的一般有两类投资者，第一类是为了拿地的地产商，第二类是政府。那么地产商的逻辑是什么？是拿地，因为当地政府想要做文化、做旅游，想要 GDP 的上升，想要老百姓的幸福指数提高，有人鼓励政府去做一个古镇，结果是什么？醉翁之意不在酒，在做古镇的同时，拿走几百亩地。但是这样造成了什么结果？

其实很多这种地产企业是先盖住宅，因为不盖住宅没办法，不盖住宅盖古镇的钱从哪来？住宅盖完了，卖得好了，能贡献出个古镇，但是卖得不好了，很有可能连古镇开工都开不了。见过一个古镇，房地产商边开发地产边做古镇，干了 8 年都没有开业。政府和地产商打交道的时候，有些地产商的心理是什么呢？反正我拿了地之后，得先卖点房子。反正各有各的想法。

很多的古镇古街区，其实从质量、从外观、从体验、从场景都不达标，但是都

敢开业，为什么？尽快完成这个任务。所以今天一定要规避古建古镇的坑。可以判断的一点是什么，随着疫情稳定后的复苏，有一些热钱又会进入到文旅这个行业，古镇的热是远远没有过去的，之后会有大量的这种县域经济或者地区经济，还会上马古镇古街区项目。因为很多地方，在盘点了自己的旅游资源之后，其实都会想到文化这张牌。

当想到文化这张牌的时候，就会下意识地不知不觉地进入古镇古街区项目的怪圈。也怨不得谁，毕竟各个县域经济都有一些自己的文化，谁不说自己的家乡美，谁不想把自己的文化用街区的形式或者旅游的形式表现出来，谁都有家乡情结。但是投资有风险，需要谨慎。我过去是做古镇更新的，从8年前就大规模地做古镇更新，全国做过10多个案例，做古镇更新真的是很难的一件事。大家知道什么叫古镇更新，说得好听点叫更新，说得不好听点那叫改造烂尾盘。

　　去做这些更新工作的时候其实是非常艰难的，而且投资量要大，才能够重新再做起来。但是100个项目基本上有80个至90个是无法救的，因为古镇如果在战略、产品或者动线上出现问题，神仙难救。发现一些古镇古街区，除了拆掉一半，没有别的办法再做，这种情况就跟植物人一样，不生不死是最难受的，死了解脱了，拆了就算解脱了，但还拆不了，也救不活，这就变成植物人项目了，真的很麻烦。

　　所以我曾经反复地呼吁全国各地做文旅的甲方，古镇这一块要慎做，一定是想好再做，市场都是留给区域王者的，跟项目没有多大关系。大家看到我写的袁家村那本书，书里面也给大家说得很清楚，学习袁家村并且抄袭袁家村已经超过百个，但是谁又能真正做得像袁家村一样，谁又能不阵亡？

　　做旅游一定要差异化和新、奇、特，不怕你奇怪，不怕你做得有创意，就怕你去抄袭。全国的古镇都长一个样，很多人都觉得自己的古镇比别人的漂亮多少多少，其实不管是用材还是屋檐翘角，基本上是一样的。

前面我给大家说过一个很奇葩的现象，我去一个古镇，老板说他的城门楼做得特别好，我拿了一张门楼照片让他看，三遍才从灯笼和灯带上面看出了不同，但是建筑结构基本上是一模一样的。其实很多中国的建筑从唐宋元明清的角度看，看起来都差不多，分不清楚它们之间的差异，在老百姓的心目当中它们也都是一个样子。所以失去差异化的时候，项目就会处于非常尴尬的地步，古镇已经变成了全中国旅游的一个极大的坑。但是现在这个状况是我们无法改变的，我们只能呼吁尽量停止去建造更多的同类型的古镇古街。

之前去一个古街区看，老板非常有情怀，已经投进去了 20 亿元，就在今天还在不断地去修。在一个山沟里面不断地搭桥修路，不断地去做这种古建古街区，董事长变木匠，天天抱着木头去盖。可是雕梁画栋的时候，一定要想清楚未来的客群是谁，什么时候来，和谁一块来，这几个问题想不清楚，所有的金丝楠木、红木，任何的一种值钱的建筑材料，它盖出来的古建，未来还是建筑垃圾，还是没有超越古镇这个赛道。

第六篇

场景空间

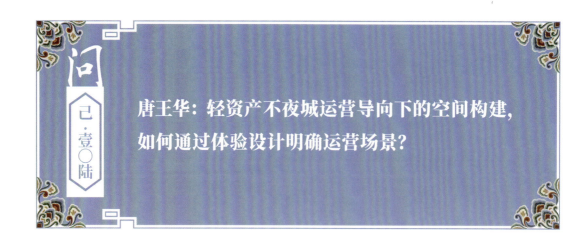

问

己·壹〇陆

唐王华：轻资产不夜城运营导向下的空间构建，如何通过体验设计明确运营场景？

刘磊 答

轻资产不夜城的整体空间场景，是运营导向前提下构建的，重点强调的是透过体验设计明确运营场景，打造 IP 化的场景形态。即旅游目的地空间、场所、文化、价值观、生活方式等集合形成的场域和"情境"，具有主题性、体验性和社群性特征。IP 化场景思维包括文创赋能、社会化创新、多业态集成以及融入周边社区发展等。通过文旅 IP 化场景将文化进行设定，最终营造与发展出满足游客对美好旅游生活期待和需要的旅游体验空间。

事实上，随着文化消费需求的增长，文旅场景的设计与运营在世界范围内已形成了一定的经验和规模。国内外各个优秀的文旅 IP 化场景案例都有着明显的独特性、共通性以及可参考性。经典的模式就是场景化商业表达，通过运用导演主义的设计理念，电影级的布景手法，场景化的沉浸式体验，以一店一色、一店一品、一店一策、一店一乐的包装，用选商和造商的模式打造全新的文旅街区。

当然体验设计需要满足四个要求，首先就是互动性，比如说不倒翁与游客之间的"牵手"就是一种很不错的互动方式。其次是游客的参与感，游客参与到了这个场景里面去。再次，不能缺少的还有娱乐化，街区节庆活动的娱乐性就很强。最后是沉浸式，轻资产不夜城的泼水节就是大家都沉浸其中的代表案例。

不夜之城

唐王华：就整体升维不夜城产品线而言，最让游客有感触的是什么？

说到这里还是两个内容：一个就是灯光的装饰，另一个就是这个行为艺术。一切的视角应跟随游客的视角。有件事很有意思，2022 年 10 月 1 日的时候，在不夜城的喷泉前面聚集了几千个游客，大家都冲着那个喷泉去喊，当成喊泉去喊。然后工作人员就告诉大家说，这不是喊泉是喷泉，但是游客都不听，继续喊，所以顺势干脆把它做成喊泉。现在大家去不夜城的时候，经常会看到几千个人在那里对着这个喷泉去喊。这就是游客视角，一切依游客视角。所以从这里，不夜城场景找了两个点，第一是它的灯光装饰，所有灯光必须做成全国唯一和独有，第二就是这个行为艺术。

当时，调研了全国 100 多场大型演艺，我们认为不能继续做这件事儿，不能做大型演艺，因为大型演艺的投资太重，但是得到的游客量并不多，也就是投资与回报不成正比。所以在这些演艺的基础上，取其精华做了一件什么事儿呢？就是街头行为艺术，把行为艺术和奋斗的行为艺术以及文化的行为艺术相结合的一个具有力量的场景，所以在这里，大家可以看到灯笼仙子是有很多传播的。很多广东的游客、云南的游客千里迢迢过来，就是为了看看灯笼仙子，或者就是拍一张照片。

有的人可能对场景不太了解，不知道场景是什么，其实大道至简，可以一句话告诉大家，场景就是让游客眼睛以及心智吃饱的那个东西，也是让手机吃饱的那个东西。现在做文旅，第一个工作就是必须让游客的手机先吃饱，这是核心的核心，手机都吃不饱，那说明没有任何场景能够留住游客的心和念想。

什么叫场景错配？有一对夫妻晚上带孩子非常累，孩子要上厕所，妈妈就拿了一个王老吉的瓶子，让小朋友撒尿撒到那个瓶子里面去了，然后就把瓶子顺手放在了床头柜上。

第二天早上，爸爸起来了以后，感觉口渴，顺手拿起那个瓶子就喝了，他一喝就觉得不对劲，说这王老吉防腐剂不够啊，这个东西怎么喝起来一股怪怪的味道，变质了吗？

这就是场景错配，导致发生了心智混淆，看上去它是一个王老吉的瓶子，实际上里面不是。所以现在做文旅，就必须把场景做对做足，能让手机吃饱。手机吃饱意味着什么？意味着游客愿意吃、足够吃，这个时候才会花钱。我们最大的感触就是做文旅首先要做一个特别强大的场景，场景是带来游客的关键武器。在重新定义第三代不夜城的过程中，最大的感触就是世界上没有一个文旅企业弱小到不能去竞争，也没有一个企业强大到不能被战胜，任何项目和企业，只要努力都会拥有春天。

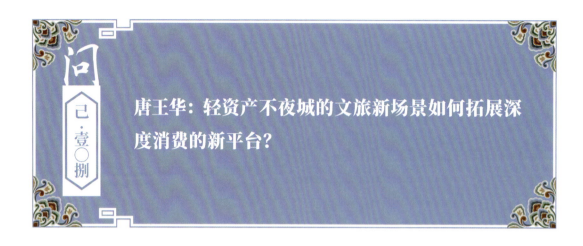

唐王华：轻资产不夜城的文旅新场景如何拓展深度消费的新平台？

现阶段正处于体验经济时代的转折点，游客关注的重点从无到有，到今天开始追求特色体验，旅游作为文化的载体，让文化变得更接地气。以东北不夜城、宋城、迪士尼乐园为代表的旅游演艺、主题乐园类景区，越来越受到年轻群体的青睐，这些景点通过场景化、品牌化、故事化、IP 化的表达，获得大量关注和消费。

317

不夜之城

新一代文化旅游产业与互联网、大数据、人工智能融合发展，数字经济成为产业转型升级的重要引擎，数字化、智能化也渗透到了文旅产业的服务、管理、体验、营销等各个环节。

文化的最大优势在内容，旅游的最大优势在场景，不夜城的食坊，就是从文旅发展的思路出发，以文化作为内容核心，也就是文化母体，吸引了一大批游客争相打卡拍照。又将城市文化变成可视场景，文化艺术与旅游合作呈现新场景，提升"游览观赏、文化交流、美食、交通、住宿"全方位体验，很好地满足游客们的多元化需求，从而推动整个文旅市场的进一步发展。

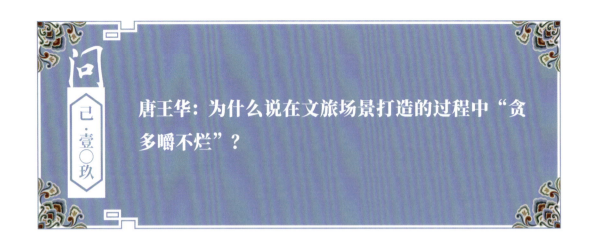

问

已·壹〇玖

唐王华：为什么说在文旅场景打造的过程中"贪多嚼不烂"？

刘磊 答

贪多现在已经变成了一个普遍的现象，或者叫它贪婪，为什么呢？现在很多的文旅教科书，包括很多策划案和规划案都过于烦琐抓不到重点，前面曾经给大家讲过一个案例，有一个老板他光策划和规划就花了1.18亿元，73个策划案和规划案摆在他的案头，但是把这些册子都翻开静下心来看的话，发现了全部的策划规划最致命的一个问题是什么？73个册子描述旅游的时候都是这样说的，说旅游就是吃、住、行、游、购、娱、秀、养、学、闲、情、康，从字面上理解当然没有问题了，但这又是正确的废话。

反过来想一想，全世界有哪一个文旅企业，可以做到吃、住、行、游、购、娱的绝对闭环？迪士尼也做不到，谁也做不到，因为每一个文旅企业都是缺资源的，不可能做到样样俱全，样样都好。

大家仔细观察所有成功企业的逻辑，特别是成功文旅企业的逻辑，会发现一个秘密，什么秘密呢？

都是把一个事做到极致。大部分的全球500强企业都是靠一个产品变成500强的，旅游不要挖池塘，而是要打井，当你打到100米的时候，可能只打到一点水，当打到1000米的时候，可能打到了煤炭，打到5000米的时候或许会打到石油，就是这样子，井挖得越深越聚焦的时候，项目就和别人不一样了，就聚焦升华了。

这个时候别人是竞争不过你的，因为挖得越深，企业的护城河越深，别的企业

面对你的时候是没有优势的。

很多人不知道成功的逻辑，不知道核心的关键点，只模仿了一个壳子。这就是没有学会走路的时候，就想跑了。现在 1 亿元的资金，就想要撬动 10 亿元的投资，撬动 100 亿元的产业。谈到旅游带来的益处的时候，大家都知道一年 300 万的客群会给县域经济带来多少好处，但是核心是谁能做得到？前两天我去了一个城市，这个城市的 GDP 还是比较高的，是老工业城市，我们是作为智囊团队去献计献策的，没有发言之前，有一个科技专家首先发言了，他的发言我觉得基本上是无根之木。

他说了什么？说这个城市一直以来都是工业城市，这两年发动机各方面搞得不错，但是今天一定要给你们说，有一件事现在最赚钱，干了的话，这个城市就可以腾飞了。领导就问啥事，然后专家就说，做芯片，一定要做芯片，现在很多企业缺芯片，华为都缺芯片，芯片形势是一片大好。那么领导就问芯片怎么做？专家说怎么做我不知道，你得再找人。

很多项目都是这样子，在前面做了一个很大的规划，做了一些这样那样的设想，往往贪大求多，反而容易出现问题。芯片谁都知道，现在小学生都知道中国缺芯片，但是怎么造出来是一个关键，没有金刚钻，揽不下这瓷器活，一定要务实。

以前看过一个非常大的湖，很有特点，占了城市 1/3 的面积。这个城市想要把湖域经济打造成一个出圈项目，一直不断地包装，这个城市的湖边连地产都没开发，

不
夜
之
城

一直投入了将近 10 年的时间，之后湖边有饭店、酒店、游乐场等，该有的都有了，就是按照吃住行罗列的。见到领导时，领导说你看将近 10 年的时间，我们一直按照文旅教科书教的在做，书里面说了，做旅游要有吃头，有拜头，有喝头，咱都干了。

但是把整个湖域调研完之后发现，哪一个要素都干了，哪一个要素都没有干到省里的第一名，或者全国知名的维度，都是一些比较平庸的产品。做个酒店有什么用？依靠酒店就可以单独把游客吸引过来吗？哪一个酒店可以把 300 千米之外的游客吸引过来？

开了个游乐场，希望游乐场成为全省的消费点，结果可想而知。当然有些维度高的，像长隆动物园当然可以做到全国消费，但是你就投那点钱，只是做了一个区域配套，也就是面对本地市民，这样的维度怎么行？可能另外有人再开个游乐场，你就没生意了。这个城市打造了区域文旅湖，打造了非常多的所谓的旅游产品，但是这些旅游产品总体上没有核心的抓手，没有核心吸引物，只是搞了一堆赚钱的工

具，集将近 10 年之力投资了 10 多亿元，一直都做不起来，出不了这个城市的圈，更别说出这个省了，没有做出过真正的贡献。所以今天在做旅游的时候，一定不要贪大求多，一定要务实，先把一件事儿做成全国或者全省第一，之后很多其他事情就都豁然开朗了。我们在做东北不夜城的时候，是不做第二名的，战略目标很简单，现在只要是锦上添花愿意去干的项目，都要抢占区域的第一游客量。如果一个城市有 5A 级景区，我们一定会给自己树立一个目标，我是 0A，但要比 5A 级景区的游客量多，当给自己树立一个坚定的信念和目标的时候，所有的行动轨迹、所有的资源，就会围绕着标准和目标去展示去配置。

这时项目会离目标越来越近，项目的战略就会产生很多好的结果，所以要敢于对标优质项目，定好自己的目标，并朝着这个方向一步步前进。

做旅游的时候要更多地务实，当然在项目创作的时候，一定要天马行空，一定要有做到全世界级、全国级的这种创意。

　　但是在务实的时候，一定要认识到一件事，最终给你掏钱的人他叫游客，他需要的是什么？他需要的绝对不是广度，而是深度，他需要的不是产品，而是爆品。

　　小区门口有卖包子的，有卖炸麻花的，有卖豆腐脑的，有卖臭豆腐的，有卖冒菜的，但是这些是产品，真正做成爆品的时候，才能够到全国各地去开店，才能够在全国各地崭露头角，所以今天的旅游不是在于项目有多大，而是在于做多深。

　　做文旅项目要精不要贪大，去年新疆有一个老板，他可能也是害怕我不去，拿占地大这个事来诱惑我，当然我也没经得住诱惑。他跟我说，刘老师你一定要来我这儿，我景区占地 1 万亩，我一听说 1 万亩的，这太厉害了，我一定要去看一看。

　　所以怀着这种好奇心，我就去了新疆，老板开车开了 4 个钟头，开到戈壁滩

和沙漠交界的地方，在这有 1 万多亩地，我说你这个地的价值是什么？你多少钱拿的？他说我这地不到 1 万块钱拿的。盖出来的古镇连瓦片都没装，为什么没装？戈壁滩上风太大，把瓦都给刮没了，真的是能把石头都刮走的一个地方。贪大求多，大到这一代人，甚至下一代人可能都没有办法把这个项目真正地做好，这就成了现实问题。

不夜城塑造了流光溢彩的灯光，这些灯光能不能起到很好的效果？很多城市做了灯光，平时不开，春节的时候开一次；很多的地方做了灯光，但是各种灯光都做，什么都做，最后没有了重点，失去了项目初心。

今天发现很多古镇古街区在出现问题的时候，就拼命搞节庆，要么搞个花灯节，

要么搞个庙会，要么搞个美食节，要么搞个鲜花节，搞到最后迷失了自己，消费者都搞不清楚你是干什么的。当项目迷失了自己的符号，消费者都搞不清楚项目是干什么的时候，就会出现场景的混乱，场景的混乱就会造成人、货、场的不搭配。人、货、场不搭配的时候，交易就不能有效完成。比如我买瓶水，就希望在小超市买，买点熟食、鲜果，就想赶赶大集，买件名贵衣帽，才愿意到购物中心，这就是不同的场景需求，需要人、货、场的匹配。

今天消费者的要求和他们对美好生活的向往更高了，消费者一直存在，但是当他对你的消费场景不再满意的时候，就可能会出现极大的问题，所以为什么不夜城要升级？最早的一代产品可能就是集市，之后有了步行街，而后又有了主题步行街，主题步行街之后，现在又要做夜经济步行街、要做不夜城，未来还要做更好的新一

不夜之城

代的产品，原因就是消费者的要求越来越高。

所以今天在做旅游的时候一定不要贪大求多，一定是要面对今天的客群，针对性做一件事。不要还拿着过去的思维，做一些量大质差的东西，这和现在的市场要求、人民对美好生活的愿景背道而驰。

所以在做文旅项目的时候，一定不能贪大求多，一定要想好什么是核心吸引核。这个时候做出的产品才能真正地排他，而排他型的项目才有可能在未来出圈。

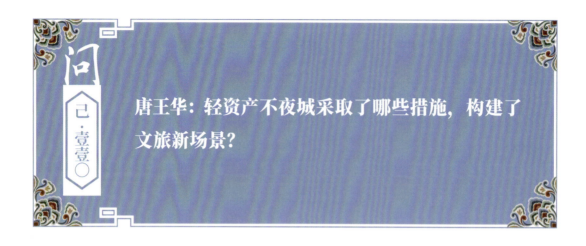

刘磊 答

首先最大的措施就是改变认知，就是改变了原有的对于文旅的认知，文旅不是
片面地做"吃、住、行、游、购、娱、秀、养、学、闲、情、康"，而是需要聚焦
一个品类并且深入地挖掘下去。其次是要勇于放弃不应该做的事，之前的东北不夜
城只是车行道，无法做到让游客在这里驻足消费，所以在重新定义的时候就要勇于
放弃车行道。再者是在做文旅的时候需要重新认知，比如要重新认知不夜城，敢于
重新定义不夜城，这个时候也就获得了成功。最后就是定战略，对战略以及产品进
行重新梳理，打造新产品并且制造爆点从而带来"大流量"，不夜城里面的行为艺

不夜之城

术表演自带流量，再通过模式化、运营前置和营销自播，为这条街区不断带来新的流量，正是这些措施，在重新定义不夜城的时候构建了文旅新场景。

美丽的不夜城，如今已经给人们留下了深刻的印象，如不倒翁小姐姐、璀璨绚烂的灯光。

广阔的道路给了人们更多的空间去驻足，去欣赏美景。演出增多，也是不夜城的一个文化亮点。不夜城每隔几十米就能看到不同形式的音乐演出、民谣演出、敲击乐演出、街头艺术、行为艺术等。配合着华丽炫酷的灯光，使整个街区不仅时尚感倍增，也变得更加亲民，小小的一方天地变成了炫彩夺目的舞台和展示自我的天地，各种舞台音乐表演、风格迥异的街头演艺，宛如一个盛大的音乐节。还有不同的小吃、小礼品，以及小丑巡游、天使巡游等，带给来到这里游客的只有音乐、艺术、美食和快乐。

场景的改变首先需要激活文化，不能让文化只是存在于城市的博物馆里面，而要让游客们看得见摸得着，有深刻的文化体验感。其次要激活 IP，打造属于自己的 IP，就像迪士尼打造的米老鼠 IP 一样深入人心，全世界没有几个人不知道米老鼠。再者是激活心智，抓住游客的心智才能留住游客的时间，从而获得游客的心智账户。最后是激活传播，红黄相间的街景、出行的队伍、古代服饰的美女，这一切都让人们忘却现代的烦恼，沉浸在街区的氛围之中。

问 己·壹壹壹

唐王华：中国古建筑中有一种很实用的榫卯结构，是在两个木构件上通过凹凸部位连接的一种方式。由于连接构件形态不同，由此衍生出千变万化的组合方式，使中国古建筑达到功能与结构的完美统一，充分体现了中国古人的智慧。这种榫卯结构的智慧，对于构建文旅新场景与深化文旅融合发展具有怎样的启示？

刘磊 **答**

榫卯结构是我们祖先在建筑上面的一大发明，转化到文旅中来看，榫卯结构更多代表了融合，做文旅其实就是在做融合。以前的媒体报道中，经常能看到景区"欺客"的现象，要么吃到了不好的食物，要么就是宰客。其实榫卯结构和文旅一样，是商家、游客、管理方这三者之间的一个融合，也就是常说的无缝连接。

文旅新场景是指坚持以文化创意为引领，以满足游客新体验需求为导向，通过文化创意设计，打破原来文旅产业的边界，把"以人为本"融入人的生活方式，构建形成的一种场景、情景和意境。文旅新场景是体验经济的典型代表，将创造极致体验的新空间，拓展深度消费的新平台，传播旅游文化的新载体。

文旅新场景将成为文化和旅游融合发展的动力引擎。文化是内容，旅游是载体，

329

不夜之城

科技是手段。场景理论则提供了研究城市转型发展的新思路。无场景即无体验，多元化场景演绎着多元化体验，甚至重新定义了城市发展。

构建文旅新场景将成为当地文化和旅游融合发展的新坐标，全面激活和整合城市的文化旅游资源和公共服务资源，推动区域衍生更多产业链上下游业态和企业。

随着国内经济发展进入新常态，各行业发展进入深水期，创新和精细化运营成为行业进一步深化发展的新动力。在体验经济时代，文旅新场景将满足消费者更高层次的体验需求，通过文化创意设计，打破旧有文旅产业的经济模式，回归人本与传统文化，构建全新的经济发展新动力，最终也将促进自身行业迎来新的发展期。

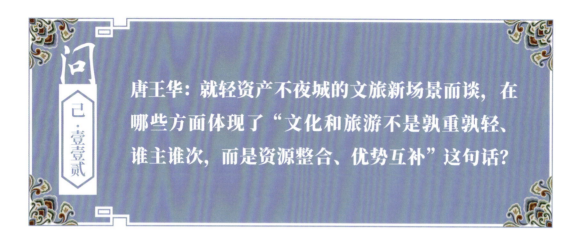

唐王华：就轻资产不夜城的文旅新场景而谈，在哪些方面体现了"文化和旅游不是孰重孰轻、谁主谁次，而是资源整合、优势互补"这句话？

刘磊 答

　　轻资产不夜城的火爆，充分说明了一个问题，那就是中华传统文化进行升级之后完全可以战胜外来文化。不夜城的不倒翁小姐姐，在短视频平台上面非常火爆。不倒翁小姐姐的影响力，已经远远大于了文化加旅游的力量，这不是一加一等于二的简单相加，其所体现的独有优势，引发我们思考，文旅是融合吗？看来并不是简单的相加，也不是深度相融，因为文化和旅游不是孰重孰轻、谁主谁次，而是资源整合、优势互补。

不夜之城

  自古旅游和读书就融合在一起，崇尚读万卷书行万里路；文旅产业的金山银山之道，除却房地产商开发的各种小镇街区模式外，文旅发展更要会讲故事，因为看不见的是文化，看得见的是旅游，合作发展而出的新物种就是IP，继而成为品牌，占领了游客们的心智。

  从大处说文化复兴在行动，从小处讲文旅发展正繁荣，文旅产业可谓是"绿水青山就是金山银山"的战略抓手，谋定而后动者理应知其先后，在文旅产业破局之道上越行越远，不失为一道这边独好的风景。

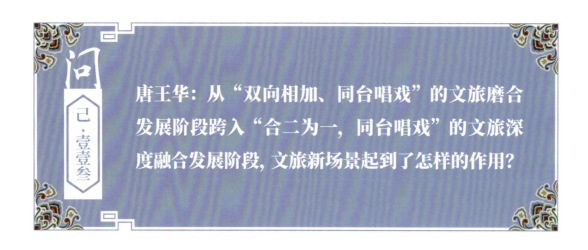

唐王华：从"双向相加、同台唱戏"的文旅磨合发展阶段跨入"合二为一，同台唱戏"的文旅深度融合发展阶段，文旅新场景起到了怎样的作用？

刘磊 答

文化产业和旅游业已经上升到了国家战略的层次，文旅地产便是依托文化旅游产业的，这几年来可以说是奋勇突起，自然而然地也随着时间进入地产的白银时期。在现如今这个房地产行业平均利润率不乐观的大背景下，多元化跨界合作发展就成为大多数房地产公司的生存选择，因为文化旅游地产能够增加体验感和互动性，带来更大的流量，已经跃升为房地产市场的重要板块。

当然，投资者还是要明白，首先这是"大势所趋"，也就是整个市场大势是往这个方向发展的，是市场导向决定着展现形式。一个文旅综合体、一个景区或者说一条步行街，它们的发展一定是自然而然的，一定是由文旅市场的导向决定的，一定是自然而然的场景。

对于一座城市的文旅地产而言，首先是旅游度假的集聚效应。例如，迪士尼乐园，2019 年去上海迪士尼游玩的人数是 1100 多万人次，由此使地价产生了巨大溢价，文化占位很重要，没有文化就没有了地域区别，没有区别自然就没有了价值。

服务质量的高低，关系着旅游产业的可持续性。而面对南来北往的游客，度假区的服务是最为烦琐，也是最与国际接轨的。这对于提升整个城市的服务精神和服务理念，起着良好的带头作用。所以在发展文旅不断提高附加值的时候，也不能忽略最为基本的服务质量，这是可以直接让游客们感受到的体验，其实也就是生活中常常说的"一定要留下一个好印象"。有了好的印象，才可以让这里变成游客们多

不夜之城

次到达的地方，而不是传统意义上的一生只去一次的地方，低频变高频，弱需变复购。所以说文旅新场景，第一，起到了吸引游客的作用。不夜城晚上演艺开始的时候，比如说泡泡舞台的表演开始之前半个小时，那个表演的场地就已经被游客们围了起来，就等着观看表演。还有很多游客是在短视频平台上面看到之后，就想到现场感受体验一下，演艺场景为不夜城吸引了大量游客。第二，留住了游客的时间。做不夜城就是在做夜经济，往常人们一天中的消费时间基本在下午五点到晚上八点，而在夜经济的影响下人们的消费时间会延长到晚上十二点甚至更晚。第三，为商户带来了效益。留住了游客的时间，游客在不夜城的消费行为就会增加，自然就会给商户带来更多的效益。第四，对价值进行了赋能。文化赋能旅游打造出来的产品更能占领消费者心智。第五。赢得了传播，不夜城自带传播，游客将这里的场景拍成视频发布在短视频平台上面，会让更多的人看到这里的新场景，从而被吸引前来打卡。第六，传播了整座城市。"一人兴一城"不只是带火了东北不夜城，更是让梅河口在人们的印象中产生了新的变化，对城市起到了更好的传播作用。

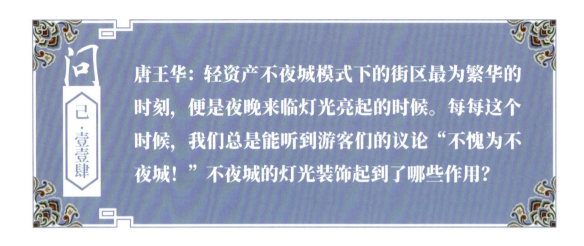

问 己·壹壹肆

唐王华：轻资产不夜城模式下的街区最为繁华的时刻，便是夜晚来临灯光亮起的时候。每每这个时候，我们总是能听到游客们的议论"不愧为不夜城！"不夜城的灯光装饰起到了哪些作用？

刘磊 答

335

不夜城的灯光展现出了时尚与传统的交融，渲染出了一个盛世街区的景象。亮起璀璨的光彩，一步一景中的不夜城，有时尚摇滚、传统花灯，还有熙熙攘攘的游人，每一步走过，心中都感叹着夜色与意境的美轮美奂。走在树枝灯笼与街心彩灯的不夜城街道，两侧有美食、传统工艺品，还有来自世界各地的玩意儿。说起灯光装饰起到的作用，首先就是打造了核心吸引物的路径，每一段行走，都会遇到不同的舞台，有活力四射的年轻歌手，也有音韵优美的乐者，还有异国青年歌唱，也有彩车巡游及大型实景舞台剧。

灯光主要起到了氛围烘托的效果，也就是打造不夜城的场景，需要通过灯光营造出这样的大氛围。在这种大氛围之下，不夜城才能更加容易地打造出小场景，然后十步一景层层递进，引导游客们体验，这就是灯光装饰起到的第二个作用。突出不夜城的辨识度，不管从哪个角度只要是看到光束灯就能认出这是不夜城。还有就是照进游客的心智，既然是不夜城，那么首先就要让这条街区亮起来，用辨识度照进游客的心智吸引他们前来。记得在打造东北不夜城之前，我有一次来到现场，马路上没有什么人，好不容易遇到一个小姑娘，想去采访她两句，结果小姑娘的防备心很重，还以为我是坏人。后来解释清楚之后，小姑娘开口第一句话就是："这里一到晚上太黑了，每次一个人走过，都很害怕。"

那个时候我就决定，一定要让这里亮起来，照亮街区，从而让这里变成整个东北的一道亮丽的风景线。最后就是不夜城的文化母体，传播的核心就是文化母体，因为文化母体是家喻户晓的东西，所以依托文化母体才容易被游客接受。也就是说在做文旅项目的时候要懂得取势，家喻户晓的人人知道的东西就会形成势，激活之后会产生很强的动能，取势顺势而为。

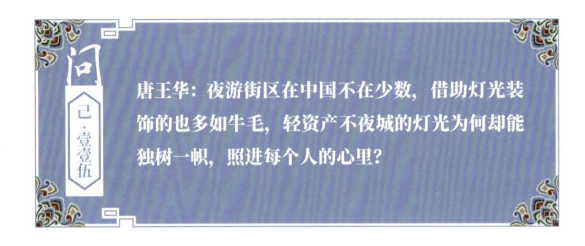

刘磊 答

因为不夜城进行了文商旅地的跨界升级，打造了自己的文化IP。针对不同的项目做法不同，根据核心文化的普及程度，IP培育时间长短自然也是不同的，但一些核心手法是万变不离其宗。首先就是灯光的聚焦，点亮城市的夜经济，商业步行街区融合城市文化，从而让文化激活城市。不夜城商业步行街，从文化创意到落地执行，从文化活动到文创产品，从文化演艺到特色风情，始终坚持"以文化为核心，以旅游为依托，以融合为手段，以体验为目的"的理念。同时，以特色文化为背景着力打造集购物、餐饮、娱乐、休闲、旅游、商务于一体的开放式商业步行街区，让城市文化赋予街区人文魅力。并且商业步行街区融合丰富业态，彰显开放多元的特色。

艺术装置构建、艺术灯组陈设、艺术建筑点亮、艺术作品展演等，让整条街美轮美奂、充满艺术气息。不夜城还融合了网红思维，以创新视角和网红传播理念，打造网红艺术装置，让文化融合艺术，让艺术吸引流量，荷花仙子、灯笼仙子、悬浮诗人、泡泡电音节、泼水节、篝火晚会等一个个网红艺术装置和街区节日，引发抖音等多媒体平台和游客的强效传播，为街区带来巨大的流量。

轻资产不夜城照进了游客们的心智，占据心智，占据唯一、差异化，就是占据了市场。占位相对于规划策划而言，是格局更高的文旅思维。占位本意是战略上的一个词，占住一个位置，占住一个品类。品类是什么？品类是品牌之母，当没有品类的时候，品牌也就灭亡。曾经的诺基亚非常强大，但是模拟机消失的瞬间，诺基

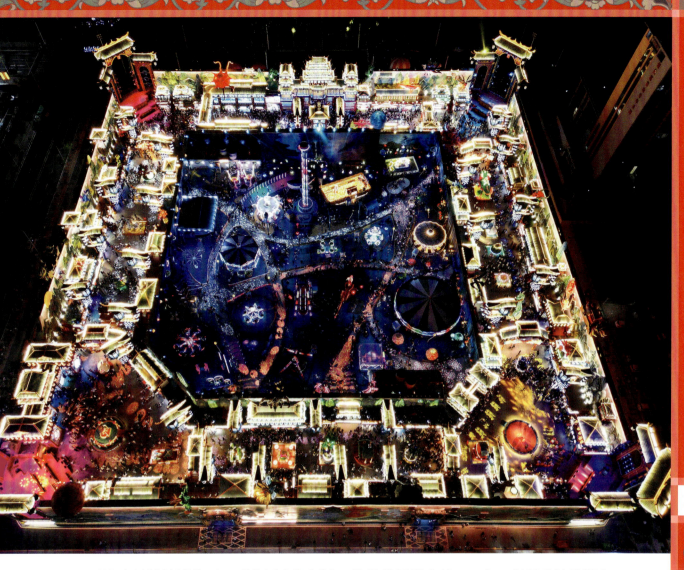

亚这个品牌就消失了。"黄巨人"柯达，胶卷曾畅销全球100年，但是当胶卷消亡的那一刻，柯达这个品牌也就烟消云散了。方便面这几年被谁冲击了？显然，外卖冲击了方便面的市场。所以，必须站住一个品类的位置，变成一个品类的代名词，这个时候就会立于不败之地。

宁波汤圆按理来说是全国老百姓熟知的产品，是很好的食品与特产，但是宁波本土汤圆的市场销量并不理想。其主要原因就是品牌没有占位。

思念及三全是河南有名的生产速冻食品的企业，宁波风味汤圆更是其热销产品，在速冻食品年销售额就上百亿元，而宁波当地的知名汤圆企业一年仅有一亿多元的销售额。河南的思念及三全之所以有如此高的销售额，就是不断地从占位角度向市场发起冲击，影响顾客心智。品牌认知占位一旦形成，效果是立竿见影的。

可乐是什么？可乐是加气的糖水。但是为什么它能够火遍地球？这背后的逻辑其实就是美国文化。现在一提起熊猫，大家都认为是四川的代名词，但是大家不知道的是，陕西也有熊猫的。陕西的熊猫是"秦岭四宝"之一，数量也不少，因为占位的关系，通过不断的宣传，四川完成了熊猫的占位，而陕西也意识到了这个问题，近些年开始加大营销宣传的力度，试图去弥补这一占位的缺失。

好莱坞曾经多次用中国的元素去做美国大片，花木兰、功夫熊猫、秦始皇等中国人物或形象频繁在好莱坞电影里出现，这就是美国人惯用的占位逻辑。

一条商业街区的打造，要具备充分的文化底蕴，要具备"挖掘文化，展现文化，延展文化，体验文化，感受文化"的思路，在此基础上，赋予街区活动、演艺、美食、视听等多元的展现形式。从街区的文化创意到落地执行，从街区的文化活动到文创产品，从文化演艺到特色风情，要坚持以文化为核心，以旅游为聚焦，以融合为手段，以体验为目的，以商业为彰显，以创新为导向，对文化进行充分挖掘和创新彰显。

成功的商业步行街区，一定是开放的、包容的、多元的、融合的。因此，项目要以开放的姿态、多元的业态和融合的形态，对商业街区进行打造。

街区分布要开放通畅，所有建筑、文化、演艺、艺术、美食、音乐等，各业态呈现多元分布，通过街区景观与建筑的融合、商业与文化的融合、艺术与演艺的融合，

不夜之城

形成商业街区的特色基因。以民俗的彰显赋予街区深厚的历史底蕴和人文气息，以旅游的展现赋予街区丰富的商业构建，以"旅游＋民俗"的形态，赋予街区强力的文旅势能、欢庆氛围和节庆效应。通过旅游的形态，把丰富多彩的民俗文化融入旅游形态中，让民俗文化更具活力。通过民俗的融合，把创新的旅游业态植入民俗文化中，让旅游业态更多彩。商业街区的民俗构建，通过旅游的形式，展现形式丰富、形态多彩且极富特色的民俗文化，开创"旅游＋民俗"的商业模式，让旅游与民俗完美结合。

商业街区离不开特色美食的构建，因此，要聚焦街区整体空间，融合美食思维，通过场景化的打造，聚焦全国美食、地方美食、特色美食和网红美食等，形成典型性的美食聚焦的商业街区。通过爆点思维，打造创新型美食商业街区。通过充分挖掘商业街区多元文化，打造城市文化、历史、创新和特色的文创产业，通过创新创意的思维，构建符合商业街区特色和适合街区可持续发展的文创产业，进而促进无限的商业延展。

标识性的核心文化挖掘过程就是搜集在地文化，整理文化脉络，抓取文化亮点，

找寻文化差异的过程。核心文化可以与别的项目相仿，但一定要抓取能够产生差异化的点，这将会成为未来的核心竞争力，当然可能是一点，也可能是好几点，可以进行有机组合。

核心文化的立体打造。差异性的文化亮点抓取出来后，就要从多维空间思考，如何将文化展示出来，平面上如何表示，空间上如何表示，在时间线的进程上如何表示。是要赋予文化什么样的调性？平面化？拟人化？体验化？不管怎样，都要根据文化的特征进行研究选择。

围绕核心文化创造出来的旅游产品，必然是为游客服务的，那么就要考虑其在旅游要素上如何展现，"吃、住、行、游、购、娱"，除了项目地外交通无须特别考虑，项目地内的这六大基础要素，要如何体现核心文化，也是一个需要深入探讨的事情。

不夜之城

  前面所述的在策划过程中都确立好了之后，就会进入建设与运营阶段。一个项目的生死，运营非常关键，很多文旅没撑多久就死了，或者口碑下降，这锅都是不公平地甩在运营头上的。尤其是文旅 IP 的运营至关重要，运营的手法、运营的时效、运营的变化都将决定 IP 的生死。

  总体来说，一个文旅 IP 的打造，从头至尾都要做好管理工作，进入运营之后的管理会无止境，相对静止、绝对运动的管理方式是项目长久延续的法宝。至于何时可以停止，取决于你何时不想要这个 IP 了，也正是因为不夜城拥有自己的 IP，有自己的核心，所以灯光才可以照进每一位游客的内心，而对于游客而言每个人的心智都有一盏明灯。

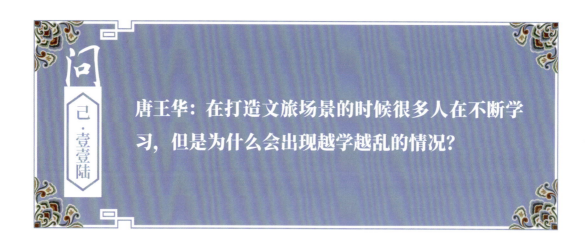

唐王华：在打造文旅场景的时候很多人在不断学习，但是为什么会出现越学越乱的情况？

刘磊 答

乱学习是一种怪象。我认识一个老板，学习的费用花了近 2000 万元，啥都学，今天学宋城，明天学迪士尼，全国几乎和文旅相关的课程全部学完了。学习之后就乱折腾，折腾到最后自己迷失了方向，搞不清楚自己要干什么了，一谈到旅游却头头是道。有一次和一个老板聊的时候，发现他能够精确地说出袁家村关中街上每一个商户的营业额和每一个商户的姓名，研究得非常深，结果自己的旅游做不起来。

前一段见了南方一个规划院的院长，他拿出一本厚厚的册子，说是破解了袁家村的奥秘，我说什么奥秘？他说你看地上铺的是什么砖，有几种，距离是什么，怎么勾缝的？然后墙上是什么砖，瓦是什么，怎么回事，有几种？树木大概有几种？磨盘是什么样子？等等。做了 500 多页的一个大册子，学习得非常极致，就是认为自己破解了袁家村的奥秘。但是实际上，袁家村核心不是这些所谓的建筑外观，最主要还是袁家村的组织架构和平台的逻辑，人在事前，把这一套系统做到了极致，产生的力量和建筑规划没有太大关系。如果去乱学习的话，就会出现什么结果？方向不对。

今天很多旅游的投资者或者从业者出现了很多的问题，问题出现在哪里？文旅行业最缺学前班的教育，学前班的教育就是老师会告诉小朋友说你不能动那个火，那个火会烧人，你不能动电，电会电人，你不能动那个水，会给出很多这种要规避的提示。

不夜之城

但是旅游这一块恰恰缺失一个学前的教育，很多老板毫无顾忌地几亿元、十几亿元的资金就砸下去，结果产生很多的问题，因为他不明白哪个地方会出问题，结果处处出问题。项目踩了 30 个坑或者 20 个雷的情况非常多。学习这一块，要客观地去学，不要带有主观意识，要学习丰富的知识，更要有选择性地去学习，直接的抄袭只能毁项目。

老记那么多笔记，最后也没有太大的作用。任何一个学习都是因地制宜、因人制宜的过程。学习非常重要，但是不要盲目地学习，要精确地打击。今天我们看到手机移动互联网，垃圾信息多得不得了，当大家看了太多垃圾信息的时候，意味着什么？意味着会失去自我，失去自我会产生很多的问题。比如说我讲过很多课程，很多人也在学我，最后还是我讲什么他也讲什么，他自己不能主动理解问题，所以学以致用非常重要。

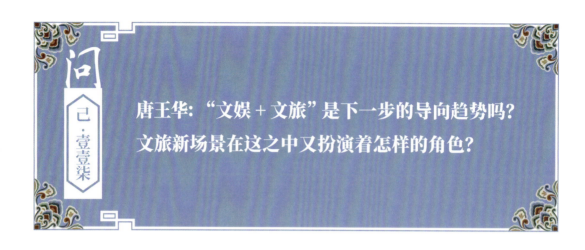

问

己·壹壹柒

唐王华:"文娱 + 文旅"是下一步的导向趋势吗?
文旅新场景在这之中又扮演着怎样的角色?

刘磊 答

　　"文娱 + 文旅"成为一个新的行业热点,被两个圈层的人热烈讨论。不少人表示,在文化与旅游融合的大背景下,旅游与文娱产业之间的界限被打破,文旅与文娱产业的不断升维已成为必然趋势。

　　"走马观花"的旅游已经难以吸引游客,此时需要有新的东西来调动"胃口",于是文娱被加入泛文旅场景之中,大马戏、音乐剧、夜间表演、节庆盛典秀……诸多文娱内容开始在泛文旅场景中频频出现。

　　这种赋能并不是单向的,对于文娱内容来讲,也需要景区、主题乐园等文旅场景,来帮助其多方位呈现,与文旅结合已经成为不少文娱公司新的发展方向。音乐内容

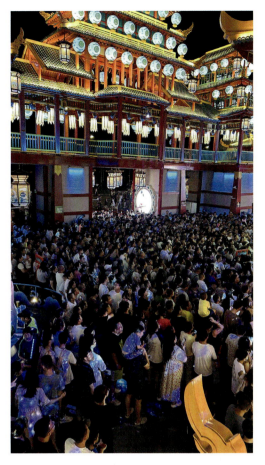

本身具有强烈的社交属性和极强的场景演绎空间，自带可观的流量，这样的优势使得其赋能文旅的优势突出，对于音乐内容或者泛文娱内容而言，当它的发展空间延伸到线下场景和文旅市场时，必须进一步结合在地文化和优秀创意。

在文娱文旅融合的过程中，新媒体技术也在发挥着越来越重要的作用，它能够赋予文娱文旅作品变幻莫测的艺术魅力和炫酷、震撼、新奇的视觉效果。文娱文旅的结合，绝不是简单的 1+1=2，在这个过程中，需要既懂文化演艺又懂旅游、横跨文旅文娱的运营人才和企业的参与，所以说在打造文旅的时候团队的配合显得至关重要。

常说的"跨界"，我更愿意给它定义一个词，叫"合作"。"跨界"就是从原来的领域到另外一个不同的领域，但是不夜城作为一个文旅产业，是一个开放的场景，所以对于不夜城来说再多的东西，其实都是融合。无论之前是什么样的，但是现在到了不夜城，那么一定是需要多元合作从而体现到不夜城的模式之中去的。

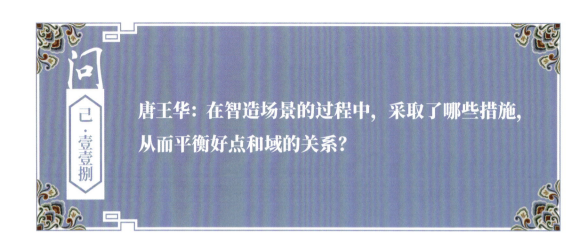

唐王华：在智造场景的过程中，采取了哪些措施，从而平衡好点和域的关系？

刘磊 答

点动成线、线动成面、面动成体。在我看来这同样适用于文旅之中的智造场景，也就是景区一定要动起来，就是要拥有活力。

轻资产不夜城是一个大的场景，像是"盛世天街"一样，其实场景智造一个在于大场景，另一个在于小场景。在大的场景下面做小场景，每一个小的场景里面将民俗的节日融入单点里面去，而这些单点由游客体验，也就是要存在互动。以前的演艺，就是游客坐下来看演出，观众是静态的而演员是动态的。现在反了过来，将演员的小场景转化成了静态的，而观众则变成了动态的，也就是说需要转换角色。

要处理好点和域的关系。景区是点，是全域旅游的核心资源。所以先要树立全

不夜之城

球视野，然后围绕其打造核心吸引物，做大做强精品旅游景区。不夜城总是推广核心吸引物，比如说不夜城的行为艺术，就是吸引点，说得更详细一些，最吸引最突出的就是一人兴一城，拥有很高的赞誉。

要抓好全域旅游资源整合和基础设施、服务设施配套，推动文化旅游资源向精品线路整合、文旅公共服务向精品线路配置、文旅市场监管向精品线路覆盖，打造体验导向型精品旅游产品线路。

同样来看不夜城的体验感，梦回东北，这体验感还不够强吗？有动有静，动静结合。灯光营造的氛围，音乐带来的听觉盛宴，身临其境。所以点要精，要有特色，要有自己的活力和创造能力，最终形成的域才能丰富。

唐王华：在文旅发展火爆的当下，如何打造文旅新场景？

白天一景、晚上一秀成为旅游景区着力强化的旅游特色，夜游设计尤其是夜间游娱逐渐成为更具消费潜力的消费方式，同时夜游还具有完善城市旅游服务、促进城市经济发展、弘扬城市传统文化的功能。

夜间旅游首先给人一种独特的空间感，时间短而集中，空间具有聚集性的特点。利用灯光等效果为夜间造景是夜间旅游项目的最初级也是最普遍的开发方式。

灯光是营造夜间旅游氛围不可或缺的基本要素，在夜间景观的打造中灯光的使用是夜间旅游的基础手段。

以人文旅游资源作为依托，人为策划开发和文化特色明显是文化性的两层含义，定制主题灯光、新媒体光影艺术，或梦幻，或震撼，或浪漫，打破单一夜赏模式，创造夜晚情绪极致体验。

自不夜城走红之后，各地政府纷纷出台政策文件鼓励发展夜游经济，"夜游产品"的开发也成为传统旅游景区提质升级、优化产业结构、挖掘消费市场增量的又一热点。

形成夜游产品，重要的一点就是要塑造旅游 IP，因为只有拥有 IP，它才具有一定的传播属性，才能形成让人买单的理由。

夜游的 IP 跟其他 IP 的不同之处在于，夜游 IP 一定要结合夜游的整个区位。区位到底如何？有什么样的特点？要通过这些来决定 IP 的塑造形式。

这也包括商业上的定位和街区的艺术风格，在打造 IP 时，它有什么样的故事和逻辑框架，需要做什么样的互动体验设计，以及开发什么样的衍生品，等等，这些都是开发一个成熟的夜游产品需要考虑的内容。

夜游产品开发的几个关键性要素值得深入思考：

第一，应该有一定的存量客户资源。如果一点游客量都没有，从零起步去做还是有一定风险的。有存量客户，特别是百万人次的资源，开发夜游，成功的可能性会大大提高。

第二，要有一定的住宿接待能力。夜游都是在晚上，如果没有住宿接待能力，游客晚上在景区游玩就会有顾虑和担心。

第三，最好是属于大中型的旅游度假目的地。大中型旅游度假目的地的配套服务相对成熟、稳定，有服务保障的条件。

第四，从区域上最好临近大都市。比如拥有千万级人口的城市周边，人流量和消费需求都有保证，更容易形成夜游的消费习惯。

景区和乐园如何打造夜游产品呢？一是户外的夜游体验，二是室内的沉浸式体验。

不
夜
之
城

户外的夜游体验，可以分三种类型：

一是演艺式，比如主题光影秀、外墙秀、空间秀、裸眼 3D 水秀等等。演艺类的秀，首先的要素就是如何挖掘在地文化资源，如果没有在地文化资源就很难吸引游客。其次是如何结合空间，比如山体的空间、河道的空间、溶洞的空间，来形成不同的处理方法。

二是艺术装置，以空间或建筑为载体呈现的艺术结合。在国内外已经做得相当成熟，比如在美国拉斯维加斯的装置秀，在老厂房、烟囱等标志性建筑物上构建的场景展现等。

三是探险式，可以理解成情景夜游，也就是说如何把游戏和交互式体验运用到整个场景里。例如，结合山体、溶洞、河流的情景探险秀，结合森林公园、湿地公园等自然资源成熟的景区，将游戏植入进去的探险场景等，都可以做 IP 的定制和消费者闭环，形成门票经济收入，打造一个具有消费形象的空间。

在新技术高速迭代的今天，声光电的技术手段和水陆空的视听体验逐渐成为文旅

夜游灯光设计的主旋律，灯光艺术已经发展为独立的艺术流派，文旅夜游常见的灯光设计有五种组合模式：

一是灯光＋体验。根据景区主题带给人不同的情绪感受，或震撼或浪漫的视觉感知体验，以人工光源为主要媒介，带给游客愉悦的视觉享受和艺术体验。

二是灯光＋布景。筛选符合自身调性的元素来营造景区氛围，巧妙运用灯光布景，形成白天与黑夜不同的情绪，为体验增加深度，带给游客加倍的感受。

三是灯光＋水秀。打造日夜联动的视觉盛宴，水秀拥有多种形式，水幕表演、数码水帘、音乐喷泉、水秀特效等，白天全景音乐喷泉带给游客唯美体验，夜晚运用水幕、激光、音乐等多媒体艺术为游客呈现电光流影，带来沉浸式水秀灯光体验。

四是灯光＋烟花。烟火灯光秀能够快速让景区脱颖而出，让游客获得独一无二的极致体验，打破单一的夜赏功能，全方位地展现主题演绎。

五是灯光＋故事。是更容易打动人心的形式，基于IP故事延展的灯光秀，更具有先天的观众基础，自带粉丝热衷度，最后和商业相结合。没有商业的灯光是无根之木。

中国经济增长和城市化进程一直是景观照明行业发展的长期动力，而近年来文旅产业的飞速发展也将进一步激发"光文化"的生长活力。

作为文化产品，景观照明迎合当地文化背景，在灯光内容上融合当地自然风貌和人文历史，从艺术的角度切入景区夜景建设。

通过绚烂的景观照明和亮化工程，打造出凸显地域文化的山水秀、特色建筑的灯光秀等众多不同寻常的夜景景观，既可以增加旅游综合收益，也可以优化文化与旅游产业结构，又可以体现一个城市的开放度和活跃度。

旅游已然成为国内最具规模和潜力的大众消费和生活方式。既然旅游休闲是一种生活方式，怎么可以只管白天的生活，而忽略夜间呢？

不夜之城

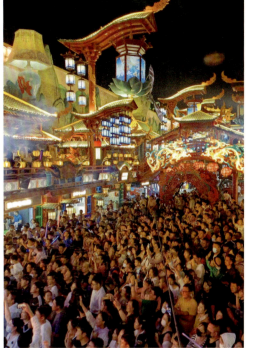

关注日间的常规旅游，是以往传统的延续，在人们生活作息时间发生改变的现在，夜间是商业服务业最具消费能力和机会的黄金时段，旅游业同样不例外。

但是目前多数旅游服务提供商普遍将注意力集中在日间时段，投入巨大物力财力招徕游客，但往往却留不住游客，滞留时间短、客单消费低，导致营销成本效率低、设施设备与人员闲置多。特别是很多北方经营期较短的景区，不有效利用夜间时段，更是既可惜又浪费。

根据部分带有居住功能的复合型景区的统计，夜间时段的旅游收入占到全部收入的1/3～1/2。日间往往以游览型消费为主，中餐也相对简单，但夜间活动则非常不同，可能包含晚餐、夜宵、酒吧、文化演出、购物，如能住下来，消费则会延伸至第二天。

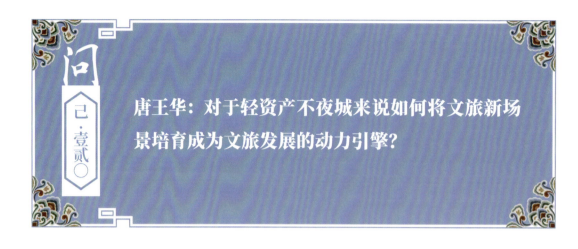

唐王华：对于轻资产不夜城来说如何将文旅新场景培育成为文旅发展的动力引擎？

刘磊　答

近年来，新技术不断涌现，旅游产品与体验不断升级。旅游景区作为旅游活动的重要载体和游客文娱消费的重要目的地，在当前文旅融合持续推进下、国民旅游需求提质升级的当下，同样面临如何提升改造的问题，升级改造才能获得新的动力。

旅游景区都需要提炼一个清晰独特引人入胜的主题。根据主题来规范项目，或者对景区进行整合打造，旅游吸引力就会得到极大的提升。深度挖掘本土文化，凝练主题，形成吸引核，是景区提升主题的突破口，也是增强景区吸引力使其更上一层楼的关键。当然，有的项目也可以没有独特的主题，而是以单一的吸引核或综合性功能来吸引人。

新的旅游项目开发，必须考核该项目是否有资源依托，在技术上是否可以实现，是否符合客源市场的需求，在一定地域内是否具有竞争力。投入市场的旅游项目具有生命周期，需要随着时间的推移进行更新改造。改造方法包括建筑外立面改造、产品经营方式改造以及新旧项目更替等。

休闲度假时代，需要对景区的夜间项目进行扩展建设，包括住宿、餐饮、夜间休闲娱乐项目等。游憩模式设计是景区旅游策划的主体内容，对景区的发展起着至关重要的作用。游憩方式的创新，在主题确定、项目落实的前提下，主要通过游憩节奏、游憩方式的创新来实现。景区本身就是以"贩卖"景观为主的，景观的提升对于景区来说至关重要，景观提升能使主题、产品及游憩方式实现落地，进行盈利。观赏性景区要求大门、停车场、道路系统等服务设施以及其他功能性景观服务系统，必须与原生风景以及人文景观高度协调。自然景观或历史文化景观是景区的核心吸引力所在，一切建筑物、构筑物、园林园艺等，都应该以凸显和支持核心吸引物为宗旨。

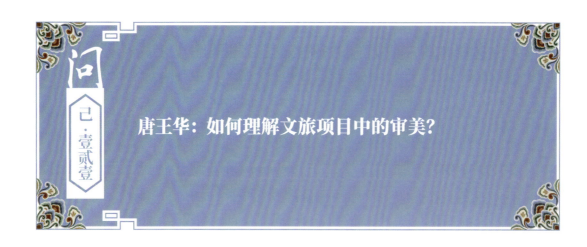

唐王华：如何理解文旅项目中的审美？

刘磊 答

审美这一块，大家可能会发现有些景区做得比较低俗，或者抄袭的东西特别多。曾经有一个城市一夜之间200米的街道变成了一个色调，黑底白字。大家说这个叫"丧葬一条街"，在全国都引起了广泛的讨论，为什么？这就是不人性化的管理街道的思维，希望街道广告牌一个颜色，最好一个材质，最好一个尺寸，甚至有的城市下令把城市的二、三楼的广告牌全部拆掉，大家知道这个意味着什么吗？

意味着二、三楼的商业业态全部自然消失，为什么？比如说二楼是做餐饮的，做服务业的，一旦失去了那块广告牌，消费者就找不到它了，生意怎么做？现在城市里面也有这种审美问题。但是大家去了上海南京路，去了很多景区，会感觉商业氛围还是比较浓厚的。以至于产生了一种什么现象，就是购物中心里面的商业气氛远远比步行街或者社区商业的商业氛围要好得多，而且这也是造成全国大范围商业收入下降的重要原因。

一定要规避这种审美的坑，近两年发现很多景区的负责人也快变成审美盲了，很多景区变成大红灯笼高高挂，甚至在南方地区也是红灯一片，这就出现了很多问题，比如说拍照同质化。

而且现在很多的景区、街区，也在对商户进行"城管式"的管理，不允许用什么颜色，说要怎么统一，但是这种统一反而扼杀了商业的积极性。我曾经在一个景区看到一个现象，景区有100多个小吃摊位，小吃摊位只允许在门头上挂一个一米

不夜之城

多长的小招牌，造成了什么？造成了消费者根本就分不清楚哪家是哪家，基本上经营了三个月就处于倒闭状态了。

这就是审美问题，景区不能用这样的思维和逻辑去管理。而且很多景区在看到一个网红产品的出现，就开始仿造，结果一个所谓的网红秋千就变成标配了，玻璃栈道变成标配了，这样就造成了什么？同质化严重。

有的地方不适合做玻璃栈道，这时候去做了，反而对整体的拍照感、参与感和审美感会产生负面影响，所以审美这一块我认为是一个很大的问题。在项目整体方案打造的时候，审美这一块出了问题，做出来的建筑也好，产品也好，是起不到打动人心智的效果的，这种项目是非常容易出现大问题。

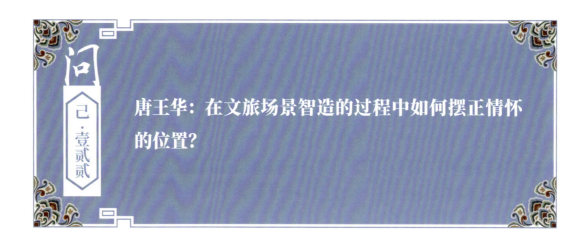

刘磊 答

情怀不能没有但又不能过，很多项目负责人是非常有情怀的。之前考察了一个项目，博览园里面展陈了 7 万多件中华民居的各种老家具、老设备，整个项目投资下来几十亿元，打造了 10 年的时间。这个老板特别有情怀，投资了几十亿元专门干这个事情，甚至为这个事儿配套了几个大库房，数个木作工坊，专门修复加工这些老家具。他就致力于保护中华民居建筑，致力于把这些民居的老的构建传承下去。但是现在面临非常大的问题，现金流基本上处于断裂状态，大量的资产沉淀到大量的古建中了。

其实今天在打造项目的时候，做一些古建未尝不可，但是真正要把它做成一个城的时候，或者拿出毕生的精力去干这件事的时候，会出现很多问题，也许还会赔钱。

当然也有些项目因为被逼无奈，最后宣称自己是为了情怀，比如说一些文化项目，最后捐献出来当公园了。

之前去了西南地区的一个城市，有一个杨总一腔热血，把一个大山头整个拿了下来，想做一件非常有情怀的事儿，但是最终因为土地的原因也没做成。再之前，在北方看到了一位企业家，特别喜欢南方地区的三角梅，想把三角梅移植到北方地区，结果 200 亩地的三角梅几乎全部死亡，投了 3000 多万元种的三角梅，能够活下来的不足 1/10。实际上只能说这种现状是太有情怀，或者说是太敢于尝试了。

现在有很多专家怀着一颗热烈和有情怀的心，希望农民回农村去创业，继续种

不夜之城

地，但是今天这个状况不现实，农民不回村里干活是有逻辑的。我们看到在城市里面普工一天是 300～400 元，但是回村里面一天可能才 40 元，这样一种情况，怎么能让农民真正地回到农村，我认为是非常难做到的。如果大家都回农村了，城市又该怎么办？

所以情怀表面上看起来是褒义，但是实际如果追求过度的话又是贬义，中国人明白阴阳转换，都讲究个阴阳平衡，如果过度偏离平衡点，情怀会变成一个非常大的坑。

第七篇

不夜之城

营销传播

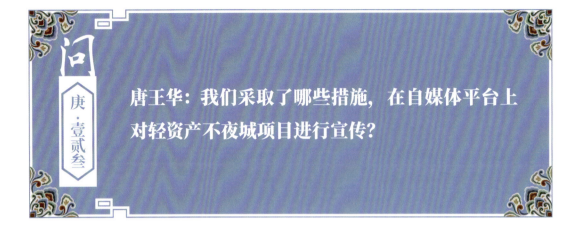

唐王华：我们采取了哪些措施，在自媒体平台上对轻资产不夜城项目进行宣传？

刘磊 答

首先从思想上面进行了改变，认为人人都是传播者，人人都是创意者，人人都是消费者，人人都是体验者。游客来到这里看到自己感兴趣的场景或者演艺，会将其发在社交平台上面，在分享自己喜悦的同时也在为不夜城项目进行宣传。

一个真正能够提供沉浸式体验的文旅项目，需要在特定的场景之中为观众提供白日梦境的感受，营造独立于现实世界的平行时空，在场景设计、道具细节、互动感、故事线等方面都要求做到极致。有看点和卖点的具备优质内容的旅游项目，经过匠心打造必然会受到市场追捧。

内容是旅游的重要资产，优质内容是旅游的灵魂和生命线。而匠心打造的内容平台，才是优质内容的最好保障。

沉浸式作为一种手段，其内核主要在于优质的"内容"，也就是可装入的戏剧、演艺、多样的线下综合体验活动。

通过这些多元化元素的植入，让旅游消费者对旅游产品的感知和体验升级，让消费者对旅游的体验更加逼真，更加留恋，极大增强其对旅游目的地的向往和憧憬。

2022年，东北首个元宇宙空间的诞生使得游客对文旅项目有了新的向往，元宇宙集市在5月21日试运营以来，游玩人群络绎不绝。特别是6月1日，成了儿童欢乐的海洋。

不夜之城

东北不夜城的火爆被央视多次报道，同时，凤凰网、文化旅游界、景区营销实战派、地产简讯、城市光网、世界文旅IP、旅游节庆营销智汇、文商旅建设指挥部、城乡战略规划院、悠游吉林、地产大拿、《中国旅游报》、封面观察等进行了报道和评论。

轻资产不夜城说明沉浸式体验并非消费主义的产物，而是一种顺应文旅发展的载体，它突破传统的"观看模式"，进入"体验模式"当中，在给游客提供高颜值、高感官体验的同时，促进文旅消费。这方面，大多城市供给不足。

沉浸式文旅消费模式在体验感、互动性与场景感等方面优势突出，迎合了消费升级需求，促进了文旅产品业态提质增效，同时也说明了宣传的最佳方式并不是大投入进行广告投放，而是让游客们自发地进行宣传，这也是我经常提到的"自播"。

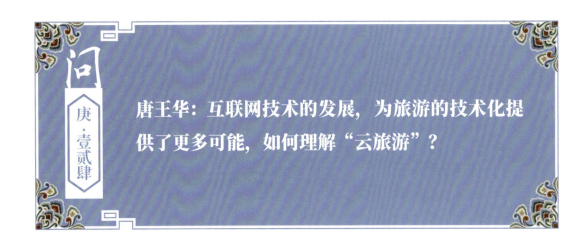

刘磊 答

  "云旅游"开辟了旅游市场推广新渠道，不仅实现了文创产品销量翻番，还吸引了成千上万准备日后线下参观的"准游客"。仅以抖音平台"在家云游博物馆"为例，相关视频总播放量超过 2.9 亿次，抖音平台上爆红的"不倒翁小姐姐"，更是一度成为游客竞相追捧的网红打卡对象。

  "云旅游"是将旅游全过程资源、服务进行整合，利用互动运营平台等智慧旅游工具为互联网用户，随时随地提供旅游全资讯的旅游数字化发展形式，是"互联网＋旅游"发展背景下的产物，是互联网日益兴盛、"云计算"技术迅速发展背景下形成的"线上＋线下"大融合。"云旅游"并不单独存在，而是服务于线下旅游，

365

不夜之城

侧重于旅游前、中、后的旅游信息和旅游服务供给。目的主要是通过资源整合与共享，解决旅游供需信息不对称问题，同时通过旅游平台大数据，为旅游产品开发和规划进行科学决策。

"云旅游"需双线发力。线上重视"云旅游"推广效果，线下提升产业服务水平，通过云旅游模式，可以促进演艺线上VR直播、视频在线点播、5G文旅推介会直播等，为线下文旅项目引流。同时，加快文旅项目建设，提升景区接待能力，重视文旅项目的科技投入。

"云旅游"是旅游业发展的新延伸，是文旅产业的新业态，是以消费者为中心，促进旅游供给侧结构性改革和转型升级的新动力。因此，景区要充分利用"云旅游"大数据红利，利用"云旅游"完善智慧旅游、拓展服务业态，以"云旅游+"模式实现跨界融合创新，创新消费盈利新模式，促进旅游业高质量发展。

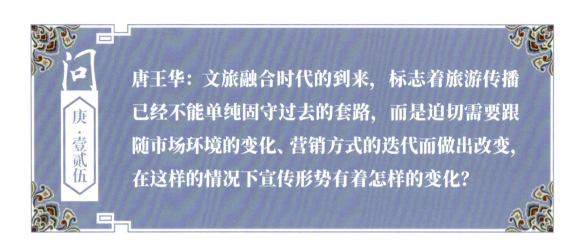

问 庚·壹贰伍 唐王华：文旅融合时代的到来，标志着旅游传播已经不能单纯固守过去的套路，而是迫切需要跟随市场环境的变化、营销方式的迭代而做出改变，在这样的情况下宣传形势有着怎样的变化？

刘磊 答

在文旅跨界合作发展的大背景下，随着消费者需求的不断变化，如何快速而有效地吸引消费者，如何在日益激烈的目的地竞争中脱颖而出，成为很多旅游目的地、景区和旅游机构共同探讨的热门话题。对于不夜城来说自播就是真正的核心，不夜城的宣传就是激发自播从而不断地创造新话题、新热点。

大流量文旅项目不同于资源型旅游项目，像长城、九寨沟、泰山……这些旅游项目已经具有了足够的口碑，可以调动起人们自发游览的兴趣。新兴文旅项目往往不具备足够的知名度，想要有大流量游客的到来，就必须让营销与建设同时展开。但是，已然具备了足够口碑的不夜城，需要考虑的是如何维护好这个口碑，不能是原地踏步，而要不断蒸蒸日上。

在这种竞争格局下，谁先抢夺眼球、注意力、舆论制高点，做到心智占领，谁就容易在"同一城市群或板块中"占领营销先机。

文旅企业或景区想要服务好消费者，需要对产品设计、旅游服务、营销进行升级，为游客带来更好的文化享受。对此，企业要做好两件事：一是产品能够让用户知道；二是当用户想买产品的时候，能够第一时间快速买到。这两件事如果做好了，这个项目想做不好都很难。

世界那么大，怎么吸引消费者来看看？借助渠道讲好自己的故事，是文旅营销的关键着力点。人人都爱听故事，因为这是人类所具备的天性。就像迪士尼一样，从米老鼠的故事开始，再到卡通形象、动画电影，最后落成主题乐园，这便是一个由故事建立起超级 IP 的典型例子。一定要让你的文旅产品有趣。即使产品成型之后也可以通过故事营销来让它变得有趣。轻资产不夜城也要讲好故事，而且要讲出比之前更好的故事。

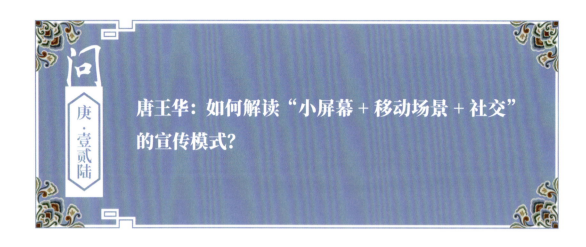

唐王华：如何解读"小屏幕＋移动场景＋社交"的宣传模式？

在今天移动互联网的去中心化趋势愈加明显，媒体渠道中心化结构进一步瓦解，不管微信、百度，还是今日头条，一家独大的媒体不复存在。人们的时间被碎片化了，传播也因此碎片化。也可以说这就是内容营销的进一步去中心化。

流量可以解决一切问题。中心化模式曾被看作中国电商最好的模式，但现在正处在一个移动互联网时代，移动互联网最大的特征就是不断地撕裂和碎片化，它不会出现一个中心化的巨头，而是会不断地出现一些小的碎片的领域。

移动互联网技术包括 5G 的发展，其实是在大技术背景之下所展现出来的一种适合于当下的技术形态，这样的形态是有形成期、成长期、爆发期的，当然其也是有衰弱期的，并不是一个永恒的存在。所以说适合新媒体也好，还是进行传播也罢，只是适用于当下。自播是快节奏的，一人传百人，百人传万人。就是要让游客来到这里之后拿出手机拍照，然后发到各大社交平台上面去，让更多的人了解这里，对这里感兴趣，然后来到这里。这就是在满足游客们的胃，还同时满足了游客们的手机。

文旅一样，也要去中心化。由小及大，小众带动大众。有一种现象叫"人从众"，不夜城的行为艺术表演就是这种现象下产生的顶级流量，已然形成了自己的独特魅力，带来很大的流量。

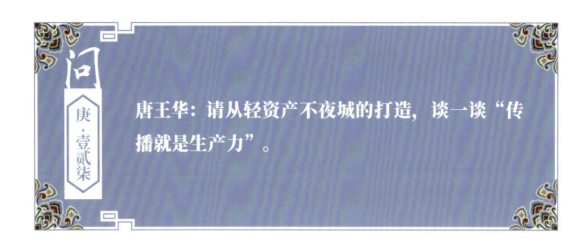

唐王华：请从轻资产不夜城的打造，谈一谈"传播就是生产力"。

场景可以给景区带来顾客，但是这还不够，还要为场景再烧一把火，最终让景区更上一层楼、更火一把的东西是什么呢？就是要有足够的营销能力进行营销，并不是指让大家去电视台做广告或者做什么地铁广告、车体广告，这些东西现在的传播量非常低，这里主要指的是抖音、微信、自媒体这些新兴的互联网营销。大家知道现在游客的时间，大部分是被手机所占用的，所以这个时候，要做的一件事就是互联网新媒体营销。

营销的秘密路径是什么？就三个字"造传播"。一切营销都是造出来的，一切的营销源于什么？源于新的认知和新打造的内容，所以我们打造了很多的营销点，比如街区里面的《梅河招婿》、篝火晚会等，形成营销体系。在抖音上吸引了很多

的粉丝，带来了非常多的游客，迅速成了新的网红，这就是造传播的逻辑。

我设计提升的日照东夷小镇在一年暑期的时候，做了西瓜节，3000多元的西瓜，吸引了几千名游客来这里参与。景区可以造传播。曾经，在一个景区搞过一个吃辣椒节，大家比赛吃辣椒，迅速吸引了2万多游客去观看。很多点子的成本是非常低的，但是取得的社会价值和经济效益是比较高的，所以做项目一定要有一个强大的营销思维，靠做广告的那种营销是长久不了的。因为景区没有那么多的钱投入在运营当中，不像建设当中会大把地花钱，所以营销要发挥自播的力量，做文旅一定要学会"造传播"。

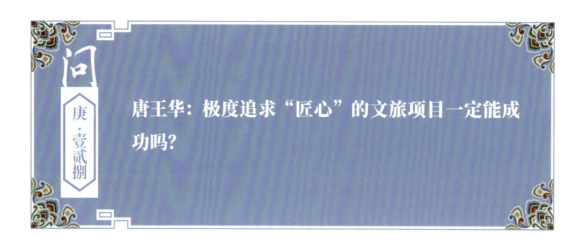

唐王华：极度追求"匠心"的文旅项目一定能成功吗？

刘磊 答

中国人讲究阴阳调和，干任何事情都需要平衡，如果过了那个度，很难讲是一件好事还是坏事。好和坏源于一念之间，做文旅项目，手上有 1 亿元的时候，属于"穷人做旅游"，10 亿元做旅游，如果方向不对，依然是"穷人做旅游"。当有 100 亿元的时候，如果方向出现了极大的偏差，那就是挖了一个非常大的坑。

每年都能见到很多匠心型的老板，有一个老板把一个市场的古建几乎都买下来，做了一个古建博览园，并且不允许任何人在古建的砖缝里敲一颗钉子，不允许任何房子里面有经营，不允许任何一个房子上面挂牌子，哪怕做一点小改动，都需要他亲自批准。这样的做法导致的结果就是没商业没收入，现金流断裂。

还有一个老板是清华美院毕业的，学的是建筑学古建专业，然后用 45 亿元盖了一个古镇。三年的时间没出过古镇的门，和自己的儿子一起天天做着木匠活，还在古镇里指挥木匠，要求全部采用榫卯结构，一颗钉子也没用过，把一个古镇建得是古色古香，非常漂亮。

第一次见到这位老板的时候，我最深刻的印象是他特别有匠心。在一起吃饭的时候，他手中拿了一块木头，并且不停地盘着，还对我说，刘老师，这块木头它不是普通的木头，而是老祖宗留下来的财富。就是这样的行为和语言让我感觉他非常有匠心。

我看到过大量的文旅项目，当了解了 100 个项目的时候，审美就已经疲劳了。所以考察一般的项目能在手中留 10 张照片已经不错了，但是我考察他那个项目，拍了 1200 张照片，就是因为太美了，感觉任何一个地方都是设计的小风景，柱子上面能用透雕的方式雕刻出上百条龙，非常震撼，但是这个古镇的结果是什么？

　　结果是古镇难以开业，建好至今快 5 年，依然开不了业，原因就是开发者只关心技术方面的问题，从来没有考虑过游客是谁，哪些群体会来，什么时候会来。这就导致这个古镇到现在还是空无一人，开不起来。这就是情怀过度之后所导致的结果，将一切精力和财力投向错误的方向就会出现非常大的偏差，方向错一切错。

　　之前接触了一个项目，这个项目拿了很多的奖项，但是我的感觉是这些奖项都是拿钱砸出来的。老板本身去开发院落产品，也积累了很大的财富，然后在一个5A级景区的旁边做了个小镇，小镇的主题就是红酒，其本身没有红酒基因却做了一个红酒主题。这个红酒主题做得非常漂亮，用了各种各样的方式方法，甚至在这个小镇里面花了两亿多元打造了一部非常经典的剧。但是就是这样的项目，也是没有希望，因为战略出现了极大的问题，不知道为谁而战，从项目里面看，就像是大杂烩一样，缺少了核心吸引核。吃的方面打造了一条美食街，住的方面做了很多民宿，玩的东西也有一些，看的东西有演艺、各种雕塑以及各种打卡点，但是核心问题是什么？内容虽然多却没有一样东西做到全国领先，或者做到全省领先，以至于失去了核心吸引核。而失去核心吸引核的那一天，对于一个文旅项目来说就是终点。

所以今天做项目不仅要有匠心，更要有战略，希望大家在做项目的时候不要太固执，如果太固执，特别偏激地去做一件事，就会带来很多的麻烦。

之前到过一个县，这个县就一直想做一个古镇，我说古镇的时代已经过去了，为什么要打造古镇？县里非常坚持，为什么非常坚持？因为想要把古镇文化传播出去，想做一件非常匠心的事。

然而要知道的是，当古镇整个业态都出现问题的时候，个人的匠心越大，所打造的项目越容易出现更严重的问题。匠心精神固然难能可贵，但过度以后就变成了画蛇添足，将是一场投资的灾难。

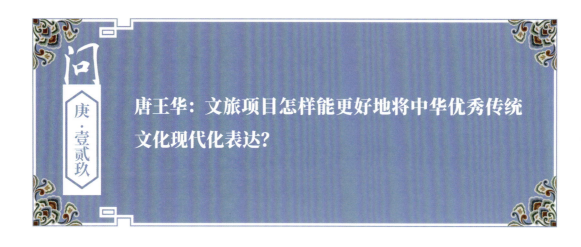

刘磊 答

　　将中华优秀传统文化现代化表达，对于我们文旅人来说，是一个需要长期深入探索的大课题。对于一个地方来说，没有文化很可怕，但有时候有文化更可怕。为什么这么说呢？因为想要突出地方特色，就要有地方的文化，太多地方的优秀文化停留在博物馆和典籍当中无法出圈。就像不倒翁小姐姐刚火爆全网的时候，很快别的景区也能看到类似的模仿表演，但是那个景区、那个地方没有跟不倒翁小姐姐相关的文化，那么在这样的地方打造一个不倒翁小姐姐，就会显得很突兀。

　　在重新定义不夜城的时候，就是要将这条街区时尚化，所以一直在说不夜城是一条历史文化时尚街区，传统文化也是可以时尚化的，就是国潮。还可以通过国潮打造自己的爆品，东北不夜城泡泡节期间每天都能吸引大批的游客前来观看，就是因为已经形成了爆品，自带流量，《梅河招婿》在抖音火爆，成了爆点。很多游客不远万里过来就是想体验一下，体验便是一种参与，打造文旅街区一定要注重和游客的互动感，增强参与性，才能更好地表达文化。

問 庚·壹叁〇

唐王华：为什么说文旅的核心就是运营？

刘磊 答

所谓运营，就是对文旅项目的各个过程进行全流程的把握。运营是一个动态的过程，是对"时、地、人、事、物"等多要素的组织统筹，具有运营思维的策划，意味着在策划阶段，就要将项目的整个动态过程和多要素纳入考虑范围之内。

运营思维的重要环节，就是要弄清楚、弄明白，我们为何而做？也就是说，我们要思考产品的目的，这就需要我们通过聚焦市场，推出对应市场的文旅产品。产品，之所以称为产品，是要面向市场、解决问题的，是要针对市场本质和游客诉求，提供最真实的解决方案的。从文旅项目运营来看，我们要重点围绕"爆品""引流""服务""商业""效益"等层面，真正解决运营问题，这五个不同层面的内涵与外延，又决定着不同的运营打法，也决定着不同的产出效益。

对于传统商业步行街或景区而言，常态的文旅运营模式考量更多的是如何让游客留下，带动多维次多品类的综合消费，这样来说，运营的主要目的是引流，通过爆品引流，促成多维传播，进一步引发大众传播。如东北不夜城，通过引爆式的运营思维，融合网红思维，以创新视角和网红传播理念，打造网红艺术装置，让文化融合艺术，让艺术吸引流量。通过《梅河招婿》、泡泡节、《长白女将》《海龙宝藏》等艺术演艺以及节日活动，吸引抖音等多媒体平台和游客的强效传播，为街区带来巨大的流量，创下了惊人纪录。

　　客群是运营的核心主体，随着文旅需求日益个性化、旅游市场日益精细化，在运营考量中，前期精准的客群定位变得越来越重要。只有想明白未来的目标客群是谁，才能构思出具有市场竞争力的产品。很多优秀的项目，由于一开始没想清楚"为谁而做"，项目定位模糊，导致运营主体与市场客群不匹配，产生了无人问津的现象，实在可惜。因此，要明确为谁而做，透过客群定位明确运营主体。

　　运营导向中，重要的是透过体验设计明确运营场景，打造 IP 化的场景形态，即旅游目的地空间、场所和文化、价值观、生活方式等集合形成的场域和"情境"，具有主题性、体验性和社群性特征。IP 化场景思维包括文创赋能、社会化创新、多业态集成以及融入周边社区发展等。通过文旅 IP 化场景将文化进行设定，最终营造与发展出满足游客对美好旅游生活的期待和需要的旅游体验产品。

事实上，随着文化消费需求的增长，文旅场景的设计与运营在世界范围内已形成了一定的经验和规模，国内外各个优秀的文旅IP化场景案例都有着明显的独特性、共通性以及可参考性，其中，袁家村模式就是场景化商业表达的极佳范例。通过运用导演主义的设计理念、电影级的布景手法、场景化的沉浸式体验，以一店一色、一店一品的包装，用选商和造商的模式打造了全新的文旅模式。

文旅产品的重要一点是，要思考产品的空间分布和区位属性，在这里，区位与空间不仅仅是简单的绝对的物理空间，更重要的是项目自身与周边区位的深层关系，和对游客构建的心智旅游空间。通过空间、区位的精准构建，可以与周边商业建立联动关系，将设计空间无形增大和延展，让运营空间扩充、增大和延展，形成和谐统一的运营空间关系。将景观优势转化为可以消费的产品，进一步带动运营效益。

对于文旅项目而言，运营前置的重要环节是运营时间的规划，项目要从文旅产品的运营规律出发，围绕运营的核心构建和空间时间，合理安排项目节奏，并结合

不夜之城

运营要素，制定前期—中期—后期—常态等不同时期不同层次的运营目标，如初期宣传造势，强化整合传播；中期引爆导流，强化爆品打造；后期持续升级，强化持续运营。按照运营的不同阶段，全盘制定产品的运营时序，进而开发出每一个阶段的产品体系，看能否满足不同阶段的开发要求，全面实施运营规划。

未来的文旅业态是生态圈式的闭环，因此也要顺应运营规律，做具有运营思维的文旅产品策划，前期市场调研，策划规划运营时段、运营时序、空间资源等，更要从实际出发，以运营为核心导向，让开发、产业、运营、规划等要素进行全面融合，以运营前置激活景区动力，透过运营模式和运营方式的创新与打造，形成集场景化、独特性、精准性于一体的运营体系！

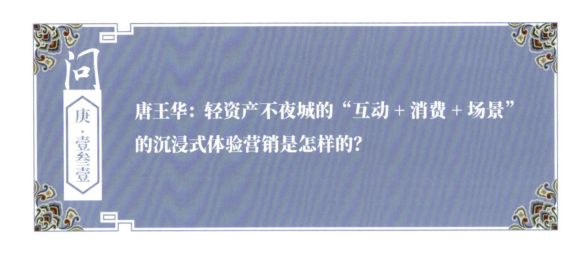

刘磊 答

　　说到轻资产不夜城的沉浸式体验营销，就不得不提不夜城的行为艺术，这是最具有代表性的。"网红景区"的产生是互联网迅猛发展的必然趋势，"网红景区"背后是新一代旅游爱好者的崛起。这一群体热衷抖音等新生社交媒体，消费更加随性自由，也是在线旅游平台的忠实拥护者，放大了一些城市过去被忽略的"新玩法"，新、奇、怪的特色旅游景点往往会成为大众关注的热点，每一个爆红的背后，都是一个个新奇的创意和体验。这些项目不一定特别大，或者特别花钱，也不一定立足于大景区或者老景区。

383

不夜之城

不倒翁小姐姐表演"把手给我"的视频在网络上迅速走红，优美的身姿和温柔的眼神，被网友称为"天外飞仙""一眼万年"。其实，不倒翁小姐姐的表演迅速走红是因为抓住了人的感官体验。感官是人感受外界最直接的途径，科学表明，在人们接触外界信息时，83% 是通过眼睛，11% 要借助听觉，6% 依赖触觉、味觉、知觉和嗅觉，所以整体的感官体验，更能提高消费者的整体印象。

　　不倒翁小姐姐就是以"色"悦人的典型案例，一个手拿香扇，身体轻盈飘动，不到 10 秒的"发礼物"短视频点赞能达到近百万，为她来到不夜城的游客更是数不胜数。不倒翁小姐姐的表演以新奇的形式与游客互动，让游客有沉浸式的体验，因此获得了大家的喜爱和追捧。

虽说视觉与听觉相辅相成，画面与声音结合才有生命力，然而，听觉在很多时候比起画面，往往更有先声夺人的效果，独特的声音可能也会为游客带来独特的记忆点。不倒翁小姐姐的表演配上古典音乐，二者相得益彰，增加了游客的体验感。就像智能手机的使用一样，没有长篇大论的说明书，买来一台新的智能手机，然后让一个小孩子去使用，不需要说明书也不需要有人教，他就会使用。

著名管理学者斯科特·麦克凯恩说过一句话，一切行业都是娱乐业。文旅街区中的微秀场作为尖刀产品，能迅速获取流量，与传统意义上的"人海战术"是相互对立的。无论是"印象"系列、"又回"系列，还是黄巧灵导演的"大舞台模式"在全国复制，对某些城市来说并不适合。

无论是轻资产不夜城的封面和封底的"一今一古"的表达，还是卷首语《追梦梅河》，特别关注的《清歌妙舞》，抑或焦点《云歌琵琶》，乃至中间插页《篝火晚会》，一连串的看点在游客心中留下了印刻，这都是基于心理学的峰终定律去设

不夜之城

计的。轻资产不夜城火热的背后，也折射出这些年来年轻人消费心态的变化。可以看到当下的年轻人，并不满足于原来的观光体验，而是更为强调深入其中，对可感、可触、可消费方面有更多的要求。影视作品衍生产品的火热也体现了这点，作品本身提供了非常好的素材，可供开发的空间很大，如长安十二时辰主题街区正是这样一个充分利用影视剧素材，吸引年轻人的项目。同时，东北不夜城也是影视手法、导演主义理念下的爆款产品。

网红打卡地的火爆并不是靠单纯的美景吸引人蜂拥而至，而是以体验为目的，辅之完善的服务，让人获得独特的参与式体验。"可以炫耀"，是诞生网红打卡地的根源，而利用人类五官的感觉来左右情绪的感官体验是实现被炫耀的重要途径之一。色、香、味、声音等的体验式感官营销可以抓住游客的心理、情绪和状态，站在游客的角度去思考，可以真正做到和游客的情感共振，激发游客主动传播的欲望，让景区成为一个被游客愿意"炫耀"的网红打卡地。

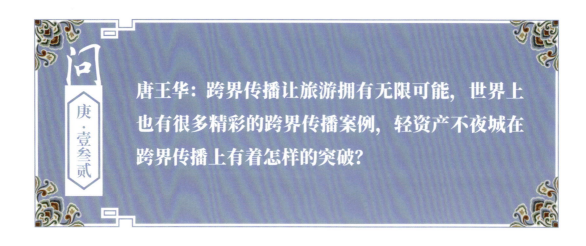

唐王华：跨界传播让旅游拥有无限可能，世界上也有很多精彩的跨界传播案例，轻资产不夜城在跨界传播上有着怎样的突破？

我大体上将跨界营销的做法分成八类，分别是品牌借势型跨界、文化借势型跨界、促销型跨界、赞助型跨界、产品合作型跨界、活动合作型跨界、内容合作型跨界和交叉混合型跨界。

对于轻资产不夜城模式来说，文化跨界和产品跨界是最常运用的手段。在抖音上，能看到不夜城项目中打造的元素，视频只是传达了一个画面、一种文化，但是在传播这些内容的同时，也对不夜城项目进行了广泛的传播，带来了庞大的流量。

打造东北不夜城项目的时候，首次尝试了不运用传统媒体，像是电视、报纸等硬广，营销绝大多数是通过短视频实现的。对于短视频来说，第一个就是不夜城的音乐，第二个就是不夜城唯美的画面。因为现在看短视频，不会超过 10 分钟，短的话 10 秒钟左右就能看完一个完整的视频，甚至说超过 15 秒的视频都会让大家失去耐心，用短视频将大家不能马上去的一些地方，用第三视角拍摄下来传播给大家，再加上一些事件营销。大型表演，大家都会很严谨，生怕哪一个点出错误，踩不到节拍上面去。但是现在不是了，观众和演员存在着互动性的，不需要那么严谨，允许一些"小失误"存在，甚至可以说这些小的失误才是最为精彩的地方，创造了更多的新奇感。

不夜之城

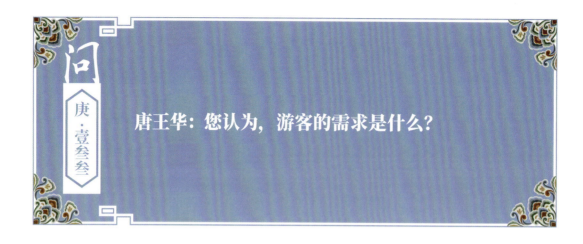

问 庚·壹叁叁

唐王华：您认为，游客的需求是什么？

刘磊 答

　　随着收入水平的提高，人们对于精神生活的需求更加旺盛，消费升级和政策红利引领下的文旅产业，正在成为"市场需求的宠儿、经济发展的骄子、资本追逐的对象"。然而，一些地方文旅产业的"滑铁卢"也告诉我们，既无质量也无创意，既不关心文化也不研究消费者，一心想着把"风口"变现，只想忽悠游客的，最终会忽悠了自己。

　　耐人寻味的是，一些大投入的文旅项目，有时候甚至不如老乡自娱自乐的景区活得久。那些原生态乡村旅游景区看起来土俗，但结合当地文化习俗，成功挖掘出了富有特色的东西，就能找到适配的目标受众。这就提醒了那些不惜重金投入的文旅项目：首先要深究项目的"魂"是什么？一个项目的核心，绝不仅是地理的象征，"还是生于斯长于斯的血肉和灵魂，其中的文化精髓应是当地生命活动中形成的传统、风俗、生存方式、思想观念等"。强大的文化资源，同时也意味着受众更高的体验期待，如果从业者不能认真地去打造历史文化特色，只是急功近利地追热点，必然会掉进同质化的陷阱。

　　当然，文旅产业的成败不能一概以营利与否来做判断，以中国游客数量之多，一个项目短期赚钱总有办法，比如曾经在陕西临潼，游客稍不留神就被骗去山寨的兵马俑景点，管理部门曾一夜之间查了好多个。若想文旅品牌不被冒牌货亵渎，除了加强行业规范和部门监管，也提醒从业者思考这样的问题：低水平仿制为何如此

不夜之城

吃香？答案是：对真景点的需求出现了井喷，谁都想来看看举世瞩目的兵马俑，真该多花些心思，回报这种可贵的"注意力资源"。

这些年，居民消费已经步入快速转型升级的重要阶段，文化旅游迎来了黄金发展期。与此同时，普通消费者对文旅供给侧改革的热切呼唤也时常可闻。旅游产品供给，远远跟不上消费升级的需求。遍及各地相似版的"老街"，傻傻分不清楚的这个古城和那个古城，从名山脚下到高原之上总能买到一样的商品，听到同样的民谣，品尝到相似的小吃，甚至到了晚上，上演的大型实景演出，总有似曾相识之感。究其原因，是项目方不珍惜消费者强烈的需求，宁可懒惰地搞搞"一锤子买卖"。

消费者被景区的文化内涵所吸引，这当然蕴藏着商机，却不应被滥用。文旅项目最需提防的是心急，很多长盛不衰、风靡世界的文旅项目，都有对文化品牌的敬畏和对服务细节的追求。有心人将文化和旅游比作"诗和远方"，要真正到达诗意的境界，还需要日复一日的深耕，才能吸引见识和品位不断提升的消费者。

特色文化街区以特色文化为切入点，解决了文旅同质化的问题，实现了街区差异化，借助文化占位，做到了文旅唯一。

通过分析近几年旅游者的需求变化可知，走马观花式的观景模式、不同地区同样的文创产品、同样的食物已经远远不能满足消费者的需求。这也是很多文旅街区无法成功的根本原因。

要通过专精深的打井思维，不断深挖特色文化街区的"魂"，在街区设计、运营上，打破传统思维，在招商、选商上要以特色文化入手，并且择优选择，以保证特色文化街区的独特性以及生命力。

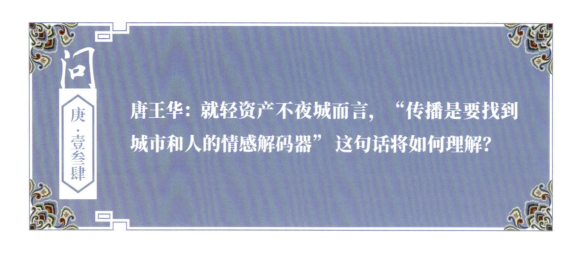

问 庚·壹叁肆

唐王华：就轻资产不夜城而言，"传播是要找到城市和人的情感解码器"这句话将如何理解？

刘磊 答

2018 年开始城市间突现"抢人大战"，背后透露出各个城市及各行各业对青年群体的价值认同及创造力认同，他们将是这个时代的活力主体。同时通过年度热词的总结可以看出，80% 的年度热词及现象级事件是由年轻人自发参与互动而产生的。无论是文化传播还是旅游传播，都应该以年轻群体作为传播的主流受众，关注

不夜之城

年轻人的关注点、关注年轻人的心理落点、关注年轻人的消费习惯及传媒习惯的改变，才能真正做好旅游传播、文化传播！

当下旅游客群，每个人内心都有一个情感依托，这个情感依托就是他们会去往目的地的理由。比如有的人去袁家村，可能就是因为喜欢其中的某一样美食，这种美食在生活中，已经不仅仅是吃饱肚子而已，而是具有了更多的附加情感，所以他们才会到这个地方去。在不夜城，为什么不倒翁小姐姐会引起那么多人的关注，各地的人都要跑去打卡？就是因为这样的一种互动形态，恰巧触动了游客内心的某个点。再比如说之前网络上面很火爆的成都小甜甜，为什么她只说了一句话就会让那么多的人都关注，因为她触动了当下人们的一种情怀，所以说这是一种情感连接，这种情感连接唤醒了心中的渴望。

解码器，就是要让年轻人对这座城市有归属感、认同感。要能留得住人，如果不能有感情上的共鸣，人都留不住，又何谈人气呢？说文旅融合，到底融合的是什么？在我看来，就是融产品、融内容、融事业、融产业。通过这个概念，给城市带来人气，这样的人气不是一时的，而是长久的，能持续下去的，拥有无限可能的。

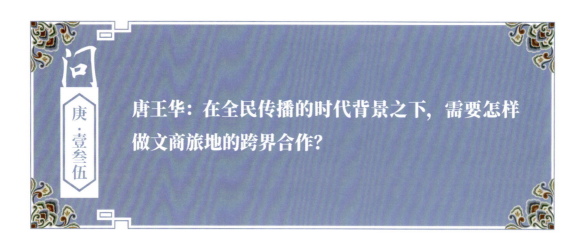

问 庚·壹叁叁伍

唐王华：在全民传播的时代背景之下，需要怎样做文商旅地的跨界合作？

刘磊 答

　　消费者的四个角色：一为旅游者，在旅游的过程中产生消费行为。二为体验者，不夜城的《梅河招婿》行为艺术演艺，演员与游客产生了互动，游客在这里获得深度体验，留下更为深刻的印象。三为传播者，不夜城没有像以往的景区一样去花钱打广告，而是通过自媒体进行传播，很多游客将关于不夜城的视频发布在社交平台上，就是对不夜城进行了宣传。四为创造者，东北不夜城在泡泡节期间，来此的游客无论是大人还是小孩都会自发地参与进来，并且会将活动拍成视频发在短视频平台上面。这样的场景并不是我们设计的而是游客自发创造出来的，所以说游客也是创造者。传播时代需要重新定义消费者。当下全民传播的时代，就是抓紧机遇的时候，要懂得抢占先机。有人开玩笑说现在的文旅就是一个"玩出来的产业，吃撑了的时代"。

组建文化和旅游部从国家发展战略层面，是为了增强和彰显文化自信，提高国家文化软实力和中华文化影响力；从产业发展的战略层面，是为了统筹文化事业、文化产业发展和旅游资源开发，推动文化事业、文化产业和旅游业融合发展，形成新的"文旅支柱产业"。

不难发现，国内文旅产业正在经历从满足资源观光性旅游，向满足文化体验性旅游转变，而特色文化街区正是响应政府号召、满足游客新需求的重要抓手。

从前文旅项目多凭借当地自然资源、满足单一的观光需求，对在地文化的挖掘和游客体验的关注都不够。近年旅游消费需求不断升级，游客已不再满足山水观光，更希望能了解和体验当地文化，文旅升级下的特色文化街区成了新的趋势和热点。

与以往的资源观光性旅游相比，特色文化街区的差异化和吸引力更明显。越来越多的人意识到，文化才是文旅的魂，文化才是文旅的差异化，这也是政府对于"文旅融合"的深层次洞察。

靠娱乐体验赚钱的迪士尼的营利模式是"轮次收入模式"，亦即"利润乘数模式"，指的是迪士尼通过制作并包装源头产品——动画，打造影视娱乐、主题公园、消费产品等环环相扣的财富生产链。所有进了迪士尼的客户都是重复消费的，就是滚动不断重复消费。其中，迪士尼主题乐园收入占到总收入的 30% 以上，仅次于排名第一的媒体网络板块。

目前大部分文旅项目中，地产收益比重仍占主导，特色文化街区不仅提升当地知名度，更为地产创造增值空间。首先，售房可以快速回笼资金，这是地产项目的利益根本。地产项目的定位开发，首要是通过销售来实现盈利。出售的物业类型可以有住宅、商业及写字楼，因为旅游开发让所在区域的价值得到提升，旅游地产的售价要比其他区域高很多。据说，迪士尼落户上海，园区还是一纸方案时，周边的土地与项目就已借风狂涨。

其次，品牌影响力增加自持物业收益。旅游地产中的部分物业可以自持，取得经营性收入。真正赚钱的地方是酒店、衍生品、食品以及饮料等。在迪士尼乐园中，衍生品销售和游乐设施几乎是捆绑在一起的。比如"星球大战"主题的游乐设施的出口就是一家非常大的衍生品销售商店，很多游客无法抵挡诱惑而纷纷掏钱购买。据悉，电影《冰雪奇缘》中爱莎公主穿的裙子在美国的年销售量达 300 万条，迪士尼光靠卖裙子就实现了一年 4.5 亿美元的收益。

特色文化街区的魅力在于它的文化占位、独特性能够为顾客带来更高频的"二次消费"。街区与传统的旅游景点不同，它不以门票为主要盈利手段，而是通过人流达到营销、盈利的目的。

众所周知"吃、住、行、游、购、娱"是旅游的六要素，从逻辑上来看也是这些要素深刻地影响着人流，同样也影响着地产增值。"吃"作为六要素之首，是特色文化街区创造地产增值的第一要素。

特色文化街区中的美食均以当地传统文化为根基进行挑选，让游客能够真实体验最具特色的美食，真正从"口"中了解当地人文风俗。这些贴近生活本源的食物，

却正好抓住了游客的体验核心，站在了传统文化的维度上，提升了顾客对于特色文旅街区的信任，增加了游客"二次消费"的频率。

通过流量的不断累积，特色文旅街区也不断成为打造地方名片的最佳途径，当街区成为名片，就能够带动周边地价，成为创造地产增值的秘密武器。

特色文化街区是城市宣传的新窗口。一波波刷屏、一幕幕打卡、一次次爆火，不断强调着，在如今大众旅游的新时代，网络、经济、文化、旅游融合发展是新时代的文旅基因。让更多的人了解一个文化，首先要了解正处在一个什么样的时代，只有先搞清楚这个时代正在发生的变化，才有可能抢占时代的高点。

乡村的人渴望都市现代生活，都市人又想逃离到山清水秀的乡村。其中城市反

不夜之城

哺农村是真正推动乡村振兴的核心，都市人在享受乡村生活的同时把城市文明带入和植入乡村，推动都市文明和乡村文明的结合。

新时代，文旅地产的开发必须满足三个需求：第一个是生态需求。第二个是文化需求。现今的文化呈现出主流化、高科技化、大众化和全球化的特征，要满足文化需要，文旅项目需要经历从传承文化到创造文化、从创造文化到消费文化、从消费文化到升华文化三个过程的轮回。第三个是健康需求。

所以，当休闲浪潮、新型城镇、地产转型、打造文化软实力、经济提质增效、中国梦等诸多因素叠加时，文旅地产成了其中一个独特而重要的抓手，天时、地利、人和均已具备，文旅迎来了自身发展的机遇期。

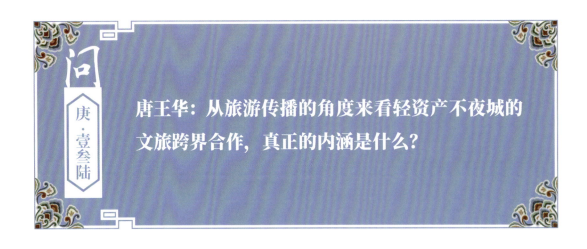

唐王华：从旅游传播的角度来看轻资产不夜城的文旅跨界合作，真正的内涵是什么？

轻资产不夜城的文旅跨界合作，就是制造了一个大IP。以前提起梅河口这个城市，很多人不了解。但是如今很多人却通过短视频，刷到了东北不夜城以及东北不夜城打造的各种节日，这些画面给用户留下了深刻的印象，还会吸引一些游客前往梅河口感受东北不夜城的魅力。

近年来各种网红旅游产品层出不穷，形成IP，改变了人们对旅游产业的固有认知。尤其年青一代对于一座城市的认知，已经从官方打造的城市地标转为由艺术家、设计师、文化商业品牌带来的独特体验。从西安永兴坊的摔碗酒、重庆的轻轨穿楼、厦门鼓浪屿的土耳其冰激凌，直到东北不夜城的"大富富"猫都显示出网红IP的吸引力。

特色IP为地方旅游带来更多可能性：高速传播、流量爆发，促使景区形象年轻化，增加景区特色产品销售渠道等。但也要注意到，IP是承载人类情感的文化符号，足够丰富的内容才是IP生命的驱动力。因此，网红旅游IP如何保鲜显得至关重要。

目前，中国旅游正进入以"故事（IP）"为核心的时代，这促使文旅行业产生了强大的动能，但是需要知道的是网红旅游产品的爆红都具有一定的偶然性，也是阶段性发展变化的。经常能够看到一种现象就是一个网红IP火了之后，随之而来的是无数粗制滥造、粗浅的跟风模仿的产品，这些跟风行为往往为大众和业界所诟

病。成功的文旅 IP 一定是对景区文化有过仔细研究和思考的，通过"场景化＋规模化"进行 IP 塑造，每个人的心智在文旅项目中可以得到抚慰，这样的旅游 IP 才是成功的。不倒翁小姐姐火爆之后，很多景区也相继在内部设置了不倒翁的演艺，但是都没有得到预期的效果，因为这是无根之木，没有自己的文化 IP。

仅仅有网红热度显然不够，如何用"有意思"吸引视线，以"有意义"加强体验感才是网红旅游 IP 所要重视的主要因素。做文旅不论是景区还是旅游演艺，都需要提升内容品质，并且用内容进行营销从而打造文化个性，同时要用游客们喜爱的形式去包装核心内容，这样就能与游客建立情感连接，创造更多和游客互动体验的机会，也就是那句话"网红经济植根于内容产业，生命力取决于内容本身"。

不夜之城

第八篇

运营方略

问 辛·壹叁柒

唐王华：何为文旅运营前置？

刘磊 答

　　文旅景区开发建设，进入全新的时代，各类文旅产品不断涌现，但品质良莠不齐，能盈利的寥寥无几，资产成了包袱。

　　"运营前置"在文旅业界已成为共识，但这个词应该怎么理解，又应该怎么做呢？很多大热 IP 的文化旅游景区开业，开业一段时间后许多因为前期缺乏运营思维的问题就暴露出来了。交通不便捷、业态同质化、体验单一化、服务低质化，各种问题交织在一起给景区造成了极大的运营困难，有的不得不停业。

不夜之城

这样的案例太多了，在设计初期，缺乏运营前置的思维，没有形成运营方案，无运营提资，任由设计单位随意发挥，等到设计成果出来后，发现无法落地，再进行运营提资。

在设计之初运营定位、方向没有思考清楚，导致提资内容错误，与今后景区运营发展方向违背，提资有缺漏项，大到功能缺项。虽然在策划规划初期就已经将运营前置，也充分结合了业态的详情，进行了运营提资，但由于前期没有思考细致，在设计、建设过程中发生功能、要求变化，导致提资不断变化。有些运营管理方专业性、责任心较弱，看不懂图或并未认真评审设计成果，未在设计阶段评判设计是否合理、是否符合运营需求，等到施工差不多，能看见形态的时候，发现与设想差距较大。

文旅景区自身的开发建设运营是一个相对长期的过程，这期间会产生人员流动和变化，前期运营前置参与提资的人员未必是后期运营管理的人员。因此在运营提资提交给设计方之前，要集体决策，形成一致意见，切勿因人员调整而否定前者、轻易变更，以终为始才能够激发出更多的力量。

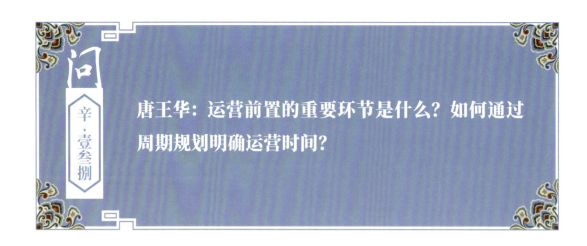

唐王华：运营前置的重要环节是什么？如何通过周期规划明确运营时间？

对于文旅项目而言，运营前置最重要的环节是运营时间轴的规划。要从文旅产品的运营规律出发，围绕运营的核心构建空间时间，也就是要留住游客的时间。要合理安排项目节奏，并结合运营要素，制定前期—中期—后期—常态等不同时期不同层次的运营目标，如初期宣传造势，强化整合传播，中期引爆导流，强化爆品打造，后期持续升级，强化持续运营。要按照运营的不同时序，全盘制定产品的运营时序，进而开发出每一个阶段的产品体系，满足不同阶段的开发要求，全面实施运营规划。

在打造东北不夜城之前，那里就是一条车行道而不是景区，而且每到夜幕降临的时候人非常少，即便有人也只是路过，还会不自觉地加快脚步，因为那里晚上没有什么灯光，黑洞洞的。

2021年"五一"，东北不夜城顶着疫情的重压，以单日客流32万人次的姿态惊爆文旅圈眼球。"五一"期间，在跨省旅游未开放的情况下，依靠梅河口区域流量，客流量依然突破100万人次。

随着"Z世代"逐步成为消费主力、消费升级意识的觉醒以及移动互联网的大规模应用，人们越来越愿意为特定场景的解决方案付费。就拿城市街区来说，"场景力"构建的重点除了氛围的营造，还有主题设置、业态配比及文化内核。而这些因素叠加之后，带给消费者的便是持续的、长久的吸引力。东北不夜城的魅力就在于游客觉得好看、好玩、有趣，随之而来的冲动是"想拍"。游客自发拍摄，传播

到短视频平台，这样口碑裂变，让东北不夜城一跃成为网红打卡地，同时也为东北不夜城带来了大量的流量。

任何一个产业的发展，都要着眼于正在崛起的年轻市场趋势，文旅行业也不例外。当下年轻人成长与生活的市场和社会环境，互联网极度发达，认同个体差异化，内容更新迭代迅猛，各行业产品类型丰富。

短视频的流行，网红文化的崛起，娱乐内容的层出不穷，这些在精神与生活习惯层面产生着巨大影响的流行产物，无一不与年轻人的喜好息息相关，这些内容给年轻人带来的是一种极致的"体验"。

也正因为这些"体验"，造就了各行各业在内容上的不断革新。体验造就了内容革新，内容又在不断的更新换代中驱动着传统产业结构的转型与新发展，文化和旅游的大融合便是一个最好的证明。

未来的文旅业态是生态圈式的闭环，因此也要顺应运营规律，做具有运营思维的文旅产品策划，前后期市场调研，策划规划运营时段、运营时序、空间资源等。更要从实际出发，以运营核心为导向，让开发、产业、运营、规划等要素全面融合，以运营前置激活景区动力，透过运营模式和运营方式的创新与打造，形成场景化、独特性、精准性于一体的运营体系！

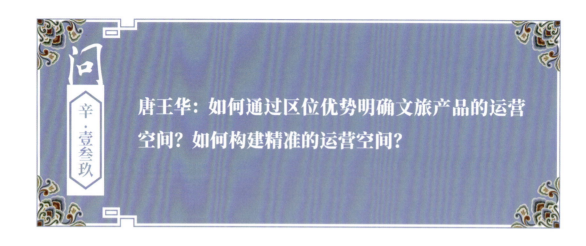

问 辛·壹叁玖

唐王华：如何通过区位优势明确文旅产品的运营空间？如何构建精准的运营空间？

刘磊 答

其实就是在做项目的时候，在建筑搭建完成之前就要完成运营的搭建，完成项目的招商。这样在项目运营过程中就不会出现太大问题，最起码可以开业。

不夜之城

　　文旅产品重要的一点，是要思考产品的空间分布和区位属性。在这里，区位与空间不仅仅是简单的绝对的物理空间，更重要的是项目自身与周边区位的深层关系和对游客构建的心智旅游空间。

　　还有就是时间上的聚焦，抓住顾客的时间。如果顾客整个晚上的时间没有把握住，就不要谈创造什么价值了，只有抓住了时间，将顾客留在这里，愿意在这里花费时间，才会有创造价值的条件。

　　不夜城整体运营模式，在一定程度上，精准地明确了文旅产品与运营空间的关系。通过空间、区位的精准构建，让不夜城与周边商业建立联动关系，将设计空间无形中增大和延展，让运营空间扩充、增大和延展，形成统一的运营空间关系，将景观优势转化为可以消费的产品，进一步带动运营收益。

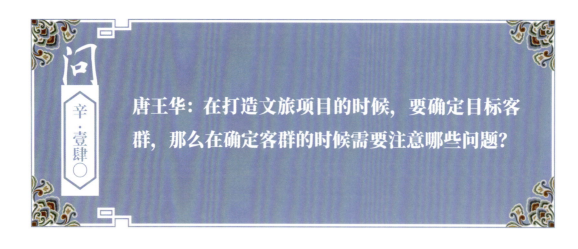

问 唐王华：在打造文旅项目的时候，要确定目标客群，那么在确定客群的时候需要注意哪些问题？

刘磊 **答**

409

　　我觉得客群是各个景区现在需要普遍重视的问题。传统的思维认为所有人都是我的客群，但实际上都需要一个精准的客户画像，没有精准客户画像的时候，很多问题难以解决。什么时候来？带谁来？和谁来？这些问题一旦解决不了，景区就会面临一个非常糟糕的境地，因为没有一个景区是老幼通吃的，真的做不到。这个世界上所有的产品都有它自己的目标客群。

有一次开会的时候问了一个问题，我说今天开会有 500 个人，大家半年没喝过可乐的人请举手，90% 的人举手了，然后我说你们半年都没喝过可乐，那一年几百亿元的销售额卖给谁？可口可乐从北京的大超市、大的购物中心，到一个小村落的小卖部都可以买到，它大众到了极致，三块钱就可以买一瓶。

那为什么大家半年都没喝过，可乐销售依然非常火爆，实际上就是因为它有它的目标客群，它不可能做到老幼通吃，不爱喝的人可能半年不喝，一年不喝，甚至一辈子不会喝一瓶，但爱喝的人可能一天喝好几瓶。我曾经看过一个报道说股神巴菲特一天要喝 5 瓶可口可乐，他得了糖尿病，大夫跟他说你不能喝可口可乐了，含糖太高，再喝你的病就严重了，但是巴菲特说什么？说我以后死了，往我坟墓里放上 3000 瓶可口可乐，这样我天天都能喝了，巴菲特喜欢喝可口可乐，喜欢到了这种程度。

实际上全世界所有的产品都不是卖给所有人的，也不可能做到。即使是一碗最简单的面也不可能做到老幼通吃。全世界所有的企业都有自己的目标客群，不可能所有人都是你的客户，做不到。所有的文旅企业也都有自己的目标客源，凭什么你的景区就能做到老幼通吃？

不夜之城

肯德基做炸鸡做到了全世界第一，光在中国就开了几千家店。肯德基还开了一个兄弟中餐品牌叫东方既白，它就在上海肯德基的旁边，在宣传海报上直接写的就是肯德基的兄弟品牌。但是做了十几年的时间也没有成功，顾客一吃全都觉得不好，所以说百胜企业也有失败的时候。又比如说在美国开了7000家店的塔可钟进入中国市场，开了40家店之后全部倒闭撤回美国。塔可钟的墨西哥卷到了中国为什么水土不服？就是目标客群没有搞清晰。

海底捞似乎做到了打遍地球无敌手，但是很多人不知道海底捞也有失败的时候。海底捞的兄弟品牌也就是自己投的品牌叫U鼎冒菜，冒菜和火锅有啥区别？火锅和

冒菜的区别并不大，说白了都是火锅底料，然后把菜一烫就变成冒菜了。但是一个成功做火锅的去做冒菜，偏偏就不成功，现在 U 鼎冒菜在市场上几乎都看不到了，同样也做不到老幼通吃。

现如今发现由于年龄的惯性，很多人几乎做不到比自己年轻 20 岁的人的生意，因为不了解他们在想什么。很多 40 岁的人，问他们什么是泡泡玛特，他们可能跟你说不清楚，问他们什么是长安十二时辰，可能也跟你说不清楚，这就是代沟差的问题，所以任何一个项目必须有自己独一无二的客群，要明白客群究竟是谁。

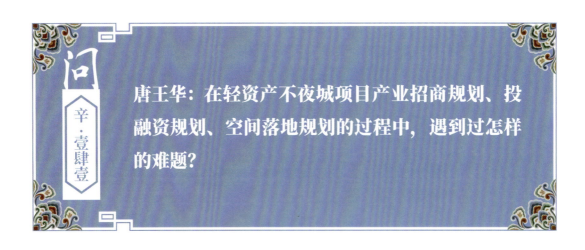

唐王华：在轻资产不夜城项目产业招商规划、投融资规划、空间落地规划的过程中，遇到过怎样的难题？

刘磊 答

要说最初的难题，更多的就是他人的怀疑，为什么这么说？因为毕竟是创新，毕竟打造的是新物种，所以在打造东北不夜城项目之初，受到了外界很多的质疑，害怕花费钱打造出来的结果是失败，当然这个说法随着项目的成功自然就消失了。

做一个项目，最难的就是统一思想，如果大家的认知都不一样，那么这个项目是很难进行下去的，即便是完成了项目，后期也会出现很多的问题。为什么说思想一定要统一，思想不统一、价值观不合，参与主体之间就会产生很多的矛盾。不统一思想对于一个家庭来说那就预示着无休止的争吵，而对于文旅项目来讲，就意味着方向和认知的混乱，必然导致巨大的损失甚至是这个项目的失败。

其实在做任何事情时，都不会是顺风顺水的，都会遇到很多困难，但是回过头来想一想，反倒是这些困难让我们学会了更多的东西，所以我们就要抱着不忘初心的态度，来做这个事情，世上无难事，只怕有心人。

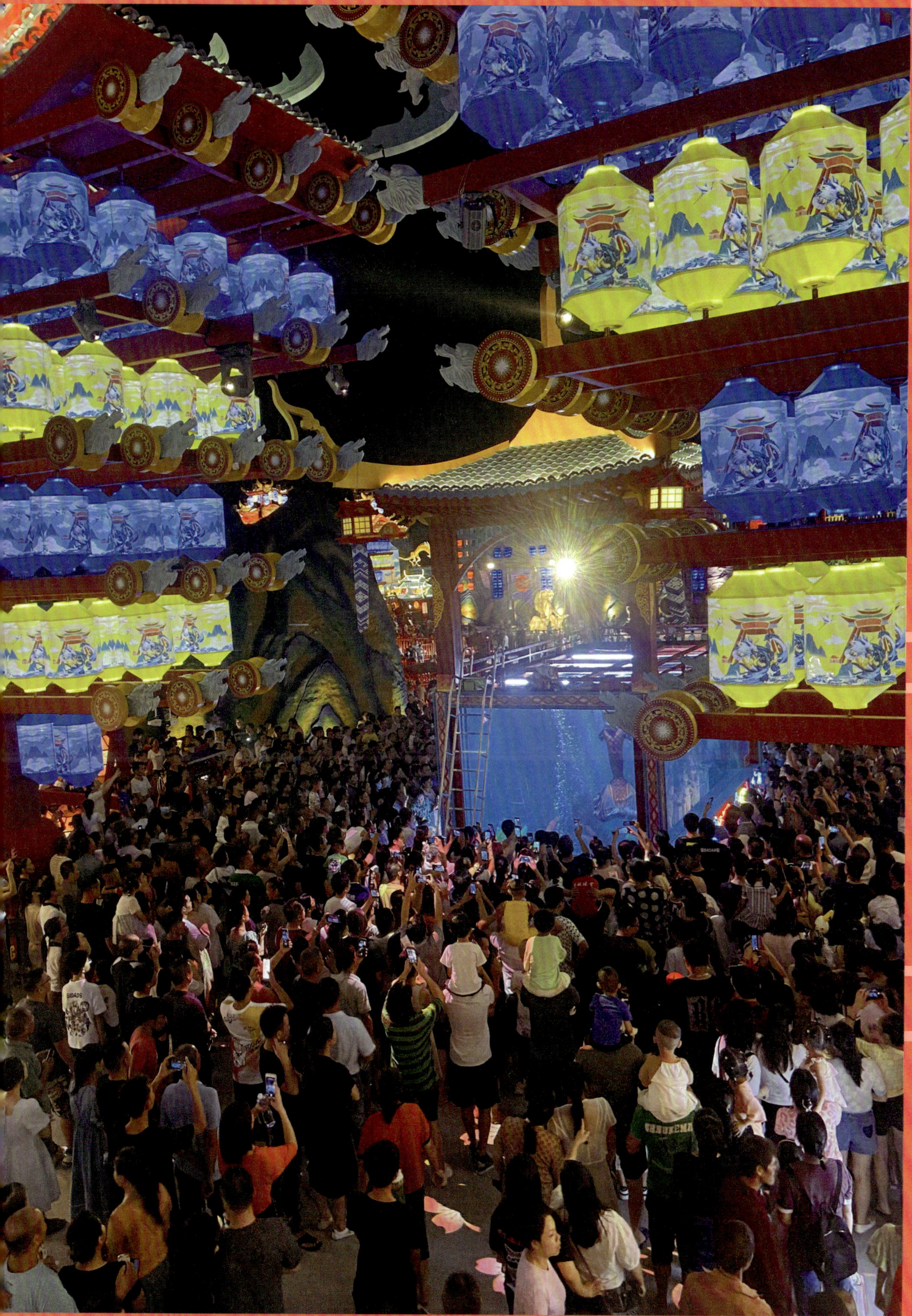

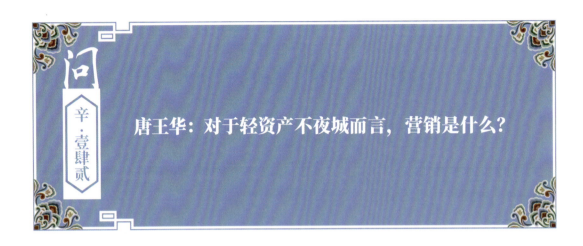

第一代营销是"资源为王"，比如说兵马俑、龙门石窟这些景点，它们都有着天然的优势，那个时候谁拥有了资源谁就是旅游的"王者"。第二代营销是"渠道为王"，就拿云台山来说，其资源和很多名山都有着一些差距，但是依靠一流的渠道，也获得了成功。第三代营销是"内容为王"，就比如说欢乐谷、清明上河园、袁家村这些景区，它们拥有丰富的内容，所以也获得了成功。第四代营销是"流量为王"，原因是游客的出行方式发生了极大的变化，而且移动互联网时代的到来让对游客产生了决定性的改变。网络引爆成了文旅市场的显著特点，网红经济、体验经济、分享经济激发营销的流量模式。

在文旅融合发展的大背景下，随着游客需求的不断变化，如何快速而有效地吸引游客，如何在日益激烈的目的地竞争中脱颖而出，成为很多旅游目的地、景区和旅游机构共同关注的热门话题。对文旅街区而言，最重要的就是人流量。人流量的多少，决定了项目成功与否。而文旅营销，便是决定人流量的关键。

文旅营销并不是靠噱头、靠吹捧，文旅产品本身就是一种最佳营销。洪崖洞是重庆市的知名景区，它从普普通通的景区，到互联网社区搜索热度排行榜前三，其营销秘诀是旅游 IP 化。万岁山武侠城的生意经则是创新营销方式，让淡季不淡、旺季更旺。

不难看出，文旅产品本身的 IP，或者说故事是推动其发展的原动力。但仍有相当数量的旅游目的地、景区和旅游机构，其认识还停留在营销就是做广告、请代言人、办活动的阶段，流量时代文旅营销当然不是这么一回事！

在移动互联网时代，如何通过营销打造文旅爆款、引爆产品流量，是业界力求突破的一大难题。旅游产品花费动辄几百上千元，不像一瓶矿泉水说买就买了。营销内容触及消费者已经不是问题，难点在于让消费者记住并影响其最终决策。随着游客出游观念的不断提升，旅游营销要不断升级。

迪士尼是童话的王国，同时它也是非常成功的文旅项目，其营销本质，就是不断地给人们讲故事。也就是说，讲好故事就是在做好营销。

在文旅营销讲故事的过程中，既要有记忆点、卖点，还要有转化点，即具有强大的"带货"能力。如果说传播的内容是一粒"种子"，讲好目的地故事，就是让一粒有生命力的"种子"生根发芽、开花结果。文旅企业或景区想要服务好消费者，需要对产品设计、旅游服务、营销方面进行升级，为游客带来更好的文化享受。对此，企业要做好两件事：

一是产品能够让用户知道。

二是当用户想买产品的时候，能够第一时间快速买到。两者都做好了，距离文旅成功就近在咫尺了。

目前的文旅市场与前两年相比有了很大变化，文旅市场负责人的业绩不再只考核传播效果，也会考核其带来的销售业绩。由于旅游消费者会有犹豫周期，文旅营销不仅要触及用户，还要在用户决策前"抓住他"。可以利用"鱼池养鱼论"，首先制造丰富精彩的内容"鱼饵"，并将"鱼饵"全渠道播撒，然后收网汇聚成流量池，把"小鱼"养起来，而不像以前保留"大鱼"、放弃"小鱼"。

将"鱼池养鱼论"应用到文旅营销中，需要分四步走：

一是通过丰富内容来制造流量；

二是建立以搜索为核心的 SCRM（社会关系管理）全渠道流量池；

三是通过营销自动化，从已有的流量池中找出优质商机以及客户；

四是通过社交营销跟进，提高效率。

利用节庆开展营销已经成为很多景区常用的营销手段，但持续而有效地保持或增加游客量并非易事。节庆文化活动近年来呈几何级增长，摆在景区面前的创新之路看似越来越窄，实则非也。文旅节庆品牌，一定是以文化为魂、景观为根、旅游为核、大众为本的，这样的节庆文化活动也最接地气。对景区来说，如何进行淡季营销是一道难题。产品即营销，景区淡季营销要从产品、渠道、价格、宣传四方面发力，让产品更好到达市场。

曾经，2006 年建成的重庆洋人街，高峰时期有 600 余经营户，2015 年，一天游客量接近 20 万人次，有全国第一个露天厕所、仿曼哈顿标志性建筑的"倒房子"

等。十几年来，洋人街以价廉又丰富的游乐设施、充满想象力的建筑风格等特质吸引着各地游客，逐渐成为重庆人心中的"草根游乐园"。

然而，前世基本上是农田、荒地的洋人街是如何成了一天接待 20 万人次的文旅项目呢？这离不开它的一元营销模式。"35 元玩 35 个项目，真的是平民游乐场。"这是游客经常会说到的话。提到洋人街不得不提的就是一元钱的大馒头。"一元馒头推出市场 10 年，日均销量 6000 个，巅峰时期一天销量 5 万个，已累计卖出上亿个。"一元馒头作为营销引流的切入点，为品牌带来了丰沛客流，也实现了品牌的最终盈利。与《灌篮高手》这一 IP 带火镰仓旅游相似，网红墙近年来在互联网上热度颇高，如法国巴黎的爱墙、德国柏林墙、美国洛杉矶的粉红墙，很多游客会专门去往这些

不夜之城

目的地打卡拍照。这正是旅游 IP 化趋势的体现，旅游将呈燎原之势。

在马蜂窝上输入"灌篮高手"，日本镰仓这个目的地就会出现，不仅可以看景点、攻略，还可以购买相应产品。作为《灌篮高手》取景地，"镰仓高校前站"更是成为全世界动漫爱好者的打卡胜地。

在移动互联网时代，每个人都是信息载体，旅游逐渐成为从种草、拔草到分享的社交化过程。因此，大数据时代的到来为文旅营销提供了新的路径。由此，也更加证实了流量时代的营销就是"汪洋大海的人民战争"这一观点。

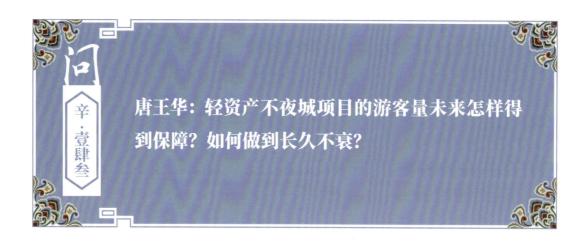

辛·壹肆叁

问

唐王华：轻资产不夜城项目的游客量未来怎样得到保障？如何做到长久不衰？

刘磊 答

　　这也是我们一直在探讨的问题，做文旅，打造文旅 IP 就是要学会"保鲜"技术。不能说打造了一个 IP，只昙花一现，那是不可以的，是失败的，只有经受得住时间考验的才是真正的成功。

　　要保证游客量，首先就要抓住游客的痛点，要让他们自主宣传才可以。然后就是打造场景的核心不能变，紧紧抓住文化这个核心，但是表现核心的方式要多元化，要不停地变，这样才能在保持吸引力、新奇感的同时还能抓住人心，这样才具备了长久不衰的条件。

　　文旅项目保鲜，就是要不断创新，但是这个创新并不是照猫画虎，也不是杂乱无章的，而是不断升维，就像不夜城推出不倒翁小姐姐之后，全国各地很多地方也相继模仿，也有"不倒翁"，但是效果却相差甚远。这是因为在不夜城推出的演艺是和不夜城本身相契合的演艺，具有同一文化属性，才会展现出魅力。所以说要想保证不夜城的流量，就要不断地创新带有文化属性的演艺和新场景。

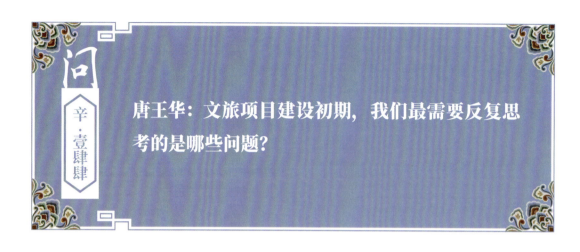

唐王华：文旅项目建设初期，我们最需要反复思考的是哪些问题？

在我看来，项目最需要思考的问题包括三个基础问题以及四个外部问题。三个基础问题是：我是谁？干什么？怎样才能干好？只有考虑清楚这三个基础问题才能够看清项目要发展的方向是什么。而外部问题，一是为何而做？很多策划者、创意人在做策划时，最感兴趣的是如何让产品更有趣、更有创意，却很少思考背后"为什么"，也就是这些产品的目的。我却认为，"为什么"是文旅产品策划的首要问题。产品，之所以称为产品，是要面向市场、解决问题的。具体要解决什么问题呢？从文旅项目运营来看，可以概括为五个方面：曝光、引流、服务、盈利、社会效益。不同的目的决定不同的打法，也决定不同的产出效益。

二是项目为谁而做？如今旅游业正在从观光向休闲体验转型，消费者的需求日益个性化；另外，旅游市场竞争日益激烈，项目周边区域内难免会遇到同类型的竞争者。此时，前期深入的市场调研和精准的客群定位变得越来越重要。是大众观光还是小众度假？是面向老人还是儿童？是针对亲子家庭还是商务人士？只有想明白未来的目标客群是谁，才能构思出具有市场竞争力的产品。道理很简单，但浅显的道理也往往容易被忽略。

三是游客需要何种体验？这一点，我选择谈"体验"，而不是"功能"或者"内容"，是因为当项目以运营角度去策划产品时，不能仅仅停留在功能、内容层面，而要从消费者的角度，找到吸引他们千辛万苦来到此地，甚至再来一次的理由。项

不夜之城

目为游客提供哪种非比寻常的体验？是梦境般的环境，沉浸式的感官快感，有趣刺激的冒险，学习知识的愉悦，还是身心的放松疗愈？这些独一无二的体验，正是产品吸引力的关键。项目带给游客的最主要、整体的感受，称为"主题"。一个文旅项目内的体验应该是相对一致的，不同产品之间要协同合作，营造出相似的感受，来强化项目的主题。因此，一切产品都必须紧扣核心主题。偏离核心主题的产品，只会让项目变成大杂烩，不伦不类。

四是要晓得位于何处？每个文旅产品都要占据一定空间、分布在具体的地理空间中。项目之所以要思考位置所在，关键不在于项目的绝对位置或所需的空间规模，而在于项目和周边的关系。很多时候，地理区位决定了产品能否成立，能否延展，能在多大程度上与其他产品产生互动。比如，项目的制高点往往是一流的观景点，可以与餐厅、咖啡馆、酒店、观景台等功能相结合，将景观优势转化为可以消费的产品。又如，上海迪士尼的加勒比海盗园区内，设计者将室内漂流项目和主题餐厅并置在一起，游客在用餐的时候，能够目睹漂流项目内的"沉落宝藏"战场，还能和船上的游客打招呼，给人留下深刻印象。

在做文旅项目的时候要知道，建筑干不过产品、产品干不过文化、文化干不过爆品、爆品干不过服务、服务干不过场景，一切干不过体验。游客的体验感增强就是让旅游资源和优秀文化"活起来"，视觉、听觉、触觉等多种感官上的体验，给游客们带来了更多的参与感和互动性。无论是景区里面的演艺还是科学技术，都对景区和游客之间的互动边界有了更进一步的拓展。

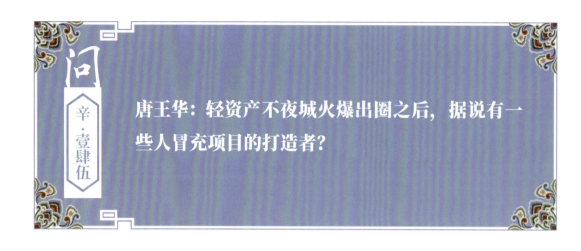

辛·壹肆伍

问

唐王华：轻资产不夜城火爆出圈之后，据说有一些人冒充项目的打造者？

刘磊 答

大家都知道，文旅行业原有一套运作的规则，在整个运作链条中，各环节主体往往不同，而且往往只负责一个链环的工作，结果所有环节的主体都不用对项目最终的结果负责，甚至运营团队都不用对项目最终的成败负责，他们只需要完成运营任务即可，这就造成了整个运作链条是断裂的。

不夜之城

在这种规则普遍被接受的情况下，很多人就可以浑水摸鱼，或者当个南郭先生了。这也是轻资产不夜城有人冒领、能够被冒领的原因。当然，他们也不会冒领成功。无非是借着对轻资产不夜城的研究，混点讲座费而已，真以这样的名义去打造个新的不夜城，肯定是不会成功的。除非有的甲方，也没打算成功。

整个运作链条断裂的问题，是轻资产不夜城运作过程中要解决的核心问题。"全包"或许是一种比较好的方案，即设计、策划、建设、招商、运营等"一包到底"。可是实际中，有能力"全包"的乙方很少，敢于接受"全包"的甲方也面临不小的压力，所以落地也不容易。这时，影视业中的"对赌制"便能发挥作用了。

我们在轻资产不夜城项目中便引入了对赌制，即给甲方作出一定客流量的保证，并为之提交保证金。一旦没有实现流量目标，保证金便归甲方所有。引入对赌制的前提是，可以拥有"全包"的权限，有了"全包"的权限，才可以实现运营前置，才可以有能力做好各环节的工作，这就为全链条责任落实创造了制度保障。

同时，因为"对赌"的缘故，乙方必须认真承担相应的责任，激发所有环节的创造力与创新力，确保项目的最终成功。这样的运作规则下，原来那些不负责任的机构和团体是适应不了的，也是学习不来的，他们也是很难成功的。

大家看到，从 2022 年 4 月开始，我们便开始了打假，为什么要打假？原因有两个：一是不希望别人冒充我们的名义，毕竟李鬼多了，我们这个李逵的名声也会受到影响。二是不希望很多地方的甲方受到欺骗，毕竟在当下的经济环境下，任何一点真金白银都是宝贵的资源，不能轻易地浪费。

其实，真正能够从我们这里学习到精华，真正能够将地方文旅资源盘活并为地方创造丰厚的经济和社会效益的人，我们是不反对的，毕竟市场空间那么大，容得下其他的同行。而且真正学到我们精髓的人，是不会冒名顶替我们的，他完全可以自己创立品牌，赢得甲方、赢得市场。

李鬼成不了事。从文旅繁荣的角度，我们倒是希望涌现出更多武松、鲁智深等其他好汉。

不夜之城

不夜城步行街

第九篇

照亮每个城市

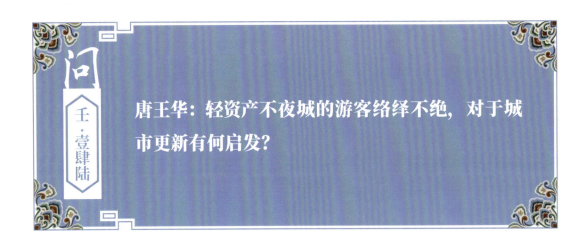

問

壬·壹肆陸

唐王华：轻资产不夜城的游客络绎不绝，对于城市更新有何启发？

刘磊 答

旅游景区也属于旅游产品的范畴，而旅游产品的根本属性便是销售，所以要晓得游客对于旅游产品的期待。

"城市更新"是指对城市里面某一衰落的区域进行改造整治，使其恢复社会生机的活动。

改革开放以来，随着中国快速推进城市化，各级城市获得了快速的发展与扩张，再加上缺少相应合理的规划，使得城市中存在了大量城中村、老旧社区、淘汰产业工厂等。这些与城市新肌体产生了明显的时代差，也带来了很多的问题，如土地利用率低、"脏乱差"等，急需通过城市更新恢复容貌、提升功能、发挥价值。

不夜之城

　　轻资产不夜城，之前就是一条大马路，经过重新定义之后可以说是焕然一新，变成了人流如织新街区，也变成了城市的新景区、新地标。

　　景区的特点之一就是，游客是生产过程的一部分，而员工也是产品的一部分。游客是服务的对象，服务过程就是产品的生产过程，他们的态度和行为，不仅会影响自己的经历，也会影响其他游客的经历；而员工直接参与产品的生产和销售，直接和游客接触，他们的态度和行为会直接影响游客是否喜欢该产品。因此，增强员工的专业素质和服务意识，对于旅游者的满意度也是至关重要的。

　　消费者对景区产品和服务的需求复杂多样，而且是经常变化的。因此，旅游景区必须注意研究消费者市场需求，并预测其变化趋势，不断开发新项目，提高景区的应变能力与竞争能力。

　　其实总结起来，游客对不夜城的期待，就是获得更多的体验，来过这里的游客，会期待下一次来获得不同的体验感，这就是游客对这里的期待，也是不夜城不断前行的动力。

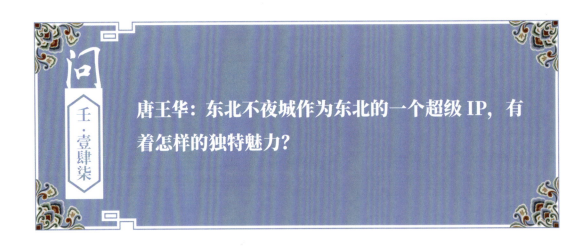

问 壬·壹肆柒

唐王华：东北不夜城作为东北的一个超级 IP，有着怎样的独特魅力？

刘磊 答

东北不夜城步行街区被很多人称为"东北最具有穿越感的地方"，白天看似平淡无奇，到了晚上就成了梅河口最繁华的地方，夜晚华灯升腾，色彩斑斓，呈现出一片繁华景象。在热闹的人群中，偶尔经过身着汉服的小姐姐、小哥哥，美丽而又有仙气，仿佛古人穿越或天仙下凡，显得超美！

随着这几年国风的流行，汉服文化逐渐走进了大众的视野，如今，走在梅河口街头的汉服小姐姐、小哥哥已经成为最养眼的一道风景，灯火阑珊下，偶尔出现的古装背影，美丽动人。这里有国风的情趣、新潮的行为艺术，也有流行时尚，另外还有许多有特色的传统手造店、一座座古香古色的古风建筑，古典的装束和这里非常协调，汉服或其他形制的古代服装是最吸引人的地方，游客们在这里散步，就像一千年前的时代一样，这就是魅力所在。

433

不夜之城

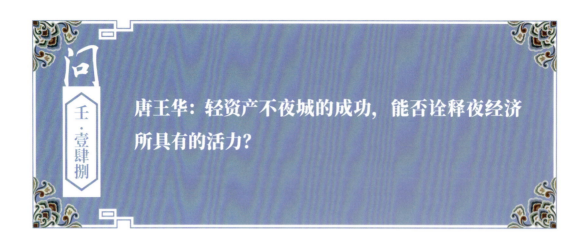

刘磊 答

据说曾有一个项目将一座山进行了整体的亮化，为了达到预期的效果在建设过程中花费将近5亿元，但是结果不尽如人意，在开放之后几乎没有游客前来。观赏最多的是出租车司机，他们开车路过这座山的时候，偶尔会抬头看一下山上的树木以及亮化。这个项目花费了很大的一笔钱，但是结果并不"如意"，所以说这不是夜经济，这只是做了夜灯光。全国很多城市楼宇都做了亮化，这些亮化也不意味着夜经济。曾经在一个湖边吃饭，湖里面演的"声光电"以及喷泉效果非常好，经过交流之后得知这个里面投资了几亿元，出来的效果确实让我感受到了震撼。但是我还有一个疑问，就是没有多少市民来这里看？只有几个吃饭的人。然后陪同人员就告诉我近七个月以来，这个声光电音乐喷泉就开了这么一次，因为开一次就需要好几个小时的预热，并且会产生三万块钱的费用，所以在平时是不开的，也就没有什么游客来这里，这也不叫夜经济，夜经济一定是让人消费的。

一段时间以来，"夜经济"成为热词，也成为衡量城市活力的重要指标。各地陆续出台鼓励支持夜经济发展的政策举措，推动相关业态与模式不断创新。可以说，我国夜间经济已由曾经简单的"夜市"发展为多元形式的夜间消费市场，人们的夜间生活有了全新的"打开方式"。夜经济的火热背后是百姓收入不断增加，消费加速升级。

发展夜经济要做到立足实际。各地夜经济蓬勃发展，充分利用了当地的文化旅游资源。夜经济很多内容属于服务范畴，发展往往需要比较发达的第三产业支撑，而南方城市第三产业总体比北方城市更发达，因此在发展夜经济时，一定要立足城市自身情况和当地百姓实际需求，实事求是，因地制宜，不能为了有而有。

夜经济是现代都市经济业态之一，也是繁荣消费、扩大内需的有效举措，是衡量一个城市经济活力的重要指标。主要以城市居民和外来游客为消费主体，以旅游、购物、餐饮、住宿、休闲娱乐、演出等为主要业态类型，是在夜晚目的地进行的各种商业消费活动的总称。所以说夜灯光不等于夜生活，也不等于夜经济。

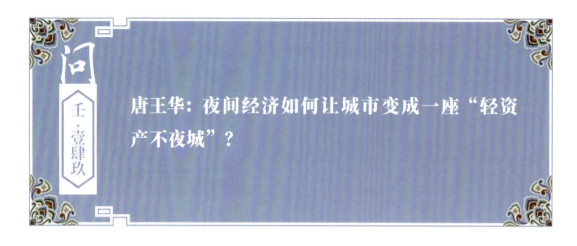

唐王华：夜间经济如何让城市变成一座"轻资产不夜城"？

刘磊 答

夜经济，是指从 18 点到次日 6 点所对应的城市商业活动。一座城市的夜经济是城市经济的重要组成部分，作为城市功能转换的新兴时空场域，发展夜间经济既有利于扩大内需、优化产业结构和提升城市竞争力，同时也有利于提高城市文化丰富度、改善人居环境。

夜经济对于城市经济的贡献不仅仅是推动第三产业和相关行业的可持续发展，以及增加就业岗位，也是刺激城市消费潜能，持续释放消费红利的关键着力点。根据当地人文特色、历史文化，通过 IP 植入等手段，融入更多科技元素、光影创意，打造特有的城市夜游项目，以此吸引游客眼球和更多的游客，拉动周边服务行业，促进全面发展。夜经济，不仅是灯光亮就可以了，还要有人气、商业、表演、动力、参与、体验、口碑和自播，有人气口碑才是不夜城。

不夜城步行街

第十篇

不夜之城

价值树

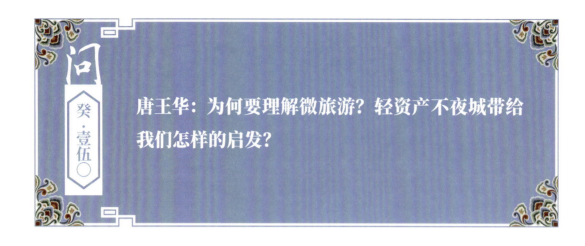

刘磊 答

以距离近、时间短、慢体验、轻松游为特点的"微旅行"，越来越受到人们的青睐，成为不少人休闲度假的新选择。"微旅游"利用时间空间上的"微"，换取细致深度的体验，透过不一样的视角和步伐，行走在熟悉之地，发现别样的好景致和好生活。轻资产不夜城也是首先抓住了周围的群体，得到了市民的认可，一个旅游景点若是连周边的群体都无法抓住，那又何谈更远的目标群体呢？

轻资产不夜城项目的经验告诉我们，"微旅游"轻松自由，随时出发，无须提前计划详细行程，在目的地可跳出攻略，随意游玩。美食、娱乐、建筑、技艺、购物等日常生活中的元素，皆可成为"微旅游"的吸引物。

"微旅游"体现了新的旅游方式和生活方式。一场说走就走的慢游，富有个性、参与感的深度体验，收获一些感悟与感动。游客在有限的时间空间停下来，像手持一个放大镜，慢慢欣赏被快速生活忽略的美。

旅行未必一定去远方，只要能给心找到休憩的地方。当下的年轻游客不再执着于空间距离上的"远方"，而是愿意在城市及周边发现新潮的玩法和体验，寻找到"心灵"上的远方。风景名胜固然能吸引眼球，但持久打动人心的是这个地方的文化气息和生活味道，这也是"微旅游"的核心吸引力。当然，如何让"微旅游"的体验更丰富，如何在"微旅游"中更好地融入本地的历史风貌、时尚潮流、文娱生活、特色美食等元素，值得旅游业者深入研究。

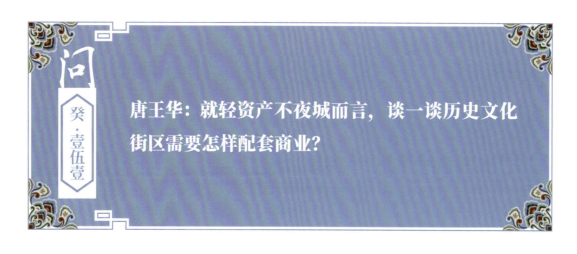

刘磊 答

443

其实建筑形态可以被模仿，内容产品也可以被复制，在商业街区日趋同质化的今天，人们对于"逛街"的追求，已不再局限于传统的吃喝玩乐。常说历史文化街区是连接传统与现代、融合文化与商业的独特存在，如果说文化是一个街区有别于其他城市街区的主要因子，那么商业就是这种文化氛围的构成和外延，而并非简单的附属品。

历史街区配套商业，这在很多名胜景区里面可能会更多出现，而街区配套商业，所需要考虑的更多还是要和时尚的元素结合起来。要通过抓住年轻人的心智，从而打造一些业态。

一座城市的存在与延续，是靠历史文化为积淀不断延伸的。

在快速城市化的过程中，因为对历史文化街区不同程度的规划改造，让城市文化遭到了损毁。保护历史文化街区，就是城市生命力的延续，城市的发展才能具有动力，城市存在才具有灵魂。

就历史文化街区配套商业这一点轻资产不夜城是个典型，文旅商业同堂很具有人气，就是说我们不能分开看历史街区和商业，而是要将二者融合在一起发展，这不是两个元素，而是一个整体。

城市中彰显地域特色的老街，对激活传统文化、完善城市功能、提升城市品位、增强城市竞争力、培育新的经济增长点起到了重要的带动作用。所以，对于具有历

不夜之城

史文化、传统社会风貌和人文故事的建筑景观，都应加强保护。保护历史文化街区并非杜绝商业化，而是要研究怎样保留更多人文因素，达到两者的和谐与平衡。

对于老街的建筑设计形式和风格的改造，要尊重客观生态环境、挖掘和继承优秀地方传统特质、满足时代要求。要清楚不同功能建筑之间，虽有一定的形态变化，但在整体上应协调统一，应体现人本、生态、简约的设计理念，针对建筑风格差异较大的情况，也不必过分强调统一。

对于街道来说，空间体系是老街最明显的特征，它显示建筑物与外部环境的关系，是城市肌理的重要组成部分。保护原有街巷的空间格局，才能保持小镇空间的历史延续性。但在城市格局不断变化的过程中，让街区尺度与格局一成不变是不可能的，是与城市发展脱节的。因此要与城市步伐相一致，在保留原有空间格局的基础上，加入新的元素，呈现历史文化与现代化相融合的面貌。

要清楚的是城市历史文化街区是市民生活的聚集地带，贴近人们的生活，具有明显的市井气息。所以，在城市化进程中，要充分考虑其社会属性与价值体现，要充分注重民情、采纳民意，最大限度使其成为人们城市生活与情感的体现。

总体来说，历史文化街区是城市的局部缩影，是城市人民生活轨迹的记录。要确定历史文化街区的发展定位、其对城市发展的作用与承担的功能，由此来进行改造工作。

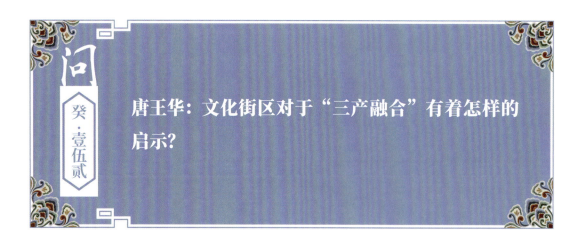

刘磊 答

近年来，在相关顶层设计之下，农业示范园、农业产业园、田园综合体、农业特色小镇……农业三产融合的路径愈发清晰，战略实施的抓手愈发明确。农业特色小镇、田园综合体成了资本追捧的风口，但有些偏离了农业产业这个核心，做成了单纯的旅游项目，甚至房地产项目。

三产融合是为了解决农业附加值过低，延伸农业产业链和价值链，所以三产融合项目，一定要严格遵循"姓农、务农、为农、兴农"的建设方向，就和打造文化街区一样，"核心"不能丢。

　　挖掘农业在生产、加工、服务等方面的多种功能，成为农业供给侧结构性改革的一大新课题。各地以农产品加工、休闲农业、乡村旅游和电子商务等新产业新业态新模式为引领，促进农业"接二连三"或"隔二连三"，实现产业链相加；通过质量品牌提升一次增值、加工包装二次增值和物流销售三次增值，实现价值链提升。

　　当然，三产融合尚处于探索阶段，各地需要因地制宜，结合自身特色，探索新型的农业发展模式。需要注意的是，在这上面没有标准，只能因地制宜，创新探索。

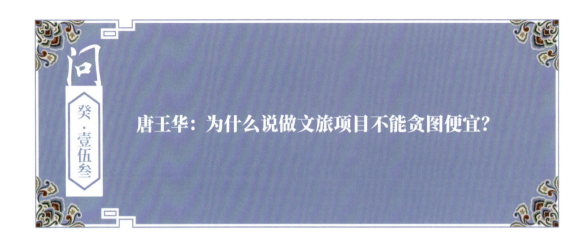

问

癸·壹伍叁

唐王华：为什么说做文旅项目不能贪图便宜？

刘磊 答

有些做旅游的投资人贪便宜，贪便宜的心理是高获利，但你想高获利，别人也想高获利，都是这心态时，贪便宜接着就是吃大亏。

447

比如说"低价者得"的项目招标就有很多血泪教训。低价低过合理成本的时候，质量如何保证？当然也不能说招标本身有问题，主要是项目质量不好量化，这样就造成价格无法反映质量，招标效果就不会理想。

贪便宜不是节流，节流是减少不必要支出，比如说山珍海味可以不吃，但一日三餐却不能少，节流不能影响质量，而且从来都没有发现通过节流能成为伟大企业的，企业发展最重要的是开源。所以总想着降成本，就会被别人利用，结果"人财两空"。

控制费用是必要的，但把控质量是前提、是核心，必须以此为中心，违反这个准则的控制费用，就是贪便宜，就会入坑，准没好。

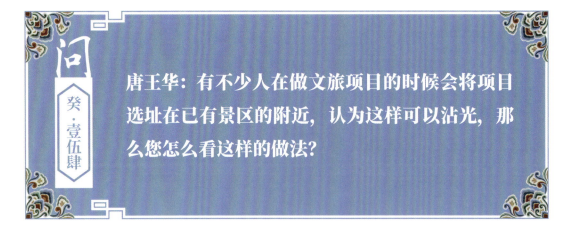

问 癸·壹伍肆 唐王华：有不少人在做文旅项目的时候会将项目选址在已有景区的附近，认为这样可以沾光，那么您怎么看这样的做法？

刘磊 答

449

虽然老话有说，"大树下面好乘凉"，但也有说"大树下面不长草"。靠近老景区做项目的心理，无非就是想着"蹭流量"，可是能不能蹭到，能不能沾上这光呢？我这里有个故事，可以分享给大家。

多年之前我有一个朋友的朋友想在西安的东大街附近开一家餐厅，那个时候东大街是西北特别知名的一条街，现如今已经没有太多游客了，他就要在那周围开一家餐厅，位置距离东大街有多远呢？

连5厘米都没有，为什么？因为东大街一拐弯，他就在拐弯的位置上开了一家店，他的门脸只差5厘米就到东大街上了，没有开到东西街上，开到了南北街的这个位置，他问我怎么样？

我说你没有开在东大街上，虽然只有5厘米，但结果就是没有借势，所以不能干。过了半年之后又找到我了，说这个店开起来花了300万元，但是全部赔完。

当项目非常优质的时候，距离其实不是问题，比如说袁家村到西安将近两个小时的距离，从北京坐飞机到丽江都要3小时，那么为什么还有很多人要去，其实距离并没有阻挡游客的脚步，主要是产品没有做好阻挡了游客的脚步。

很多城市的人都有一个现象，那就是城市最知名的景区或者第二、第三名的景区，这个城市的很多人一辈子都没有去过，比如有的土生土长的西安人，但是一辈子还没到过钟楼上面，大雁塔上面到底是个啥样子也不知道。

说起旅游，心智里有的目的地才是真正的目的地，蹭流蹭不到游客心里，即便他到了门口，他都不一定进来。况且靠近知名景区，他的主要心智消费已经完成了，你即便能吸引他，也是次消费。大家看袁家村的周围有 40 多个村子，都想沾沾袁家村的光，都想沾沾人气，结果就在去袁家村的路上，卖樱桃、卖面、卖豆腐脑等，结果生意都很惨淡，为什么？

因为游客的主要目的性消费还没有实现，这时他不会去变换目的，况且"路边"的产品质量还不高。

所以，一定不要想着沾光。自己要无比强大，必须做区域的王。做不了大王，要做小王，做不了小王，要做出特色，这个时候就会有很多聚焦和成功点。消费者只认强者，因为强者会带给他更好的服务、更好的质量、更低的价格，有了这一点保证企业才能活下来。

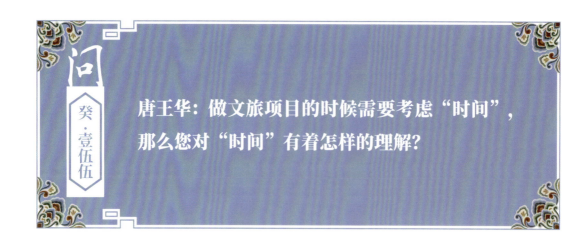

问 癸·壹伍伍

唐王华：做文旅项目的时候需要考虑"时间"，那么您对"时间"有着怎样的理解？

刘磊 答

提到时间，我的观点是和时间做朋友。

出门旅游，面临很多排队，大量的时间浪费在这上面，这样的时间便无意义。这会让项目与游客就成不了朋友，甚至会变成敌人。所以让游客的时间有意义，就是在做时间的朋友。

旅游的本质从来就没有改变过，留住而不是浪费游客的时间是唯一目标。今天项目所做的一切其实都是为了留住游客的时间，从游客进门的那一瞬间到游客出景

区的那一瞬间，都要坚决做时间的朋友。之前有一个项目找到我们，占地 1000 多亩，盖了大量的民宿、酒店，造了大量的花海集群，希望打造一个超级人流项目。100 米的夜游项目，那么这个时候就出现了一个极大的问题，一个超级的人流项目，但是体量如此之小，如何能实现？这是不可能的，100 米的动线能留住游客多少时间？如果留住游客的时间太短，其他时间就属于浪费了，那就没人来了。

所以大家看到多种业态，如街头互动、演艺、行为艺术、灯光表演，都是为留

住时间做的一些业态。

东北不夜城长约 500 米，宽 20 米，占地面积约 1 万平方米。500 米的长度，其实一个成年人跑步一分多钟就跑完了，如果走路的话大概 5 分钟，但是为什么能留住游客两个小时的时间？是因为我们做了一个时间轴，沿时间轴安排内容，就是第几分钟的时候走到哪里，那个节目就开始呈现，这样穿插起来安排内容，让游客从街头到巷尾，就会不断地停留、不断地互动。

此外，在 20 米宽的街中间做了很多遮挡物，做遮挡物的原因是什么？做成一个双边，每边内容都不同，游客走到头还得走回来，这个时候就相当于 1000 米了。

不夜之城

也就是说在做文旅的时候，尤其是在做文旅动线的时候，大家一定记住一点：一切都是为了留住游客的时间。

能够留住游客时间，就可以留住游客的一切。很多城市留不住游客一夜的时间，这是非常尴尬的，大家知道白天不管是多少门票和二销，其实都比不过晚上一张床的消费。所以今天一定要做一个时间的轴线，通过时间轴线的逻辑留住游客的时间，留住一个游客的时间，胜过得到两个游客的流量。

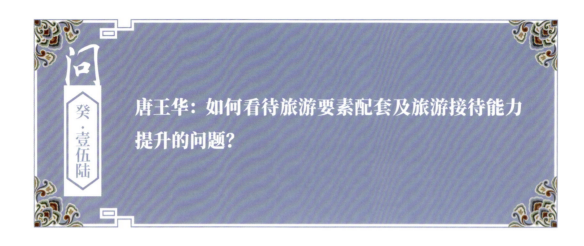

唐王华：如何看待旅游要素配套及旅游接待能力提升的问题？

刘磊 答

　　旅游配套要素及景区接待能力既是基础，也是未来的挑战。有了基础，景区才能吸引游客，有了游客，景区才能盈利，才有影响力。只有应对好挑战，才能保证服务水平，才能维持口碑，才会有更多的游客、更多的钱。

　　往往在一个景区火爆的时候，也是这个景区面临挑战的时候。景区火爆之后就会有大量客群到来，如果这个时候无法提高相应的接待能力，那么在景区范围之内一定会出现各种各样的问题，这些问题的出现便会影响来到这里的游客们的体验感。而在这个时候景区的热度还在，还有大量的人会关注着这里，"高流量"反倒会起到一个适得其反的作用。所以，获得高流量的同时切不可沾沾自喜，反倒需要更加谨慎，完善旅游配套要素，提升旅游接待能力，这才是要长期打造的，长期主义、利他主义才是未来。

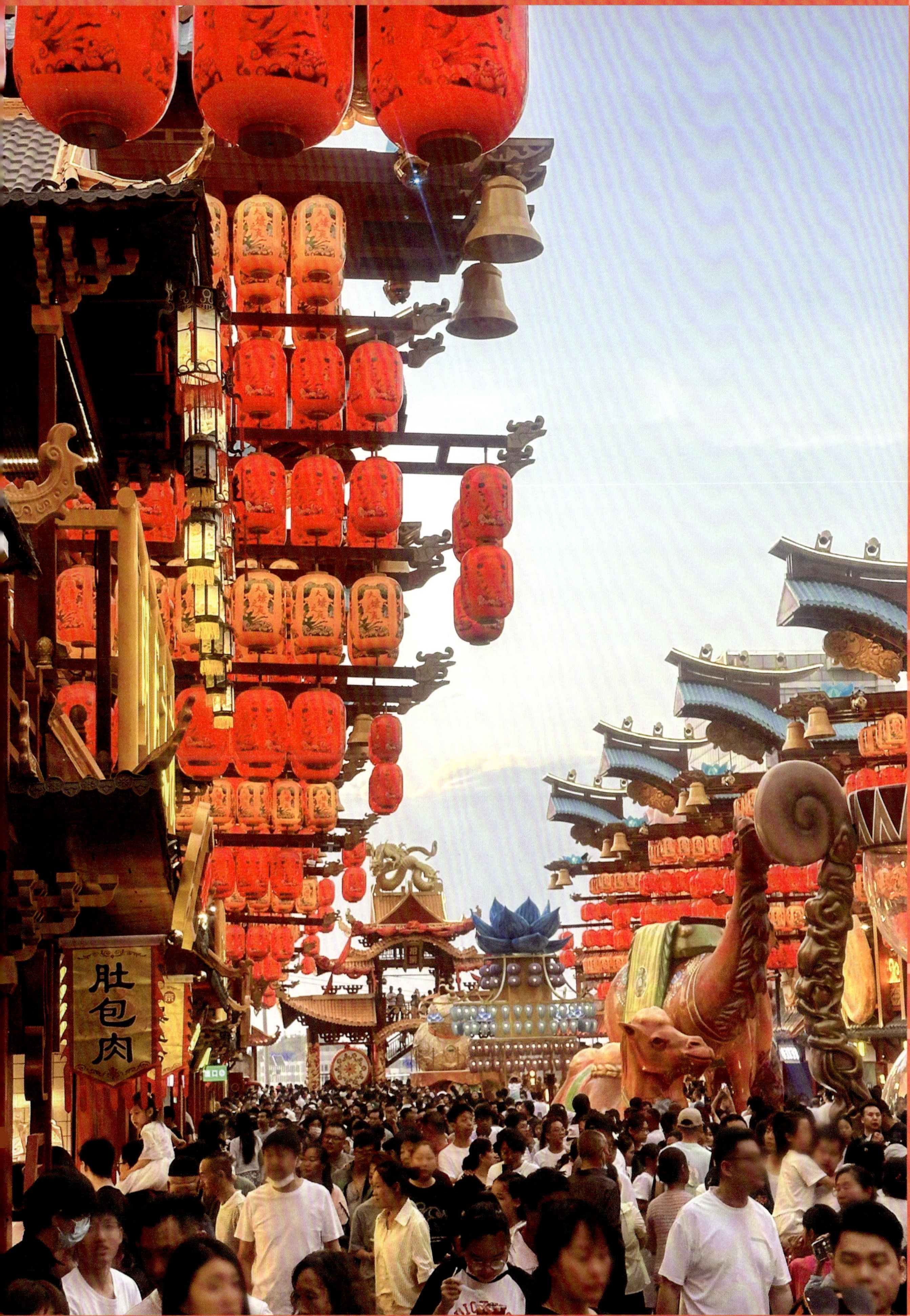
肚包肉

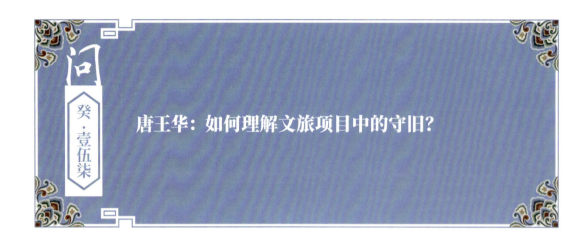

唐王华：如何理解文旅项目中的守旧？

刘磊 答

457

不夜之城

不少景区、不少旅游从业者是比较守旧的，这个时代还习惯于用之前的打法去做。20 年前大家还用着模拟机，现在模拟机早都没有了。所以 20 年前的打法和现在的打法完全是不一样的。过去有一句话叫"一招鲜吃遍天"，可是这个鲜却不好长保，既要自比，又要他比，还要照顾游客的需求变化，所以实际上是任何一个企业，都要升级和改变的，只有这样才能长保新鲜度。

就旅游演艺来说，已经经历了几代产品，如第一代产品是以山水为媒的大型户外演艺，以《印象·刘三姐》《印象·大红袍》为代表，这一代产品观众与演员基本上不进行互动。到了第二代产品，如《又见平遥》《只有河南》，演员与观众开始互动了。可是到了第三代产品，如东北不夜城就已经把游客变成演员了。这个时候游客的体验需求也发生了质的变化，原有的"一招鲜"，在对比之中，就没有那么大的吸引力了。当二代、三代产品都大量出现的时候，仍要真金白银地投入第一代产品，这不是一个很好的选择。

我两年前见到一个企业，投资了一个大型演艺，投资上亿元，但开演一天就停了，为什么？因为一场演出 200 个演员，却只有 20 个观众，这搁谁也没有信心了。但是已经投进去了，变成了重资产，演出阵容无法维持，演员大量离开之后，所有的投入基本上就打水漂了，变成零资产也有可能。

大家也可以看到，这两年很多项目学习拈花湾的水系灯光，结果是到哪儿都差

不多，同质化严重。实际上，灯光技术的创新在过去一段时间并不是特别多，只是更新了一些排列组合。如果还是以模仿的思维、过去的逻辑打造灯光项目，也一样会面临"一招鲜早不鲜"的问题。

当然，也不是说只要最新，旧有的全部拿掉。之前，认识一位董事长，他说你写有《袁家村的创与赢》一书，肯定认识村书记，我有个建议想提给他，请帮忙带话。他说袁家村的路面有个极大的缺点，就是不符合现代人的消费习惯，游客拿拉杆箱很不方便，应该采用平整石材，这就涉及视角的问题，不够平整的石板路，对应着传统袁家村的场景，回应着游客的回归体验，这是更基本的产品逻辑与理念。

我们在做不夜城的时候，重点要做设计、运营方案，前些年大量做美食小镇的时候，也提供各种特色的设计，设计过程中发现，如果按过去守旧的逻辑去做会很麻烦。之前在南方的一个城市，要做一个怀旧的形象墙，计划使用锈钢板，需求方也觉得方案很好。可是一周完成后，大家傻眼了，锈钢板变成了不锈钢板，亮闪闪的。工程队长说，新的不是更好看吗？这也是旧有思维带来的问题。

其实说到底，守旧思维更主要指原来的惯性思维。一切以游客真实需求为导向的思维，都不守旧。

唐王华：景区引流的核心是什么？

了解市场是前提，但如何通过市场形势分析出文旅的运营之法更是需要思考和探究的。目前旅游市场，自助游、夜间游、休闲游已经成为主流，但大多数景区依旧故步自封，没有迅速改变思维模式。

锦上添花文旅集团打造的轻资产不夜城代表了微旅游业态，充分挖掘了周边游客对旅游的需求。

二八定律很适用，景区效益其实是 20% 的时间创造了 80% 的流量和现金流，传统节日和寒暑假是关键点。

面对旅游市场要做存量、做口碑、做新媒体，要做战略储备。及时当勉励，岁月不待人，未雨绸缪是文旅人要有的心智和目标驱动力。

节庆活动的实施只能成功不能失败，专业团队操盘至关重要，但是找单纯利润分成的植入主题的团队一定要慎重。

营销活动能换来井喷的流量，有节日要把握，没有节日要造节日，现在市场的"618""双11""双12"都是造节的代表，这也适用于文旅行业，要想办法，而不是坐以待毙。

文旅行业要生存，一定要主动出击，主动求变，这样才能"物竞天择，适者生存"。

正确的策划思维是由专业的运营团队，对项目定位、场景设计、施工建设、商业业态进行优化整合，一切以结果为导向，贯彻"谁对市场负责，谁有决策权"的理念，项目主线明确，关键环节高效落地。

营销需要的不仅仅是挖掘当地的资源，还要导入国内外更多的新理念、新资源，在年轻人主导的旅游市场里游客更喜欢为新鲜事物买单，不是外来的和尚会念经，而是念的经不一样。

文旅项目的战略定位就是差异化，在文旅项目运营中，"求同"是大忌，谁模仿、谁抄袭、谁一成不变，其就会被市场淘汰。齐白石曾讲过，"学我者生，似我者死"。意思是说学习可以，借鉴能生，但是你只是一味地模仿，而自己没有创新，将只能走向消亡。

没有自己的东西是走不长远的，锦上添花的每个项目都在自我创新和升级，看得到的外表绝不是机密。

现在很多文旅项目"千城一面"，很多仿唐、仿宋等外观差不多的文旅项目为什么

没有游客呢？这不好回答，但至少说明这些"基建"不再吸引人心智。

夜经济是大趋势，夜间消费是白天的 4~5 倍，引流策略要学会换位思考，与游客共情的能力很重要。游客想看什么，愿意看什么，怎么产生口碑效应要弄清楚，需要打动游客的心，有了心动才会有行动。内容决定了吸引的人群，家庭游、"80后""90后""00后"，每类人群的喜好都有很大的区别，千万别一概而论。要做小而精，众口难调，针对特定人群的内容植入才会有奇效，不必面向众口。

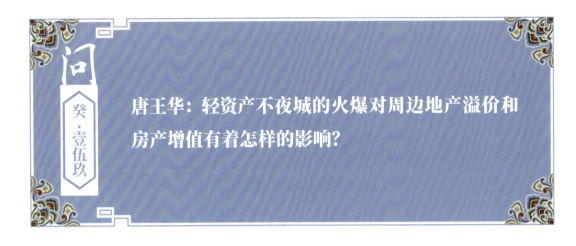

唐王华：轻资产不夜城的火爆对周边地产溢价和房产增值有着怎样的影响？

刘磊 答

不夜之城

靠娱乐体验赚钱的迪士尼的营利模式是"轮次收入模式"，亦即"利润乘数模式"，指的是迪士尼通过制作并包装源头产品——动画，打造影视娱乐、主题公园、消费产品等环环相扣的财富生产链。所有进了迪士尼的客户都是重复消费的，就是滚动不断重复消费。其中，迪士尼主题乐园收入占到总收入的 30% 以上，仅次于排名第一的媒体网络板块。

目前大部分文旅项目中，地产收益比重仍占主导，特色文化街区不仅提升当地知名度，更为地产增值创造空间。

首先，售房可以快速回笼资金，这是地产项目的利益根本，地产项目的定位开发，首要是通过销售来实现盈利。出售的物业类型可以有住宅、商业及写字楼，因为旅游开发让所在区域的价值得到提升，旅游地产的售价要比其他区域高很多。据说，迪士尼落户上海，园区还是一纸方案时，周边的土地与项目就已借风狂涨。

其次，品牌影响力增加自持物业收益。旅游地产中的部分物业可以自持，取得经营性收入。比如主题酒店、会展中心等物业，随着区域价值提升，人气聚集，以及品牌影响力的扩大，其收益将不断增长。

在迪士尼乐园中，衍生品销售和游乐设施几乎是捆绑在一起的。比如"星球大战"主题的游乐设施的出口，就是一家非常大的衍生品销售商店，很多游客无法抵挡诱惑而纷纷掏钱购买。据悉，电影《冰雪奇缘》中爱莎公主穿的裙子在美国的年销售量达 300 万条，迪士尼光靠卖裙子就实现了一年 4.5 亿美元的收益。

特色文化街区的魅力在于它的文化占位、独特性能够为顾客带来更高频的"二次消费"。街区与传统的旅游景点不同，它不以门票为主要盈利手段，而是通过人流达到营销、盈利的目的。

众所周知，"吃、住、行、游、购、娱"是旅游六要素，从逻辑上来看这些要

不夜之城

素深刻地影响着人流，同样也影响着地产增值。"吃"作为六要素之首，是特色文化街区创造地产增值的第一大要素。

特色文化街区中的美食均以当地传统文化为根基进行挑选，让游客能够真实体验最具特色的美食，真正从"口"中了解当地人文风俗。这些贴近生活本源的食物，却正好抓住了游客的体验核心，占据了传统文化维度，提升了顾客对于特色文旅街区的信任，增加了游客"二次消费"的频率。

通过流量的不断累积，特色文旅街区也不断成了打造地方名片的最佳方式，当街区成为名片，能够带动周边地价，成为创造地产增值的秘密武器。

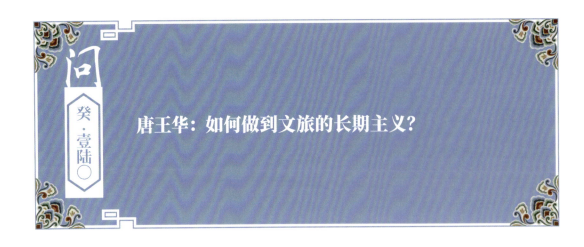

问 癸·壹陆○

唐王华：如何做到文旅的长期主义？

刘磊 答

　　文旅的长期主义是指要不断地升维和升级。很多景区无法实现真正的升维，没有办法真正地升级，导致出现了很多的问题。

　　大家可能无法想象的一件事是，我们的不夜城景区是可以搬家的。东北不夜城就有一个现实的案例，东北不夜城刚开业的时候，有几个产品老百姓不太喜欢，没有客流，当天晚上吊车过来就把这几个产品吊走了，换了新的产品进来进行迭代。

　　周周有活动、月月有节过，这样就造就了有序循环和不断健康发展，从而实现真正的文旅的长期主义和不断升维的这样一种结果。

不夜之城

在我看来中国的所有区域都适合做新文旅，新文旅就是文化＋生活＋商业，重新结合、重新包装，形成城市品牌 IP，最后把当地文化复兴、文化自信建立起来。

比如这几年华为手机、小米手机，都是以国人心智做国货之光从而影响世界；再如李宁、安踏将运动与国潮结合后形成时尚品牌，销量一度超过国外品牌。

换句话说，每个地方都需要创造建立自己的新文旅空间。最后我想说，区域新文旅代表新经济、新动能、新惊奇、新体系、新传播。为什么倡导营销团队形成战略合作伙伴关系，因为这样更便于梳理主线，营销必须围绕主线展开，不断向游客灌输概念。

营销必须投入，但是要花在关键和重要的点上。

我一直致力于产品的不断更新和迭代，所以不怕任何人的抄袭。东北不夜城是夜经济 2.0 版本，我们在此基础上，已经研发出了夜经济 3.0 版本，也就是"城市舞台"模式。

"星星之火，可以燎原"，文旅业一定会在短暂的蛰伏后，迎来新的辉煌，而我们也将会是这段崎岖路上的启明星。

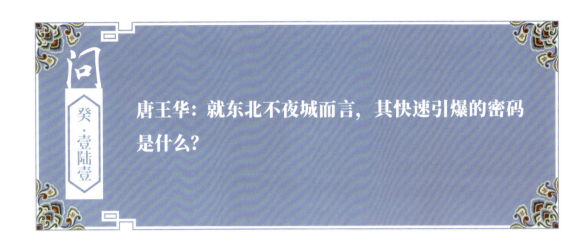

問 癸·壹陸壹

唐王华：就东北不夜城而言，其快速引爆的密码是什么？

刘磊 答

全案打造的东北不夜城，在 2021 年疫情期间运营 163 天，接待游客 400 余万人次，由此在全国引起了讨论的热潮。来自各地 130 批次代表团前来考察学习，央视媒体集中报道 10 余次，收获了"国家级夜间文旅消费集聚区"、中国旅游投资"艾蒂亚奖"等桂冠。东北不夜城之所以迅速引爆，在它的快速成长里面，有两个位、三步曲和四个关键词。

第一是站位。政府决策迅速，站位高远，最终确定"点亮东北，从梅河口开始"这样的战略，"小城市，大野心"。正如吉林师范大学传媒学院院长说，"梅河口不是野蛮生长，而是有自己的进化逻辑。"这句话足以证明这座城市的"总导演"——政府领导是长期主义思维。

不夜之城

第二是占位，没有占位就没有地位。东北不夜城在政府的主导下，和锦上添花协同作战，从战略上占据了一个生态位，精准地站在大东北的制高点，占据了公共资源"东北"这个强大符号，抢占食物链顶端，与对手错开了竞争，超越了竞争。

政府的站位和锦上添花的占位相当于两个轮子，形成了飞轮效应，共同加速了不夜城的进化，几天内长成一个超级物种，这具有偶然性，也有必然性。可以说，东北不夜城的诞生本身有一定的戏剧性。

三步曲，第一步是抢时间。东北不夜城实现了当月设计、当月施工、当月开街的奇迹。从 2021 年 4 月 13 日开始，仅用 17 天时间完成打造，"五一"开街当天流量达 38 万人次，"五一"期间共接待游客 133 万人次。从一条干巴巴的马路进化成一条知名度高、人气爆棚的文旅街区，时间之快、下手之准、场景之锋，无出其右。道生一，一生二，二生三，三生万物。这说的是如何无中生有的规律。道就

是规律，道就是人心，进而，游客的心智方向就是街区的战略方向。政府的初心是战略的核心，政府的快速决策，以及"上下同欲"的执行力，再加上"容缺机制"的催化，让文旅"化学反应"更迅速，进而书写了17天奇迹的神话，创造了中国文旅新纪录。

第二步是找母体。文旅的核心就是找魂，找魂的基础就是找到文化母体，从生物进化论来说，没有母体的生命无法存活。东北不夜城的前后门相当于杂志的封面和封底，封面是国潮风加上地方文化母体海龙的元素形成了时尚潮牌楼；后门提取梅河口老火车站文化母体做五联牌坊，让游客顿生回念，激发回忆。所有的行为艺术装置均来自当地的文化母体，比如东北是中国琵琶之乡、中国诗词之乡，做了《云歌琵琶》和《梅河墨舞》的行为艺术等。

第三步是造场景。一步一景，一店一景。从文旅商业来说，场景的造物能力催生流量池。场景是城市的新语言，网红是城市的C语言，这两个语言重新定义了梅河口市的人格魅力，让这座城市更加年轻，只有吸引了年轻人这座城市才是有活力的。场景具备可拍照诉求已经是文旅产业不可或缺的标配。没有场景池就没有流量

池，场景才是文旅的眼睛，也是文旅的神经。

四个关键词，第一是仪式感。仪式感是旅游 DTC（Direct to Context，这个"C"不只是用户，更是场景）时代的造物逻辑。苹果和小米都是实践者。比如，来一场说走就走的旅行，谈一场奋不顾身的爱情，都可以视为旅游产品的"仪式感化"。几乎所有产品的表达，都逐渐从"物以类聚"进化为"人以群分"，这种人群分类的底层逻辑就是一种标签化、圈层化的文化。

从东北不夜城游客的兴趣标签来看，古风亚文化代表的期待感创造了仪式感，增加了游客在这里体验的惊叹指数。

另外，从东北不夜城的产品逻辑来看，大量文旅商业机会来自洞察仪式感场景所形成的解决方案。

第二是参与感。好产品，一定是极致单品，但是从一开始它就是未完成的。无论是篝火晚会、泼水节，还是不倒翁演出，游客的参与感、互动感空前提升，游客的获得感、满足感增加，创造了难忘的瞬间。锦上添花团队在文旅高维战略上，始终坚守"导演主义"，让游客参与到产品的打造中，游客变演员才能留下什么，带

走什么，这都是情感的参与逻辑。

第三是温度感。温度感是基于人格形成的，这是必然结果。人是最大的场景，人是街区最好的产品。人是有血有肉的，是有温度的，有情感的，这是裂变式传播的基础。正因为人的存在，才会有交互和沟通，才能将需要变为想要。情感告诉今天所有产品一定要具备谈论、分享、治愈，以及针对特定场景的特性。东北不夜城有多个行为艺术演艺，这是微秀场，是文旅街区的新场景、新语言，引领了当下"Y世代"与"Z世代"年轻人的审美。

第四是流行感。对文旅来讲，流行即流量。东北不夜城用精致国潮风与流行时尚元素融合表达，创造了流行感。特别是古装形成的亚文化标签，更是流行中的"稀有气体"。这种流行某种意义上属于移动互联时代的流量能力，不在于online或offline，而属于全渠道表达。一切行业皆为娱乐业。东北不夜城的流行感就是游戏思维模式下的娱乐业的别样表达。这种流行切中了游客的心智，迅速转化为社交货

币在社交平台裂变。

曾有一位外地的游客离开梅河口后作出评价："拿来主义！十里铺是江南徽派的，海龙湖是人工改造的，沙滩浴场是马尔代夫的……流量为王的时代，一切皆可颠覆，迅速引爆即赢家！"从本质上说，这位游客说对了一半，不管她所讲的拿来是贬义还是褒义，有一点是确定的，那就是模仿很可怕，只有盗取灵魂才是根本，这才是文旅界的"毕加索主义"。东北不夜城从活下来到活下去，自然有本身的强大基因，很多人只看到了表面，只知其然，不知其所以然，只看到了一个漂亮的杂志封面，并没有对其内容深入了解和品味。

总之，这个时代的文旅商业规则已经被重新定义，东北不夜城这种以人为中心的连接方式和造物逻辑，如果用一种方法论来表达，就是——超级 IP 生存法则。这也是东北不夜城为什么能以迅雷不及掩耳之势 C 位出道的秘籍，同时，我们认为东北不夜城一定是一锅"老汤"，越熬越有味道。

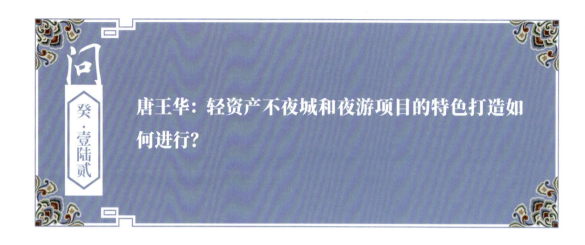

问 癸·壹陆贰

唐王华：轻资产不夜城和夜游项目的特色打造如何进行？

刘磊 答

古往今来，人们追求逐光而居，向光而行。赏月、观灯、夜市、夜游等活动构成了美好生活最鲜活的表达。随着文旅产业日趋完善，夜游经济服务经济社会发展的时机和条件愈加成熟。

夜间文旅消费集聚区的打造，虽是掘金"四季全时"旅游发展的重要手段，但其开发必须以一定的日间旅游发展基础或商业发展基础为前提。如成熟的景区、商

业圈、具备客流量基础的古镇等，且选址地必须建设完善的停车场、Wi-Fi 全覆盖、旅游厕所等基础设施，应优先解决日间文旅经济发展的制约因素，杜绝夜游项目的生搬硬套和盲目开发而导致资金与资源的浪费。

从夜间文旅消费集聚区的成功案例可以看出，串联区域标志性景观及城市文化场所，对其进行统一的主题营造和夜景设计，是凸显城市调性、促进景城夜间一体化发展的通用方式。应根据场地现状及文化禀赋，规划一条或多条主题游线系统，通过多项地标观光及夜游体验产品的组合，使原本独立的景点及文化场所相互联动，共同形成城市夜间文旅的品牌影响力。

在灯光秀、旅游演艺日益成为景区及城市夜游"标配"，"灯光一亮，黄金万两"成为各级政府共识的时代，要避免夜间文旅项目的同质化，形成人流聚集的核心吸引力。需要从区域文化内涵入手，包括城市人文历史、现代时尚文化、特色生活方式等，将区域文化故事与地域风情通过光影、演艺、沉浸式体验等手段进行提炼、重构与亮化呈现。构建符合城市气质的特色主题与文化 IP，才能够形成夜间文旅项目的独特性卖点与差异化特质。

夜间文旅消费集聚区的打造，要突破传统的夜间观光、夜间文化展览和夜间零售概念，应从满足居民及游客多元休闲消费需求出发。通过"吃、住、行、游、购、

娱"等产业相关要素的业态化创新组合，创造多元化的消费场景并打造一站式的服务结构，升级夜游体验质量。并通过文旅产业带来的人气聚集与创意聚集，带动商业企业的入驻及规模化的经济发展，形成文旅商一体化的综合发展结构。

"白天一景，晚上一秀"成为旅游景区着力强化的旅游特色，夜间游娱逐渐成为最具消费潜力的消费方式，同时夜游还具有完善城市旅游功能、促进城市经济发展、弘扬城市传统文化的功能。夜间旅游首先给人一种独特的空间感，时间短而集中，空间具有聚集性的特点。利用灯光等效果，夜间造景是夜间旅游项目最初级也是最普遍的开发方式，灯光是良好夜间旅游氛围不可或缺的基本要素，夜间景观打造是夜间旅游的基础手段。

近年来，各地政府纷纷出台政策文件鼓励发展夜游经济，"夜游产品"开发也成为传统旅游景区提质升级、优化产业结构、挖掘增量消费市场的又一热点。夜游产品打造很重要的一个概念就是塑造旅游 IP，因为只有拥有 IP，才具有传播属性，才能形成让人买单的理由。

夜游是从"亮化"到"美化"再到"文化"，逐步前进的一个过程。把区域的文化故事，通过灯光，通过一系列道具或者载体反映出来，让游客感受到地域特点和风情，这样夜游产品才具有强生命力。

　　"夜游"这个词是由过去城市照明得来的，城市的照明进阶方式分为三个阶段。第一个叫"亮化"。就是把建筑、街道等场景从黑暗中照亮，这是夜游的一种雏形方式。

　　第二个叫美化。美化的一个重点就是保持建筑物或场景的层次感，因为有层次感才有美感，才有轮廓，所以从舞台美术来讲，灯光是在定义空间，定义出一个物体哪些方面需要照亮，哪些方面需要阴暗，这样才更有层次感和美感。

　　真正的夜游始于从"亮化"到"美化"的进程。现在我们城市当中，有些只是简单地把建筑点亮，有些则有很强的美感，这是两者之间最大的区别。

　　如果只是从"亮化"到"美化"，实际上很容易审美疲劳，更重要的一个阶段为第三个阶段，叫"文化"。把这个区域的文化故事，通过灯光，通过一系列道具或者载体反映出来，进而让老百姓或者是游客深切感受到。从夜游产品来讲，这"三化"还是不够的，必须打通商业闭环才能形成夜游产品。"三化"更多是一种城市的公共性服务，这种公共性服务使城市由原来的黑暗变得有美感，最后有文化内涵。

　　形成夜游产品，重要的一点就是要塑造旅游IP。夜游IP跟其他IP的不同之处在于，夜游IP一定要结合夜游的整个区位，区位到底如何？有什么样的特点？要通过这些来决定IP的塑造形式。

不夜之城

也包括商业上的定位和街区的艺术风格，在打造 IP 时，是什么样的故事和逻辑框架，需要做什么样的互动体验设计，以及开发什么样的衍生品等，这些都是一个成熟的夜游产品开发需要考虑的内容。

夜游产品开发有以下几个关键要素：

（1）应该有一定的存量客户资源。如果一点游客量都没有，从零起步去做还是有一定风险的。有存量客户，特别是百万人次的客源，承接晚上夜游的开发，成功的可能性会大大提高。

（2）要有一定的住宿接待能力。夜游都是在晚上，如果没有住宿接待能力，游客晚上在景区游玩就会有住宿上的顾虑和担心。

（3）最好属于大中型旅游度假目的地。大中型旅游度假目的地的配套服务相对成熟、稳定，具有服务保障的条件。

（4）区域上最好临近大都市。比如拥有千万级人口的城市周边，人流量和消费需求都有保证，更容易形成夜游的消费习惯。文旅夜游的规模可大可小，但主题一定要鲜明、特色突出、文化味十足，哪怕是一场小型的夜秀，也要做到极致。

只有不断创新，在提高游客满意度上下功夫，才能实现从"夜游节庆化"到"夜游常态化"的转变。

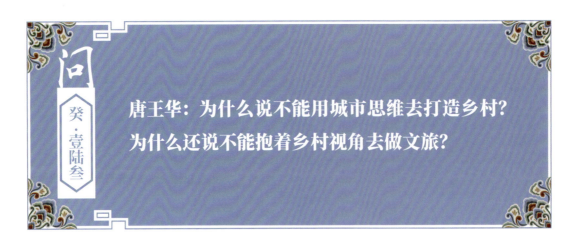

刘磊 答

今天在推动乡村振兴的过程中，很多是以乡村旅游为重要抓手的，为什么？一是找不到更多有效的途径。二是文旅这一块，有现成的参照模式，做起来很容易出效果。但是这两年也看到了很多乡村旅游项目出现了问题，原因就是"城市思维"，以打造城市的思路打造乡村，这违背了乡村旅游的基本规律。

　　之前有一个段子，说一个城里人来到乡村，看到一个老大爷喝水的茶壶，就想买下来。老大爷说，你出多少钱呀？城里人说，我可以出五百元，但是我今天没带钱，我明天来拿。老大爷觉得很划算，所以特别高兴。晚上的时候，老大爷就想了，全是茶垢的茶壶，五百块钱让人家拿走，有点不好意思，我给它洗洗吧。结果用钢丝球里里外外把茶壶洗了个遍，所有的茶垢全部洗掉了，洗完的茶壶跟新的一样。结果第二天，城里人再来，说不要了。原来，城里人想要的是有茶垢的茶壶。

乡村旅游项目也是一样，城里人来到乡村，想见到的一定不是熟悉的城市风貌，一定是特别的乡村独有的乡野风貌。所以，乡村风貌的改变一定不能采用城市思维。比如，很有传统味道的乡村巷道，房子外立面一定不能用白瓷砖之类的，灰瓦青砖的格调才更有乡村的质朴味道。城里人来看，绝不是冲着白瓷砖来的，甚至会对其特别反感。

同时也看到，现在有些村子动不动就往墙上画画，说是彩虹村、画家村，或者叫油画村、水彩村，不少一问世就火爆了。网友也说，哇！这些村子里的画好漂亮啊，画师有创意、有情怀……但实际上，画的那些东西，我不知道大家见过没有，很多和乡村没有关系。如果以为只是改变一下乡村的展示"肌理"，就能够推动乡村旅游发展，都去画各种画的时候，一定会出现很多问题的。就像月饼包装一样，外表做得再漂亮，里面的东西不好吃，是骗不了很多人的。

不夜之城

　　很多乡村在发展旅游的过程中，把原有的野趣全部铲掉了，做了大草坪处理，种了很多冬青树、松柏树之类的，它们还有价值吗？大家去乡村，要的是差异化，要的就是乡村野趣。即使是农田，也不必这么齐整。再说养护成本，草坪的草，是"温室的草"，生命力可比不上野草，更无法在野外与野草相比，不养护一年就没了，如果维护，成本哪里出？谁出得起？

　　之前到了一个 GDP 特别高的城市，非常有钱，给一个村子补贴 5000 万元让搞乡村旅游，结果是什么呢？结果光去做基础建设了，还修了一个特别大的健身广场。这个健身广场的标准比城市小区的标准都高，但乡村旅游的核心吸引力没有，没有多少游客。话又说回来了，即便有游客，有几个是奔着这里的健身器材来的？只有当地的一些老年人偶尔用一下，这样就造成了大量的资源浪费。

　　以乡村的视角和逻辑去做旅游也会出现很多问题。不种点花、不种点草、不搞

点田园，好像都不会干旅游了。过度还原乡村也是一个问题，之前去了东北，考察了十几个乡村，发现里面都有磨盘，村口都有水车，这些怎么成了乡村旅游的标配呢？如今，这些能产生多大吸引效果呢？谁感兴趣呢？外在的形象与实际的内容产生明显的反差，会不会让游客反感呢？所以，我觉得不能完全以乡村的逻辑去干旅游，不应该有这种现象。做乡村旅游和做其他旅游一样，要有游客思维，要关注游客想要什么，而不是我想给游客什么？

　　我还去过一个城市，这个城市人口不多，过去是农业市，后来照着袁家村的样子做了一个乡村旅游项目，结果只维持了三个月，就没人了。我们去看了之后发现，它的还原度特别高，模仿袁家村，也是驴拉磨，肉夹馍、凉皮，这些东西。但是我

认为它还不是在产品上出现了问题，主要是大方向出现了问题。这个城市以前是个农业大市，老百姓近几年才住上楼房，这个时候又搞了一堆农业的东西，又是驴，又是玉米大蒜，对谁有吸引力呢？当地大部分人没有新鲜感，这就违背了旅游的基本逻辑。

此外，还有花海等旅游项目，本地物种还好，如果是外来物种或者是跨气候区的物种，比如薰衣草之类的，不但每年的种植养护成本很高，而且观赏游览期很短，旅游价值，特别是乡村旅游价值实在是不高。所以，今天做乡村旅游一定要因地制宜，不能忽略了气候条件，忽略了自身条件去做，否则会南辕北辙，结果会非常艰难。

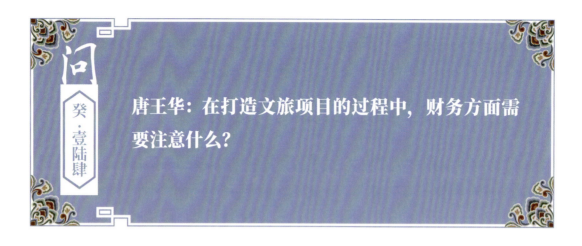

问　唐王华：在打造文旅项目的过程中，财务方面需要注意什么？

刘磊　答

　　我大概在十年时间走访过1000多个项目，在各种文旅企业调研时，给我的感觉是什么呢？很多在财务上面有问题。这里不是指犯罪问题，而是指管理问题。财务是什么？是项目的保险、护城河，是预警机制，也是项目的命。

　　很多企业面临着现金流问题。现金流比利润重要十倍。很多没有现金流的企业在疫情中阵亡了，有的连三个月都撑不住。

现金流是为了应对企业可能面临的各类问题，保证现金流充裕就是为了保证企业具有应对各种困难的能力。新冠疫情时间之长确实为很多企业，特别是文旅企业带来了很多的困难，如果没有足够的现金流储备，或者没有很好的现金流解决办法，除了阵亡没有别的结局。当前，新的经济环境下，任何企业都很难预测将来要面对的困难，所以一定要把现金流做到极致。要知道，花钱如同水推沙，赚钱却如同针挑土。必须保证企业的长期持续经营不受影响，必须保证极好的投资机会不因钱而丧失。今天我们可以看到，原来很多有钱的老板，现在可能连几百万元都拿不出来了，这就是他们的现金流出现了问题，他们的资金全部押在了固定资产上了，手里的成百上千套房子、院子出不了手，回笼不了资金。导致他们的项目或企业运作出现了很大的困难。

大企业也好，小企业也罢，只要想长期经营下去，正视财务问题是最基本的要求之一。要保证现金流充实，更要把财务做得清清白白，这样是对自己负责，对游客负责，也是对国家和社会负责。

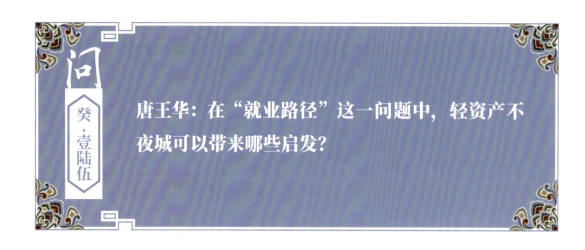

问 癸·壹陆伍

唐王华：在"就业路径"这一问题中，轻资产不夜城可以带来哪些启发？

刘磊 答

489

　　文旅不是一个单独的旅游项目，而是多产业融合下的产物，在这个融合的过程中，就会产生很多的就业路径。轻资产不夜城就创造了很多的就业路径，可以看到那些商铺主脸上的笑容。由小见大、用小众带动大众就是我们的策略。

　　文旅本身就与人们的休闲生活、文化活动、精神需求和物质需求休戚相关，是旅游业、娱乐业、服务业和文化产业等融合形成的经济形态和产业系统。一条文旅街区的兴起势必会带动周边经济的繁荣，在传统文化商业新生过程之中会产生很多的就业路径。轻资产不夜城这条文旅街区其实更像是一个大舞台，让更多的人可以在这个舞台上面展现自己。可以说不夜城就是一个全新的平台，一个充满活力的创业平台。

　　在当下，"夜游经济"是城市商业版图的必争之地，推动"白＋黑"的模式更是遍地开花，商业活动时间的增长带动经济的繁荣。但需要警惕的是这样的"白＋黑"模式不能只是表面的形式而已，发展"夜经济"是服务人民的，不只是给人民提供更多的文化场景，增强幸福感，还要增加就业路径，繁荣经济，为民服务。总结起来就是一句话：为民谋利才能让"夜经济"长久。

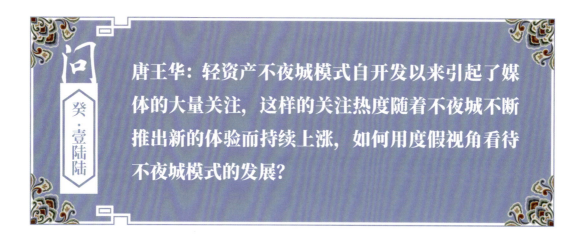

癸·壹陆陆

问 唐王华：轻资产不夜城模式自开发以来引起了媒体的大量关注，这样的关注热度随着不夜城不断推出新的体验而持续上涨，如何用度假视角看待不夜城模式的发展？

刘磊 **答**

在消费升级的大趋势下，大众的消费行为逐渐从物质层面向精神层面转变。对于消费的品质感、体验感和文化感的需求日益增加，可以说人们的要求是越来越高。消费端的火爆、利好政策的不断出台、投资的扩大，使得文旅行业保持着高热度和关注度，也就催生了新模式、新业态和新动向。

就近年来看，"地产＋文旅"几乎成为组合。一方面因为房地产市场增速放缓、传统方式拿地难度加大以及政策限制等多方影响，超 1/3 百强房企涉足文旅，以住宅、公寓、商业街区等各类房产形态，配上高度标准化的旅游演艺、酒店群、主题乐园和街区等业态，借助大投入、大规模、高度可复制性的操盘模式落地，抢占文旅地产赛道和优质资源。另一方面，传统文旅运营商如华侨城、宋城、长隆集团等，通过文旅项目的持续良好运营带动周边土地升值，转化为房地产溢价，反哺文旅项目运营，也给项目的异地化复制提供了良好的现金流支撑。地产不仅可以是"诗和远方"的物质基础，也可以作为文旅的内容场景和空间。

度假化的核心就是"住＋玩"，无住宿的景区谈不上度假，无游玩设施和风景视野的酒店也难获得度假客青睐。所以酒店和景区的度假化，归根结底是改变过去单一住宿或观光功能，适应游客一站式实现旅游、休闲、疗养、购物等的新期望。

旅游体验化、度假化趋势助推内容生态的发展。过去，文旅项目以单一要素、硬件型项目居多，那时候主要是各种形态的住宿类产品和以索道、玻璃栈道、栈桥、

不夜之城

山体观光电梯等为代表的设备类产品。有文化内涵、互动参与感的软性内容其实并不多。而现在，运营方、资源方、投资方对内容型产品需求日益增长，文旅内容生态多元化格局开始呈现。

当然还有 IP 化，这几乎已成为文旅界的共识。不管是自主开发，还是联合授权，或者收购，各大文旅企业都在积极拥抱 IP。IP 意味着辨识度，它存在于消费者的心智中，能赋予产品差异性，就是我们常说的辨识度，帮助其在激烈的文旅市场竞争中凸显。也意味着关注度，自带粉丝、话题性和传播能力，IP 是基于内容力的流量，可以为文旅产品的营销赋能，没有度假的旅游在未来很难留住大消费。

问 唐王华：什么是文旅项目中的利益共同体？

刘磊 答

493

做旅游其实做的是人的事，万物离不开人，人是最终的逻辑，看上去做的是山水或者是人文小镇的事，其实不是。今天一定要把人性做剖析，做旅游的时候最重要的是保证各方面的利益。一切都是人的事，做项目必须让政府满意、当地居民满意。一些项目，政府如果不重视的话，很难做起来。比如说逢年过节，人多了特警不出勤，这个事就没法干；景区很火，但是当地居民不满意，就会发生利益冲突；但如果投资者赔钱，那也不行，所以今天必须保证各方面利益。当三方面或者四方面利益，

不夜之城

还没有想清楚的时候，项目就会存在一些潜在问题，结果可能导致失败。所以要形成利益共同体，使得各方面都从中获益，于是各方面便会主动保驾护航。

之前我到一个景区，那里有一片湖，湖水看起来挺脏的，水黄黄的深不见底，也看不见底。湖旁边有一个小茅草屋。小茅草屋的老板是卖面的，我在那里考察的时候就发现这个卖面的老板，是没有自来水的。那没有自来水怎么做面呢？你会发现他就拿桶去打湖水，然后给游客去做饭。这个时候我就问他了，我说这个水这么

脏，都快臭了，怎么能拿这个东西给游客煮面吃呢？老板说我不吃，这是给游客吃的。大家想一想，这是不是他认为他的利益和游客的利益是不一致的，从而牺牲了游客的利益。这种做法是没未来的，一旦被发现，只有关门大吉。

还有很多专家，他们给出振兴旅游业的妙招是什么呢？让各个景区降价。我不支持降价，大家知道降价实际上在降什么？成本。我经常给大家讲一个案例：春都火腿肠为什么会死？春都老板到了日本以后，发现了火腿肠这个产品，便引入了中国，没几年他变成了火腿肠的老大。但他面对竞争为了降成本，减了火腿肠里面的肉，价格由一块五毛钱一根，变成了五毛钱一根，70%是淀粉了，弄得消费者不愿意吃了。反而是双汇火腿肠加了肉以后，不仅没有降价，而且涨价了，结果生存了下来，做成了火腿肠的第一品牌，春都则破产消失了。所以降价不一定能活，降价降本导致降质的时候，可能就活不了了。比如说原来一碗面卖十块钱，有两块钱的利润，

不夜之城

要降成八块钱，要么牺牲你的利润，要么牺牲消费者的利益，那这碗面消费者就不一定买账了。所以今天的景区，如果大规模降价免票，结果是什么呢？没有收益，甚至消费者会形成习惯。不降价，我就不来，最后受伤的还是景区。

现在做任何事情一定要站在通常理解问题的反面，一定记住"真理在少数人手中"，财富永远是二八法则。任何一个景区、任何一个企业，20%的人一定创造80%的财富。最近考察了一个项目，我去的时候正开会呢，股东吵起来了，为什么吵？你多卖了一个房子，我少卖了一个，等等，利益处理不当，分配不当，出钱不当，出现各种各样的问题。所以做项目最少要四个满意，政府满意、当地居民满意、投资者满意、游客满意。当然，游客是最主要的，游客不满意，剩下三方满意也没用。

今天要做到多方面的满意，才是一个真正的利益共同体和行之有效的模式。

唐王华：为什么说做一个成功的文旅项目需要"反应快"？

癸·壹陆捌

现在很多景区跟不上形势，反应特别慢。为什么很多景区不盈利呢？除了市场原因之外，最主要的是自己的原因。遇到问题的时候，必须先从自身去找原因，再从市场上去找原因。

之前到一个景区，这个景区是5A级景区。按理说在服务意识各方面，应该是有保障的，但是这个景区游客下午五点钟去买一瓶水都买不到，这种服务已经跟不上潮流了。

现在的旅游热情，迅速生成、迅速火爆，跟不上变化是很大的问题。之前接了一个电话，一问是八年前的客户，说八年前做的那个方案，已经可行了，现在资金也到位了，马上就可以开始干。我说你的反应速度也太慢了点，八年前做的方案，思维和想法早都过时了。就拿我们公司的不夜城来说，现在已经是第四代产品了，从最早的多快好，到现在的多快好省，几代产品都更迭过去了。今年才开始准备做八年前的方案，那肯定不行。给他讲了很多新的知识，但是他接受不了，必须按八年前的方案去执行。我说这样是做不成的，我不能看着你往火坑跳，因为八年前的市场和现在的市场有了非常大的区别。

还有一个项目是十三年前盖的婚纱摄影基地，那个时候就告诉项目方不能盖婚纱摄影基地，因为婚纱摄影非常低频。大多数人一辈子就结一次婚，把这个事当一个项目的话很难盈利。他听不进去非要干不可，干了之后每年都在赔钱，十几年里已经赔了上亿元。这样的现象我认为除了定位有问题就是过于迟滞，对于市场的反应特别慢，要不然也早出手了。

今天，还有人找我们在做所谓的特色小镇类的餐饮美食小镇，其实那个时代基本已经过去了，如果今天还这样干，那说明反应速度太慢。现在已经来到新物种的超级时代。这样一个时代背景之下，一定是新的物种层出不穷。如果再用过去的想法去做新物种，基本上就是一个很大的坑，在未来会有很多人因为迟滞而付出代价。

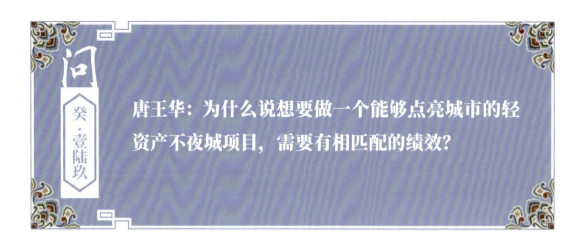

刘磊 答

　　绩效，对应管理逻辑。有些景区，说它是个企业吧，又像政府行为，说它是政府行为吧，又没有按政府的那套管理逻辑执行，这就是管理逻辑不清的问题。结果，导致绩效考核不合理，人人完成任务，人人不主动担当。有些景区，工作人员到点下班，也不管还有没有游客。之前，在一个景区，下午五点想买瓶水，结果营业员说下班了，门一关就走了。其实他只需要耽误一分钟时间就行，但是他没有那样做，为什么？因为绩效管理不起作用。多卖一瓶、少卖一瓶，多服务一名游客、少服务一名游客，服务态度好点或者坏点，都对他没影响。

　　很多景区没有理解绩效考核的科学逻辑。绩效是什么？分配原则。人类社会的管理，自古以来就有一个底层的逻辑，那就是分配机制。它决定了人的欲望、人的动力、人的干劲。好的绩效管理一定要做到什么？"千斤重担人人挑，人人头上挂指标。"这也就是不夜城员工全部干劲十足的原因。东北不夜城，真正的管理人员，只有4个人，4个人去管这么大一个景区，为什么？因为把所有的绩效都合理分摊到了每个人的身上，他们的收入完全与他们的贡献挂钩，这样他们就"不待扬鞭自奋蹄"了。

　　而且，我们现在做项目引入了"对赌制"。什么是对赌呢？就是我们会给甲方交一笔保证金，保证项目能够做到区域为王，保证一定的客流量，比如周边有A级景区，它的客流量是500万人次，我们就对赌600万人次。做了对赌，自然

就有了压力，就只能成功，不能失败；就必须有合理的绩效考核，就必须得"千斤重担人人挑，人人头上挂指标"。所以，我们敢喊出0A胜5A的口号，因为打不赢就是赔钱。

对赌的时候，我们交一笔保证金给甲方，比如500万元，如果流量目标没有达到，哪怕少一个人，这笔保证金就被扣完。但是，超额的部分，每一位游客得奖励我们10块钱。而且保证金这500万元，不是公司交的，算所有员工入股交的，扣

也是扣所有员工的，奖励也归所有员工所有。我们采用的就是这样的绩效体系。这时候，大家就没有"吃大锅饭"的心理了，都会主动加班、主动思考、主动作为，因为有风险、有诱惑，完全就是股东的身份了。所以，引进对赌制，第一，大家不再是纯乙方，也是甲方，需要共同面对游客，因此获得了项目决定权，因为权利与责任匹配，才会合理、才能执行。第二，得和失，全是自己的肉，割肉的疼和吃肉的香都会激励大家，因此大家都会努力。

从项目成功的角度来说，一定要引入一套合理有效的绩效体系，要发挥团队所有人员的积极性和创造力，只有这样才能够取得一个又一个胜利，获得一次又一次成功。大家都知道商鞅变法，其实诞生了中国最早的绩效制度，并产生了极其伟大的作用——统一中国。商鞅的绩效制度是什么呢？"奖励耕战"，什么叫耕战呢？就是种地和当兵。多打粮食记功，多杀敌人也记功，不但赐爵，还有物质奖励，所

以秦国上下，各行各业都变得非常积极。

当时，秦国军队厉害到什么程度？几乎是战无不胜、攻无不破，攻城略地，势如破竹，最终灭亡了六国，第一次统一了中国。这就是绩效体制发挥出来的作用。应用到企业当中，也是一样的。如果每个人都没有进取之心，如果每个人都得不到激赏，那些事，特别是那些难的事谁会干呢？简单的事，压责任，复杂的事，靠激励，这就是基本的绩效原理，也是最基本的分配原则，更是最基本的人心。

所以绩效这一块，在做文旅项目的时候，尤其是做内部管理的时候，要非常重视。把它利用好了，就会上下同欲、万众一心，大家就会为共同的目标拼搏努力；如果利用不好，结果只能是各点各卯、各打各工，只剩下企业老板特别累，越累越忙、越忙还越穷。

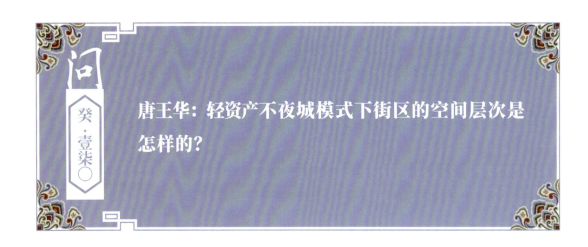

刘磊 答

　　街区表面上看起来分为天际线、墙面、地面这三个空间层次，实际上还有一个空间层次，那就是空中这个空间层次。比如说不夜城街区上面的行为艺术演艺，演员们站在各具特色的舞台上，就属于空中的层次。还有室内的空间，也就是店铺室内的空间，还有地下空间，更有一种空间是看不到的，那就是心智空间。我们将这些统称为七维空间。

　　街区的墙面空间很重要，为什么这么说？因为街区的盈利系统基本来自墙面空间，打造提升不夜城街区的时候基本要将一多半的资源都投资到这上面去。还有就是地面空间，地面空间的作用其实是功能性的，并且可以产生具有营销娱乐效果的互动性。比如在地面进行一些彩绘设计，或者在地面进行灯光布置，归根结底就是功能性的东西。还有就是天空，天空这个空间很多街区是没有关注的，就是天际线系统设计。天际线的设计对于街区来说十分重要，因为有了天际线才有了界限，才可以将街区的性格特征及辨识度表现出来。受到游客喜爱的街区都有天际线，比如洪崖洞，外观本身就可以作为天际线存在。不夜城当然也有自己的天际线，那些交错在天空的彩灯，就构造成了天际线。

　　空中系统之前提到了，街区在空中拉一条钢丝进行表演，或者吊威亚表演，其他搭建的舞台，让演员站在舞台上面进行演艺，这都是属于空中系统。还有一个就是地下空间，之前我们在设计一个街区的时候，在街区的下面做了水族馆，上面是

503

不夜之城

一条河，游客可以在上面钓鱼，然后去下面观赏鱼，二者之间相互支撑，这就是属于地下系统。地下系统除去盈利的作用之外，还有一个作用就是地下停车。很多项目在打造街区的时候，往往会忽视地下停车场，这样在开街之后会带来非常大的困扰，因为街区打造得再好，停车场支撑力度不够，那也是没有用的。还有就是室内空间，室内空间主要想说的就是街区里面的商铺。原来的东夷小镇，没有游街店铺，所以在商业提升设计的时候搭了89个棚子，引来了极大的流量。非常多的街区都是这个样子，盲目地打造景观从而忽视了店铺内部的空间，也就是室内空间，会造成人流量大但是却没有盈利的现象。

最后就是心智空间，内心有你，游客才会去，就像丽江、金字塔占领了游客心智的时候，距离的远近已经不是问题。说到心智空间就需要考虑游客出行的逻辑是什么？为什么要去东北不夜城？去东北不夜城并不是游客开车路过，这不是一个偶然现象，而是一个必然现象。为什么游客们会来，因为它在游客们的心智空间里已经占有了一席之地，存在于消费者心智当中，无论多么远的距离，他都会去！之前我在不夜城看到过一个姑娘，总觉得很面熟，我就去问她，然后姑娘告诉我说她来不夜城很多次了，因为喜欢这里的演艺，喜欢这里构建的场景，这就是占领了游客的心智空间，游客认为在这里能找到心智所认同的价值。

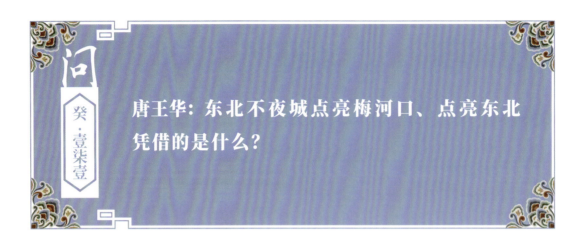

刘磊 答

近些年来，不少城市都热衷于打造特色旅游文化。其中，城市IP是最受青睐的项目之一。特别是对于三、四线城市来说，论名气、论经济、论实力、论文化等等，每一项都远不及一、二线城市。唯有通过打造城市超级IP来为自己重塑形象，进而助推城市发展，提升城市的吸引力。

而梅河口用17天的时间建成东北不夜城，占地10000多平方米，共兴建牌楼2个、大型灯柱56个、商铺花车91个、大舞台6个、互动娱乐设施2个、篝火舞台1个，仅用3天时间，完成近百个商户的招商工作，可以说这相当于其他文旅项目一年的工作量。同样短短3天少数民族演员、舞蹈演员、歌手全部就位，街头表演艺术彩排完成，统筹"五一"假期，演艺380余场，落地完成首届烟花节，开街等相关工作。

利用抖音等多个社交平台成功塑造了自身的城市IP，与此同时完成东三省地区宣传推广的覆盖，抖音平台"#东北不夜城#"话题，播放量达到637.6万次，"#梅河口东北不夜城#"话题，播放量达381.5万次，"#最美东北不夜城#"话题，播放量也达到了168.8万次。

东北不夜城的迅速走红，大大带动了梅河口的经济，"五一"期间全市宾馆入住率超过90%，其中前三天的住宿率更是达到了惊人的100%，出现了一房难求的局面。酒店餐饮等供不应求，很多店面延长营业时间到晚上12点，甚至很多酒店的菜品销售一空。同时对交通、娱乐业等行业都产生了强力拉动，形成"一街带一业、

不夜之城

一业兴一城"的现代服务业新格局。

走进东北不夜城南大门，首先映入眼帘的是一个设计感十足的门楼，东北不夜城选取了梅河口老火车站设计元素作为文化符号，让人把记忆拉回过去，点亮东北。不仅有门楼，在这里我们同样能看到一个不起眼的"立杆"。说到立杆，有一段历史故事，在《史记·商君列传》里有一个"徙木立信"的典故。商鞅的这一举动，在百姓心中树立了威信，而商鞅接下来的变法很快就在秦国推广开来，新法使秦国渐渐强盛，最终统一了中国。东北不夜城立这个牌坊，也是自己做出的宣传：天道酬勤，商道酬信。

东北不夜城的灯笼也很多，牌楼两侧有六串灯笼，为和谐、吉利之意。中间大灯笼想表达一个指引明灯的概念。通过这种方式去点亮东北人民振兴东北经济的想法和决心，指引着新梅河人蓬勃向上的精神。东北不夜城街区最令人瞩目的是56个装饰灯架，依次排布街区两边，56也代表56个民族大团结，民族振兴，同圆中国梦。每一个灯架上有30个灯笼，代表一个月30天，也代表人的三十而立。灯笼的底图取自东北标志性的色彩风格，以凤凰和东北虎为图案元素。唐代诗人李商隐有一句诗是"嫦娥应悔偷灵药，碧海青天夜夜心"，表现梅河口人和游客"梅河青天夜夜心"的思绪，也是不夜城的精髓！

最令人神往的是民俗体验篝火泡泡晚会，大家想想，在一个凉风习习的夜晚，大家围着篝火载歌载舞，释放生活的压力，感受这一段生活的惬意与放松，怡人的夜晚，放松自己疲惫的身心，抛开一切琐碎的思绪，全身心投入篝火晚会。这样参与感很强的项目，是东北不夜城的一大亮点。

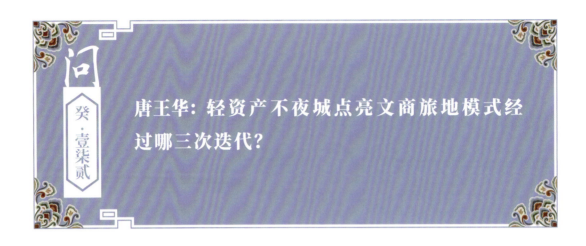

問

癸·壹柒贰

唐王华：轻资产不夜城点亮文商旅地模式经过哪三次迭代？

刘磊 答

　　传统的逛景点的旅游项目已无法满足游客，尤其是年轻游客的需求，不夜城汇集的创意表演、歌手驻演和网红景点深受年轻游客喜爱。自媒体时代，拍个"不倒翁小姐姐"的视频就可以获赞十几万，这对喜爱社交媒体的年轻人来讲几乎是致命的吸引力。

　　去过不夜城的游客都会被那里形形色色的表演吸引，那些表演不是传统的歌舞，它们更年轻、更具传播性。这些表演正是网络喜欢的，抖音等自媒体平台是它们传播的最佳载体。最终，文旅反哺商业。文旅项目很难盈利是世界难题，更何况，不夜城所有项目基本是免费的，文旅项目想实现变现，只能在引流方面下大力气，只

不夜之城

有获得了顶级流量，配套商业才具有价值。而轻资产不夜城也放弃了传统的商业配合旅游项目的模式，转而引进更为大众化、年轻化、专业化的"大盒子"综合体，不仅给游客提供了不亚于繁华商圈的服务，也成为本地消费者的新的消费聚集地。

轻资产不夜城点亮文商旅地模式以"天人合一"的和谐统一为出发点，特别是一些建筑、壁画、绘画、古玩、文物、民俗、音乐、舞蹈等，融合了进步的思想、道德、伦理、理念要求，将文化、艺术、设计、美学思考紧密结合，追求"情景交融"，探索"内容创新"，让游客耳目一新。文旅的本质是人来人往，游客是有源之水，当心智场景和游客心智相匹配的时候，游客就会纷至沓来，让景区应接不暇。

轻资产不夜城点亮文商旅地，可以带动文化、旅游、餐饮、度假、休闲、演艺、娱乐、影视、康养、医疗、商业、体育、教育、交通、乡村振兴、文创、科技、工业等众多产业，最终擦亮城市名片，带动经济发展。文旅已细分为"吃、住、行、游、购、娱、秀、养、学、闲、情、康"12大要素，每个城市应根据自身的特点因地制

宜，聚焦重点。锦上添花文旅集团通过不夜城场景化再造，不仅能解决市民就业问题，还能解决房地产溢价问题，还可以引起媒体的大量关注，拉动城市商业的提升，增加城市的自信心从而留住市民不大量外流，带动城市经济，延长城市经营时间和店铺商业的经营时间等，居民幸福指数相对提高。

我们通过不夜城点亮文商旅地 3.0 模式，使用轻资产打造，让"城市＋不夜城"亮遍全国多地。全盘打造的东北不夜城、大宋不夜城、木兰不夜城、南宁之夜、沙湖不夜城等取得了广泛好评，反响热烈。

轻资产不夜城点亮文商旅地模式经过三次迭代：1.0 模式的特征是多、快、好；2.0 模式的特征是多、快、好、省；3.0 模式的特征是多、快、好、省、迭、灵、潮、播。每一次迭代，让产品更加丰满与完善，与文旅消费发展走势同频。

"多"顾名思义指客流量要多，因为客流量是文旅的一切、一切的天花板和一切的基础。"快"指的是新一代的文旅项目，最主要的特征是一定要做得特别快，

如果慢的话你会失去市场。"好"指的是项目的营利性必须强，有很多的项目，当企业在做出决策的时候并没有考虑项目的营利性，乃至项目做完之后基本上是没有任何的经济效益和社会效益的，所以最主要的一件事儿是做什么？就是要做出经济效益，也就是我们本身也是要有造血功能和盈利。"省"强调省钱、省时间、省空间，相比较其他文旅项目建筑投入动辄就是几亿元、几十亿元，不夜城不需要建筑，不需要绿化，不需要面积很大的空间场地，一万平方米就可以打造文旅项目，重要的是时间省去很多，开业快，实现流量变现，最终让景区盈利。"灵"是指灵活，即用地灵活＋时间灵活＋经营方式灵活等。"迭"是指迭代升级。"潮"是指时尚＋实时＋热点＋潮流＋国潮。"播"是指传播＋热点＋曝光。

1.0模式是基于传统旅游模式，依据文旅"吃、住、行、游、购、娱、秀、养、学、闲、情、康"12个要素实现闭环的游客心智需求，进行产品打造。然而，即使是迪士尼也无法严格按照12个要素实现闭环，迪士尼主要依靠IP便获得大量游客。因此，锦上添花文旅集团在1.0模式时代，为了让产品出彩，对标美国百老汇做了两件事：第一，运用灯光，正所谓"灯光一亮，黄金万两"；第二，演绎故事。

1.0模式关键点是"一人兴一城"。中国的传统景区演绎是舞台剧形式，游客等于观众。舞台剧的演绎往往需要百人以上，人数过多，投资过重。

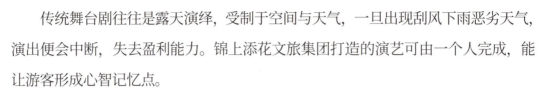

　　传统舞台剧往往是露天演绎，受制于空间与天气，一旦出现刮风下雨恶劣天气，演出便会中断，失去盈利能力。锦上添花文旅集团打造的演艺可由一个人完成，能让游客形成心智记忆点。

　　2.0模式，是在前代产品的基础上进行了迭代。演艺的关键点是"一街兴一城"，以互动演艺为主，游客等于过客。在空间上，并没有搭建过多的"硬"建筑，而是采用铁皮房的模式，拆装方便，不被土地性质约束。大大缩短建设周期，可在短短几天内实现从旧地块到新地块的搬迁。大幅度地缩减了成本，并快速实现战略转移。"多、快、好、省"是一种"新文旅"模式，总体来说，打造的爆品景区，使得客流很多，建设很快，项目很好，投入很省。

　　东北不夜城是不夜城2.0模式，东北梅河口是一座小城市，人口不到20万，通过东北不夜城带动了整个城市的发展。3个月拉动旅游收入近50亿元，带动了周边的海龙湖、知北村、鸡冠山景区，2021年接待游客408万人次；2022年打破疫情重压，接待游客420万人次。同样，用短时间改造的大宋不夜城，春节期间火爆，2023年1月7日开门迎客，截至1月30日，接待游客95万人次。"东北不夜城·城市舞台"项目位于梅河口市现代服务业示范区朝阳路，以打造东方民俗深度体验游目的地和中国最具山水乡愁韵味的城市旅游基底为目标，改造提升传统景区功能，全力推动文旅融合发展，是梅河口市将夜间经济与城市文化深度融合，打造出的夜经济文化旅游街区。

不夜之城

2021 年 4 月开始建设的吉林省梅河口东北不夜城，是在疫情期间仅用 17 天时间"无中生有、有中生新"打造的文旅新物种，其建设速度和轰动效应被誉为"国内文旅圈疫情爆品奇迹"。

2021 年 5 月 1 日运营当天游客即达到 38 万人，五一期间共引流 133 万人次。运营期间，央视《新闻联播》《朝闻天下》《第一时间》等栏目和央视网络直播平台等高频次报道，东北不夜城强势走红，成为发展夜经济的东北地区首个样板。

其运营逻辑就是运营前置为先，紧抓游客心智，流量变现为主，多快好省。

一、运营前置为先

团队针对这个问题，进行了详细的分析和规划。近些年，不少城市都热衷于打造特色旅游文化，其中，城市 IP 是最受青睐的项目之一。

特别是对于三、四线城市来说，论名气、论经济、论实力、论文化等，每一项都远不及一、二线城市有吸引力，唯有通过打造城市超级 IP 来为自己重塑形象，进而助推城市发展，提升城市的吸引力。

凡事预则立，不预则废，锦上添花文旅集团运营前置的方式，极大规避了很多后期运营中出现的问题，让东北不夜城成为二代不夜城模式的行业先行者。

二、紧抓游客心智

对于文旅街区来说，流量运营能力很重要，但比流量更重要的是什么？当然是人心。一个旅游街区的核心是 IP 博得人心，IP 引领街区成长。算准了人心才是更

高级的算法。

如果人心算不准，对游客的洞察算不准，光有后面算技术、算流量、怎么精准分发，这只是术不是道。东北不夜城便是算对了人心，用网红行为艺术的强势 IP 催生发酵能力，在媒体开始裂变，同时人心也在裂变。朋友圈的裂变本质上是前置流量的分发，形成了社交货币。

三、流量变现为主

城市始终站在游客的角度，去创新夜经济产品才是城市夜消费的长期主义，有从北京、深圳来梅河口的游客语重心长地说："在北上广都看不到如此的壮观场面，今晚在梅河口是这么多年最开心的。"游客在街区品尝梅河味道，看着《云歌琵琶》《清歌妙舞》等演出，与不倒翁小哥哥、小姐姐的互动后，拿着礼物脸上露出甜蜜的笑容，"拍、晒、嗨"成了游客最基本的标配动作，也是最好的打开方式。

对一个城市来说，火爆的夜经济有诸多益处，不仅给市民生活带来便利，还能提供就业岗位、提振消费等。驰骋在城市竞争的新赛道上，夜间经济也最直观地体现着一座城市的时尚度、美誉度与繁华度。

3.0 模式采取闭合式手段，让区域内经济高效发展。通过适当节庆门票及爆品策略，跨界路径，迅速聚集人气。通过低成本战略，极大地降低投资风险，快速落地引爆地区经济。形式灵活多变，不受土地性质影响，不盖房子，照样成为地区人气第一。对"互动演绎"模式进行升级，街区等于舞台，游客等于演员。以沉浸式

不夜之城

表演艺术为手法，赋予商户店铺特定的主题风格，以独特的主题场景为载体，致力于让更多人参与到整个表演当中。

我们打造出了众多不夜城3.0模式爆品。大宋不夜城的一触即爆，带动了东平湖大景区的发展。随着街区夜食、夜宿、夜娱等典型的夜间经济形态的不断兼容并蓄，整个城市文化、旅游、科技、影视、交通、创意等方面都在发生着巨大的变化。

南宁之夜于2023年1月14日开业，开业当天接待游客近10万人次。春节期间，南宁之夜接待游客超过200万人次，不到12天时间即突破100万人次。抖音话题"#南宁之夜"播放量达7000万次，多次被央视报道，热度爆表！南宁之夜的火爆，使得南宁作为省会城市的首位度迅速提升，虹吸周边城市人口。

夜经济打造和不夜城模式为主流的方式赋能当下最流行的国潮风、元宇宙概念。每个地方都需要有自己的IP定位和文化内涵，而在这种大趋势下，乡村振兴的夜经济的发展更是不可或缺的重要因素。

我们主导的不夜城模式充当了乡村振兴发动机的角色，转型的过程遇到了很多问题，而不夜城恰恰是一个人气的引擎，可以迅速实现一个地区的转型。目前，已逐步形成一站式运营，运用高维绝杀思维，为地区提供精准化、标准化的解决方案，为中国文旅产业锦上添花。

点亮不夜城场景是为了产生可持续性的价值裂变，可以达到沉浸化、情景化、体验化和互动化的目标。让专业的人做专业的事，最终开创多赢局面。

不夜之城

后记

锦上添花不夜城模式的成功不是偶然而是必然，这源于笔者创业 20 多年在文旅行业中的探索，以及各种文旅项目案例的积累。文化的广度正适合去开发，因为"广度"就意味着包罗万象，意味着包容性更强，游客们来到这里之后就会发现很多自己感兴趣的点从而和不夜城街区产生共情。所以说打造文旅项目就是在讲好一个故事，这个故事不一定要传达多么高大上的道理，但是一定要足够感人，要能够感动听故事的人，在他的心中留下深刻的印象，这才算是讲好了一个故事。17 天重新定义街区打造东北不夜城，就是从事文旅多年以来的积累所得。

在当下，要明确文旅跨界联合发展不能过于狭隘，传统景区的主题文化包装，也不可以无限放大，将所有文化汇聚到一起只能打造出来"四不像"，在这个过程中始终要抓住的就是"人"，也就是以人为本，带来更多的游客就是我们的目的。

特色文旅街区是城市宣传的新窗口，在抖音平台不少人看到了有关西安的视频，回民街、骡马市等传统的街区。一波波刷屏，一幕幕打卡，一次次火爆，不断地强调着在如今大众旅游新时代引领之下文旅联合跨界发展的必要性。游客们不满足仅

仅去看一看风景，更希望能了解和体验当地的特色文化，文化才是文旅的魂，有文化才能凸显文旅的差异化。

比如我们曾设计的东夷小镇，将传统东夷文化与现代旅游相结合，集"吃、住、游、购、享、娱"于一体。2018 年 4 月 29 日开业，当年游客量超过 470 万人次，2019 年超过了 500 万人次。日照、青岛、临沂等地游客成为主要客源，周边土地溢价倍增。

如今的东夷小镇人流如织，但是这里曾经并没有这么多游客，虽然当时钱投资了不少，但是依然没有做起来。

东夷小镇在一个小岛上，距市区大概 20 分钟的时间，它原来的问题是定位错误。定位成了民宿基地，投资了几亿元，岛上搞了很多栋特别好的民宿，建筑风格有点像无锡的拈花湾。

虽然看起来房子建得都挺漂亮，民宿都特别好，但是建好之后没来多少人，空了几年的时间。几年时间里也来了很多的专家、策划者，没有人能把它做起来。

当甲方找到我们的时候，其实也是比较无奈，因为找不到其他可以去落地引爆的人了。我们团队用了四个多月的时间，一边调研一边设计。当团队提出要搞美食街的时候，实际上已经有了改造思路。

规划思维、盖房子思维在文旅中是很大的绊脚石，通常人们用大量的钱来盖房子——漂亮的民宿，在招商、选商上却不舍得花费。就比如曾经的东夷小镇，用了几亿元去打造民宿，却只用不到 3000 万元招选商并做美化街区场景，而这不到 3000 万元恰恰是决定文旅项目能否吸引游客的关键因素。

所以，我们就设计拆掉一些民宿旁边的花园、绿植、草木这些东西。把民宿外面的花园全部拆掉，拆出来一条巷子，盖了 89 个棚子，为什么说棚子呢？当时用的牛毛毡、石头、小贝壳、水泥和旧木头盖了小房子，里面就做了各种业态的餐饮。

当时快开业的时候，大家还怀疑这 89 个棚子能招徕游客吗？但大家不知道的是房子很简单，但是房子里的人很厉害，开业之后，一个卖海沙子面的商户，曾经一年卖了近百万元，有人开车 80 多千米要到这里买，还有人开车 20 千米要在这里吃饺子，距离 30 多千米来吃粉汤羊血、葫芦头。

不夜之城

　　其实，这 89 个棚子都是找了城市里面的网红和质量很好的一些产品品类，店铺自带人流。东夷小镇当年 5 月 1 日开街，当年游客 470 万人次，可以说是改造火了东夷小镇。

　　经过这个项目，我得到的最大的启发是什么呢？就是参与感是非常重要的，一个项目，所有人的参与感，游客的参与感非常重要。

　　在一个地方有一种稻花鱼，稻花香的时候，游客会到稻田里面去捞鱼。有一个老板他每天去那个菜市场买七块钱一斤的鲤鱼，然后把鲤鱼放到那个稻田里面，放到稻田里面鱼变成多少钱了？变成 27 块钱了，多出来 20 块钱。除去老板的诈术营销外，我们说这个价值点在哪里？这个价值点就是游客得到了娱乐，得到了这种体验。所以体验，是非常值钱的东西，参与感是非常值钱的体验。在泰国有一个人做

香蕉饼，但生意不好，有一天他对顾客说，你可以买最新鲜的香蕉，加上我这个饼就能做出美味的香蕉饼，饼往微波炉里打一分钟就可以，他把饼卖给家庭主妇，反而销量大增。家庭主妇通过往里面放香蕉的这样一个过程，得到了给老公做饭的体验，这种体验提高了香蕉饼的销量。

东夷小镇游客量比较稳定，2019 年突破 500 万人次，其他的收益就是周边地价大量增值，形成景区联动、客群联动、城市地标。

在东夷小镇游客除了能够吃到各种特色美食，以及见到具有当地风格的建筑美景以外，最能够感受到的就是大家的热情了。

无论是在假日里，还是在日常生活中，东夷小镇都可以用热闹二字来形容。从

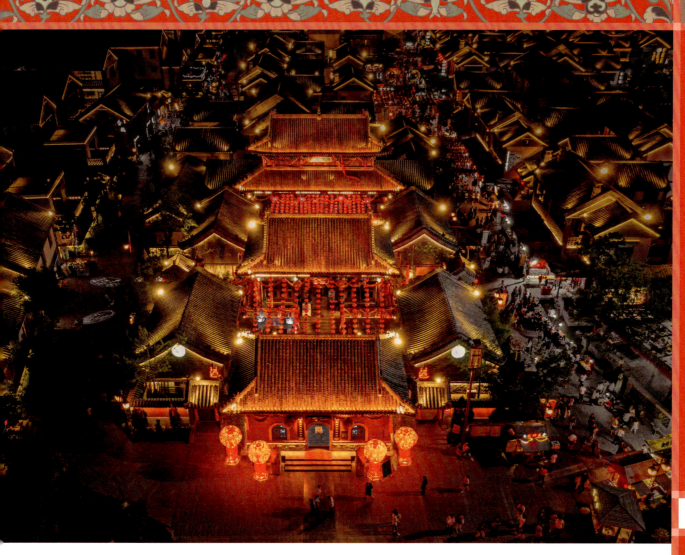

周一到周日，从白天到夜晚，东夷小镇的热度不减，景区热闹非凡。

共有 100 余家商户入驻。有海沙子面、岚山蟹酱豆腐、岚山煎饼、三庄羊汤等日照味十足的小吃，也有葫芦头泡馍、肠粉、粉血羊汤等外地民间小吃，一店一品，让游客流连忘返。

东夷小镇能够受到如此众多游客的喜爱，源自这里得天独厚的地理环境；源自这里众多的特色美食；更源自场景智造消费的体现。

在东夷小镇处处能够体验到场景化带来的价值。首先，来到东夷小镇的游客，时间不分早中晚，目的都是通过游玩来放松心情，来这里一定会做的事情就是吃。

在白天，东夷小镇用特色的民俗街道以及古朴的仿古建筑给游客带来一种前所未有的新鲜感，一切都返璞归真，在这里可以吃到各种手工美食，远离城市喧嚣，游客可以全身心地投入小镇的美食与街景中。

在晚上，整个小镇的灯光被点亮，黄色与红色的暖光填充了这个街道，游客并不会感到刺眼，而是感受到了夜幕降临后小镇的一份安逸与闲趣。

白天到夜幕，东夷小镇完全契合了锦上添花提倡的餐饮导演主义，就是让游客与街景全方位互动，形成一个"抖音"的场景，进而达到开心娱乐的目的。

如果一家餐厅只是挂了带有美食名字的招牌，吸引力是非常有限的，但是如果能带来有关美食特色的场景化思维，那么这家店将会是非常吸引消费者的。

例如，东夷小镇中的鲅鱼饺子＋海沙子面，整个店面采用明档门头设计，增加了产品的传播度，通过视觉与味觉吸引消费者。整个东夷小镇的餐饮街区都使用民俗场景化思维来进行设计改造，让当地美食更加具有吸引力！重新定义打造不夜城，正是源于长久以来的众多文旅项目的厚积薄发。

2017年在云南昆明改造茶马花街也为之后重新定义不夜城提供了宝贵的经验。茶马花街距离市区1个多小时，总长约280米，共聚集近百家餐厅及一个茶馆、一个咖啡馆。带动就业数百人，年游客量突破550万人次，商铺价格升值近5倍，春节期间人流量达37万人次，昆明当地客群占90%。2019年1月中央电视台2套《生财有道》栏目对其进行特别介绍，如今它已是昆明当地著名的文旅胜地。

在过去，西山只是周末去爬个山，吃个农家乐就结束的地方。在锦上添花入驻设计茶马花街之前，整个茶马花街项目已经停了很长的时间，为什么呢？因为之前做这条街的人对于茶马花街未来的方向不太明白，搞不清楚这条街要做什么，也不知道要做什么。

没有目标是非常可怕的一件事，做任何事情，一旦丢失方向，或者根本没有方向，基本上是不可能成功的。因此，在茶马花街项目停滞的时间里，项目方甚至有想过

把整条街卖掉。但是，因为这条街距离市区很远，大概需要一个小时的路程，卖不到合适的价格，最后不得不自己做了。

我第一次去茶马花街调研的时候，给我的整体感觉就两个字：荒凉。但在对茶马花街整体考察之后发现，虽然看起来很荒凉，街道也充满了地产思维，但是街内有一条外展面，是非常有利于去做餐饮街区的，也正是因为这一点，茶马花街有了改造的切入点。

当锦上添花进驻茶马花街之后，经过团队的整体策划、场景设计等运作，用了大概 6 个月的时间将茶马花街彻底引爆了。

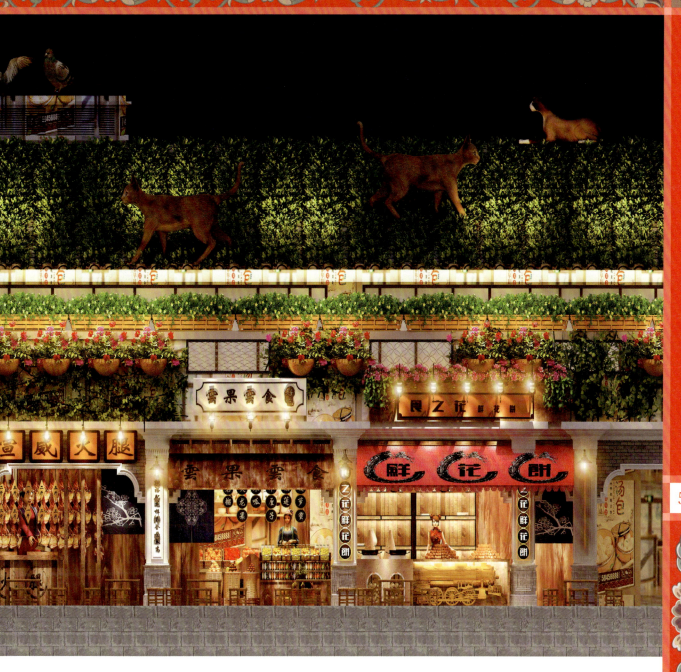

　　值得一提的是，在茶马花街主要采用了选商的方式。选商与招商有什么不一样的呢？选商的优势是维度高。比如我们在选商的时候，一领导就给我们说，"刘老师，你们一定要去看一个豆腐，我小时候经常吃一种豆腐，叫草绳穿着豆腐卖，就是用一根草绳穿着 5 块豆腐，小时候基本每天都会买来吃，特别好吃"。

　　但是在整个昆明，没有找到，后来在建水县把这种豆腐找来了，店名就叫"草绳穿着豆腐卖"。

　　做优选商的背后逻辑是什么呢？其实就是自下而上做战略。什么意思呢？就是先把街区中的每一家店做到极致，做到爆，通过选商思维确保每一家小吃店、餐饮

店都是百里挑一、精益求精的。有了良好的"地基"之后，整条街就没有心态问题了。因此，很多商铺都取得了很傲人的战绩和收益。

在整个街区的设计、改造过程中，我认为最困难的一点就是统一思想。这条街的项目方是一家上市公司，并没有做街区的经验，对街区的一些观念还比较僵化。不仅如此，当地的领导也在街区的设计、改造过程中提出了一些不同看法，这样一来，对于茶马花街的说法就特别多，整体思想无法统一，就很难把事情做好。

比如在招商选商的问题上，有些人认为要选一些大品牌入驻，借助品牌力量提升街区的人流。其实这就是一种地产思维，并不适合文旅。为什么呢？就比如像星巴克、麦当劳等这些餐饮大品牌，在城市中的商圈很容易见到，大家也都经常吃、经常喝，如果把这些品牌开在茶马花街中，顾客为什么要经过一个小时的路程，来品尝身边就有的餐食呢？这明显是不符合顾客需求的。

做文旅，首先要摆脱地产思维，真正有地方特色的餐饮和小吃，才能够吸引顾客前来品尝，才能够增加人流。

好在最后克服了种种困难，还是开了起来，效果非常不错。在 2017 年国庆假期，实现引爆创下历史新高，达到日流量 50 万人次。

在做茶马花街的时候，实际上我们还对标了一个竞争对手，一个距离茶马花街不远的民族村。通过调研发现，民族村有门票，而我们这个地方没有门票；民族村是高投入，我们是低成本战略；民族村有演艺，但是我们没有；民族村是游客消费，我们则打刚需这张牌。

去昆明的人把茶马花街当成城市微旅游的聚集地，2017 年和 2018 年，中央电视台两次采访。如今随着茶马花街的出现，全国各地的"吃货"来到昆明，必到茶马花街尝遍云南美食。游客可以尽情地在茶马花街品尝云南美食，也可以在茶坊小憩，还能在酒吧嗨玩，闭合的旅游链让消费者惬意放松。

可以看出，茶马花街的游客非常多。那么，茶马花街为何有如此大的魅力呢？

从消费者需求角度，核心是到茶马花街来能吃什么，能满足消费者什么样的需求，为此，在云南 100 多个区县，精选了具有当地代表性的特色小吃入驻街区。

众多的美食可以让游客大饱口福，而锦上添花为各个商户所做的小吃设计，也让整个茶马花街变成了游览的胜地，足以让游客流连忘返。

街景是反映地方特色、人居文化的主要物质载体，涵盖了民居建筑、导视系统、植物、景观小品等。街景与游客的互动前提是餐饮街区的店面装饰及运营，实现民俗、人文、历史的融合，体现民俗特色、区域人文活动、历史时代符号。

由此可见，茶马花街既是旅游街区，又是餐饮集聚地，消费者在旅游的同时又能得到味觉上的满足，这样的街区能够让消费者实现"逛吃逛吃"的目的，在吃中逛，在逛中吃。餐饮就是旅游的另一面，是吸引游客留住脚步的潘多拉盒子，没有一个人能抗拒美食的诱惑。

茶马花街富有特色的街区设计，以及丰富的特色小吃，深深地吸引着每一位顾客。从大众点评可以看出，"热闹"是大家评论中出现频率很高的词汇，足以说明，茶马花街创造出的场景与人气达成了平衡，作为特色餐饮街区，实现了旅游、餐饮、商业的多重价值，这个案例为后来我们打造不夜城有着非常大的启发意义。

　　2017 年做了盐城欧风花街的升级。盐城欧风花街是盐城城南区投资 1.2 亿元改造升级的城市"微旅游"特色街区，于 2017 年国庆节开街营业，总建筑面积 3.5 万平方米，以 800 米长的步行街为主线，聚集餐饮、主题酒吧、娱乐休闲、精品民宿等业态。

　　欧风花街整体建筑风格为威尼斯风格，规划布局为一轴、二心、四区：一轴即以第一沟贯穿东西核心轴线；二心即中央景观带上的两大核心地标，分别为东段的渔人码头和西段的威尼斯广场；四区即四个具有国际特色的风情餐饮休闲娱乐区。

　　来到欧风花街就像是走进了水城威尼斯，一条长达 800 米的河道贯穿于街道中央，两侧的建筑都是典型的欧式风格。

　　河边建筑颜色以粉色和蓝色为主体，这两种颜色鲜艳又不张扬，微亮、轻柔，

似水地映照在水面中，与水面的倒影相呼应。乘小船游荡在水街中，感受着欧风花街风景怡然的同时，更是在感受来自欧洲的浪漫。

街道两侧不仅有欧式风格建筑，还种满了绿植和鲜花。来此的游客，可以乘船在水中静静感受欧风花街的浪漫，可以在岸边街道上欣赏美景，还可以坐在餐厅里享用美食。欧风花街从多个维度出发，让游客置身此地，融入其中。

蜿蜒的水巷、流动的清波，欧风花街就像是漂泊在碧波上浪漫的梦，诗情画意，久久挥之不去。

然而，在欧风花街重新定义打造之前，这里曾是人迹罕至的项目。当时这条街开业了很多次，但是都没有开起来，没有客流，没有游客。前前后后很多年的时间，都没能成功。它原先的定位和如今的欧风花街有很大的不同，它曾经的定位是一个婚庆拍照基地。大家都知道婚庆拍照基地的人流量、人气各方面是不够的，再一个它有非常大的短板，它距城市中心有 25 分钟的距离，25 分钟的距离对于二线城市来说不算什么，但是对于三线城市，就很远了。

当地看到这样的情况也是忧心忡忡，于是便找了全国各地很多团队，但是发现都是出主意的人，落地的人没有，最后就只剩我们一家了。

在我调研的时候，碰到了一个大哥，他是这条街周边的住户，我对他做了个采访，询问他住在这里的感想。这位大哥说："住这小区就和住监狱差不多，配套设施啥都没有，连个吃饭的地方都没有，就感觉很不方便。"于是项目找到了引爆点，把这个街做成一个花的海洋，花海加餐饮街，取名字，找盈利点，变场景，变模式，找传播点去升维街区场景，把它升级成一条逛吃结合的特色餐饮街区。连设计到改造用了不到5个月的时间，欧风花街就正式开业了。

最后取得的成绩是有目共睹的。欧风花街在夜晚是非常漂亮的，基本上把盐城夜晚的顾客囊括其中，成为盐城的一张地标名片，它还曾经多次上过中央电视台新闻联播。

值得一提的是，曾经大哥口中的"监狱"，原是5000元一平方米的价格，欧风花街开业后两年时间，就涨到了10000多元，周边的地价倍增。

其实，欧风花街的成功并非偶然，因为抓住了城市文旅的本质。

我经常在和别人聊天的时候说起，每一个行业必须抓住行业的本质和命，行业的本质和命是什么？每个旅游品牌的命和本质也不一样，有的是山，有的是水，有的是吃，有的是玩，有的是娱，有的是购，所有旅游项目本质都不同，所以这个时候抓住每个行业、每个品牌的本质是非常关键的。一旦同质、无差异就"命贱"了。

就像江南水乡，大多数人只知道乌镇，有谁记得同质化的其他江南水乡呢？

城市文旅的本质是什么？是城市名片、城市客厅、城市舞台。首先做城市的文旅街，必须有让本地人可以消费的优质内容。其次要因地制宜。在没有入驻欧风花街的时候，其实甲方已经招了很多购物中心的大品牌，我提的第一个条件就是这些品牌要退出，为什么呢？我们不可能开车5千米或者10米，去找这些在城市中常见的品牌消费，这个逻辑是不成立的，因此要因地制宜，要及时转化当地产品。

自从2017年国庆节开街以来，欧风花街有了大量人气，这里不仅有美景、美食、好玩的表演，而且大多数餐饮店、购物店的性价比也都很高，这也是许多市民在假期一而再、再而三光顾的原因。

欧风花街围绕"青年人"和"特色餐饮"的定位要求，用"鲜花"和"绿色"来营造空间氛围，以"品牌"和"创意"来构塑商业形态，着力打造最靓"微旅游"目的地、最美"城市客厅"，为游客提供了一种全新的吃、游、玩、购的体验式生活方式，成为盐城一张新的城市名片。

在大众点评中可以看到凡是来过盐城欧风花街的顾客，都会对欧风花街夜间的灯光留下深刻的印象，这个项目使得我坚定了后来做不夜城时要将"场景互动灯光"作为核心场景的认识。

　　随着微旅游的盛行，很多地方做起了旅游街区，众多的旅游街区中，想要脱颖而出就必须有特色。位于兰州定远镇的玉泉山庄，成了兰州最热门的旅游美食街区。据统计，2018 年玉泉山庄全年游客量达到了近百万，营业额达到了近 1 亿元。

　　在玉泉山庄，顾客可以感受到浓厚的古镇乡村文化，为常年生活在城市中的游客，带来了一次非常独特的游览经历。

　　玉泉山庄气氛热闹，顾客来此不仅可以感受古朴民族风情，还可以体验土炕、磨坊等城市中很难见到的东西，来到这里可以完全放松心情，体验当地民俗文化。

　　除了欣赏极具当地特色的景色之外，来到玉泉山庄还可以实现另外一个目的，就是吃。玉泉山庄汇集了众多特色美食，烤土豆、牛奶鸡蛋醪糟、灰豆子、搅团、冻梨、甜坯子等等。绝对能够让游客在这里吃上几天不重样。

　　除了特色小吃之外，烤全羊无疑是这里最大的特色了。玉泉山庄以"烤全羊"为爆品，民俗特色小吃为副品，用"爆品＋小吃"的组合给消费者带来了一场饕餮盛宴。

　　能想象到，一家开在二线城市，位置还不在市中心的餐饮店一年的营业额能达到近亿元吗？玉泉山庄做到了！玉泉山庄所在的位置距离兰州市中心大约一个小时车程，但是消费者却甘愿费时费力来到这里，这样的成果离不开"爆品＋小吃"构成的商业模式。让消费者愿意为了一道菜而买单，吃了这道菜还会主动在朋友圈等社交媒体上宣传，这就是爆品的作用。在供大于求的餐饮市场中，打造爆品无疑成了餐饮行业必做的一件事！

不夜之城

全国最大的餐饮企业，营业额有 3000 多亿元，其中利润 300 多亿元，从来不雇用一个厨师，也不买一张桌椅板凳和灶具，它是谁？美团、大众点评，它们已经不是普通的餐饮企业，而是平台。全国有一个很大的出租车公司，它从来不给一个出租车司机买社保，也不给一辆车加一升油，但是它的营收达到了几百亿元，它是谁？它是滴滴打车。互联网的核心就是打通，打通两条线，一条打通上下游之间的关系，另一条打通项目和游客之间的关系，打通投资方和游客之间的关系。在做玉泉山庄的时候，所用到的模式，就是打通。打通消费者和厨师、后方供应链的关系。

做乡村旅游的时候，要避免一种现象，什么现象呢？宰客现象。这种现象出现以后，顾客就真的变成游客了。乡村旅游对应的是高频消费，不是一次性的买卖，所以要避免宰客，否则人家就真的只来一次了，再往后就没有人来了。此外，对于来了的游客，要想办法留住其时间，留住其时间，才能留住其消费。玉泉山庄的思维是什么呢？牺牲一些商业利益，打造一种田园生活，让游客有得玩，愿意留下来。时间思维是一种高维度的思维，这是文旅产业要重视的思维方式。留住游客两个小时，他们就会吃个中午饭，留住游客四个小时，他们的晚餐也要在这里用了。

从顾客关于玉泉山庄的评价中不难发现，以"烤全羊＋爆品小吃"组成的矩阵，深深吸引着到此的每一位顾客，从灰豆子、醪糟一步步升华到烤全羊，顾客的胃留下了，心也就留下了。这个案例对于后来重新定义不夜城，形成轻资产不夜城商业模式，打造平台化项目，提供了重要积累。

不得不提的是西安袁家村，年销售额突破 10 亿元，带动周边近 20 个村子，带动就业 8000 人，春节期间游客 42 万人次，它是关中民俗体验基地，西安城市会客厅。笔者所著《袁家村的创与赢》书籍详细地讲解了袁家村模式。

为什么袁家村能够取得这么大的成功？基础性的因素就是游客的出行变化，由两条腿变成了四个轱辘，两个小时的车程，游客是可以忍受的。所以离西安 70 多

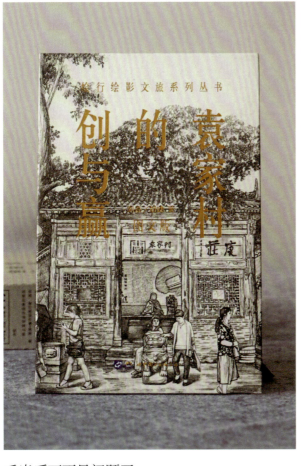

千米反而不是问题了。

那么袁家村能够吸引顾客源源不断地前往，它的核心优势是什么？其实就是它占到了一个很高维的心智位置，让顾客无法拒绝。

袁家村占的什么位？回答这个问题之前，我们先说一下食品安全。大家都知道食品安全，它已经成为社会普遍关注的问题。这样的情况下，信任成了产生价值的支点。袁家村就是占到了信任的位置，也就达到了高维的状态，在顾客心智中是很难被取代的。

袁家村是近些年兴起的旅游小镇代表之一，在这里游客可以品尝到地地道道的当地小吃，人们来此可以说就是为了吃。把袁家村这个IP平台化，搬进各大商场是挖掘爆品小吃的一个很好的途径。

俗话说得好，人靠衣裳马靠鞍，城市版的袁家村想要像袁家村一样吸引到众多的消费者，除了菜品本身，更加需要餐厅设计上的支撑。

在城市版袁家村店中，考虑到众多小吃带来的爆品效应，把档口都紧挨在一起，

让每一个档口都有一个招牌菜系，如凉皮、粉汤羊血、锅贴、臊子面等。当这些小吃组成一个矩阵，对市场造成的杀伤力是巨大的。如果把爆品小吃比喻成一颗手雷，那么"爆品小吃＋平台"，就是手雷的拉环，瞬间引爆消费者的尖叫点。

为了更好地打造爆品小吃给消费者带来冲击力，城市版袁家村每一个档口都采用了明档设计，让经过"扒、烤、煎、炸、煮、炖"的每一道小吃，全方位地展示在消费者的眼前，形成视觉、嗅觉上的势能锤，砸入消费者的心智。

餐饮街不能单纯地从设计角度出发，一定是要围绕产品来打造，这样设计出的餐饮街才更加卖座。城市街区的袁家村，产品都是民俗类的特色小吃，餐厅自然也应该是民俗风格，但是考虑到地处商场，如果太过于民俗化反而会适得其反。在这一点上，

很好地融合了现代与民俗，用现代灯光搭配民俗木质桌椅，既满足了产品要求，又在现代风格中添加了民俗的厚重感，让餐厅看起来很接地气，食客自然络绎不绝。

城市街区的袁家村是"爆品小吃＋平台"的一个缩影，也是未来爆品小吃的一个发展趋势。随着消费者对于吃什么、在哪吃以及在食品安全上的重视越来越明显，打造爆品的意义就变得愈发重要。爆品小吃从某一个角度来看，是餐饮行业发展至今的必然产物，而它的潜力还没有完全被挖掘出来，借助平台的力量，爆品小吃才能走得更好、更远。

一旦袁家村入驻购物中心，其在里面不是第一，就是第二，原因是什么？就是因为它是超级刚需。

不夜之城

在做袁家村亿象城城市店设计的时候，给我最大的感触就是，一定要抓住目标客群。比如说有一位客人，他吃袁家村的驴蹄子面，可以一个月吃 27 次，袁家村抓住的就是这样一个目标群体，高频刚需才是微旅游的未来。

信任的占位、品类的特性、独特的价值成就了袁家村进城店的繁荣。目前进城店效益各方面是不错的，很多购物中心缺人气的时候都会请袁家村去入驻。但入驻后其对别的餐饮品牌的冲击是蛮厉害的，所以也有很多商场、购物中心不愿意请袁家村来。但是餐饮或者文旅都是这样，产品主义下适者生存，看怎么取舍了。

经过"占位＋爆品＋小吃＋平台＋超级刚需"这一套打法下来，会发现，在袁家村，实际上人们在小吃上的人均花费就 30 块钱，但有些顾客的消费却能够达到上百元。在袁家村城市餐饮店，顾客一周可能会来六七次，有时甚至只是为了吃某一种美食。不难发现，消费的提升和消费频次的提升，它们的核心就是生态闭合。

做文旅街区就是这样，无论是用哪种方法打造、改造街区，目的都是让其成为一个成熟的生态闭合，当闭合链形成，顾客就会被"锁"在其中。这时候，无论是消费还是复购都只是时间问题，在运营文旅项目的时候不要招商而是进行选商，对后来的不夜城模式的形成有了很大启发。

　　甘州市场是我们团队 2018 年设计的。游一方名胜，品地方小吃，是人生一大幸事。来张掖览丹霞地貌，观西夏大佛，赏马蹄美景，感裕固风情，当留恋塞外古城风光的时候，一定还想大饱口福，尝一尝张掖地方风味小吃。那么，地处张掖市甘州区黄金地段的甘州市场就是首选的好去处。

　　甘州市场于 2018 年 5 月 1 日重新开业，当年就达到了 200 万人次客流，迅速成为当地微旅游名片，街区内租金成倍增长。

　　其实，曾经的游客是基本不在甘州市场停留的，更别提消费了。经过张掖的人几乎都是不停留的游客，只是去一下丹霞地貌公园，马上开车就走了。

　　原因是什么呢？当地餐饮街的配套，民宿、酒店，以及其他文旅的配套极其不足。基于这种情况，当时的领导就找到了我们，希望解决旅游集散地和美食集散地的问题，然后我们就在张掖考察了十多个地方，最后相中了一个市区的小市场，就是甘州市场。

　　原先的甘州市场更像是一个大型超市，它的维度、功能性是比较有限的。我们便对它进行了改造。在改造的过程中，把聚焦作为了设计、改造的关键点。砍掉了

很多不是餐饮的业态，比如砍掉了文创等旁枝末节的东西。

为什么要用聚焦的方式来打造城市餐饮街呢？"聚焦"是一个物理术语，它是控制一束光或粒子流使其尽可能会聚于一点的过程。举个例子，当阳光照射在人们身上的时候，人们会感觉暖洋洋的，很舒服。但是，当阳光通过红宝石之后，阳光就被聚焦成了激光，它可以打穿一千米之外的坦克。不难发现，聚焦之后的阳光就被赋予了杀伤力。

城市餐饮街也是如此，就以张掖独有的旅游美食市场为目标，对甘州市场进行提升。让小市场更具有聚焦属性，重新定义业态，具备文旅价值。

2018 年 5 月 1 日甘州市场正式开业，当年迎来了 200 万人次客流，有效留住了游客的时间，迅速成为当地的第一，迅速成为差异化的旅游目的地。

从甘州市场的成功，可以发现它的核心秘密是差异化，只要解决了差异化的问题，其他的问题都好解决，目前甘州市场租金倍增，形成了一定的美食闭合链。打造甘州市场的外立面作为整个张掖市民眼中的"视觉锤"，为后来形成不夜城模式，打造处处都是打卡点、处处都是视觉锤系统有着不小的启发。

竹泉村是在疫情期间我们团队进行改造提升的项目。一个山间古村，石街石墙，石凿成道，茂竹成林，清澈泉水自宸瀚亭泉眼流过老龙嘴冒出，淙淙流经村中沟沿，几只翠鸟从青绿的竹林中飞出，几尾游鱼在明澈的池塘中畅游，好一幅《山居秋暝图》。这不是江南水乡，而是竹泉村。别看是小山村，也有400多年的历史。早在明朝末年，一个叫高名衡的兵部右侍郎携堂兄弟高名寰为躲避喧闹红尘，遍寻安静清凉之地，看到这儿泉水茂盛、环境清幽，遂决计傍泉而居，成为他们与世隔绝的隐居之地，当时的小村庄叫"泉上庄"。因为喜欢南方四季常绿的青竹，高姓兄弟从南方移来若干品种的竹，栽在村前屋后。竹的特性，开始的4年生长缓慢，仅仅长高3厘米，但随后的每年节节升高，每天能长30厘米，六个月，就能长成让人仰望的 15 米之巨。别看那不动声色的初期 4 年，是竹在观察、考量生长环境及气候，判断适不适合扎根，蓄势待发，一旦适合就将根系扎入地下，向纵深横宽处发展，绵延达数百平方米之广。

后乾隆来到此地，看这儿有泉有竹，于是金口一开：泉上庄改名竹泉村。还即兴御笔一挥风雅题词："花竹有和气，风泉无俗情。"虽说移花接木黄庭坚和孟郊的诗词，倒也与村风民情相符，至此竹泉村声名渐起。

竹泉村位于山东省临沂市沂南县铜井镇，景区以竹泉古村为依托，是一处以生态观光、休闲度假、美食为核心，集观光、休闲、住宿、餐饮、会议、度假、娱乐、拓展于一体的综合性旅游度假区。被山东省原旅游局授予"山东省逍遥游示范点"称号，曾获评"国家级水利风景区""中国人居环境范例奖""全国休闲农业与乡村旅游示范点""2013 中国最美乡村"等多项殊荣。临沂的 4A 级景区，竹泉村位居第一，年门票收入近亿元。

随着乡村文旅的不断繁荣，我们用多年经验为竹泉村做了全新升级，升级后的

竹泉村不仅可以赏竹，更可以体验民俗风情，品尝沂蒙美食，买到极富特色的商品。

2020年5月1日，竹泉村迎来了升级后的第一批游客，游客来到竹泉村，参观体验竹编、草编、黑陶、古箭等民俗作坊是必不可少的，通过体验非遗文化、传统手工等项目，感受乡村民俗文化。

不管是沂蒙特色，还是网红美食，这儿应有尽有，不仅吃的美味，就连每一个商铺都是独特的风景。在一饱口福之后，不少游客都把这里的美食作为一种记忆带回家，或自己回味，或赠予亲友。升级后的竹泉村客流不断，成为乡村旅游的典范。

竹泉村美食街的火爆，不仅带动了竹泉村景区的经济，更为疫情中的中国餐饮带来了信心，赋予了能量。在内容为王的时代，我们围绕"有特色、高品质、高颜值、安全卫生"，通过多个维度的打造，让竹泉村美食街开街即获得了大量的客流。

不夜之城

美食街这样的模式其实并不新鲜，但是能让人记住的少之又少。在竹泉村美食街，顾客不需要担心吃什么的问题，美食街中的小吃经过精挑细选，在同一品类的众多竞争者中择优选择，确保了小吃味道。另外，在近百家的民俗作坊、文创店铺以及特色餐饮小吃商家中，找不到两家一模一样的店铺，保证了"一店一品"，拒绝千篇一律，因此为顾客留下了深刻的印象。

竹泉村美食街在吸引外地顾客的同时，本地游客占比也超出往年，其中不乏多次来到竹泉村美食街消费的顾客，使得竹泉村人气居高不下。

竹泉村美食街的火爆，核心就是给了顾客一个来的理由。

在餐饮行业中，信任是消费的基石，竹泉村美食街通过品质、卫生在顾客心中树立起了信任状。"竹泉村景区很干净"这是网络上对竹泉村的一致评价，也是对

美食街的肯定。在竹泉村美食街的设计中，游客如何带走更方便？小吃包装袋如何不影响卫生？街区的设计团队就已经考虑到了，并且在美食街中多以环保材质为主，顾客自然愿意来美食街，更愿意在美食街中消费。

除了美食对顾客的吸引力，竹泉村美食街的颜值也让人赏心悦目。

竹泉村以竹为名，锦上添花在对美食街的打造上，充分结合了竹泉村的特色，木质的小吃车、古朴的招牌、竹林掩映中的店铺，与竹泉村的竹、景、建筑融为一体，处处透露着清新与温馨，无论是在视觉还是环境上，都给顾客以美的享受。

如今的竹泉村美食街能够有情景交融的场景体验，与我们的设计团队是分不开的。为了确保竹泉村更好地完成复工复产，我们团队在疫情期间克服了诸多难题。

在构建竹泉村美食街时，受到疫情的影响，建筑材料一直买不到。俗话说"巧妇难为无米之炊"，面对这样的困境团队因地制宜、发挥优势、就地取材，把竹泉村的竹子、木头、草、石转换成建筑材料，经过一系列的设计优化，最终形成了如今大家看到的竹泉村美食街。

机会永远留给有准备的人，美食街的设计打造，不是简单的组合、排列，更不是做拼凑，而是让顾客在吃美食、看美景、玩游乐的同时，获得体验感、满足感，感受美食街中的烟火气息。这个案例更加坚定了我对不夜城的民俗化升级思路，坚

定了烟火化的方向。

夜经济已经成了一个城市的软实力，随着夜经济的蓬勃发展，在各地的新一轮促消费政策中，"培育夜经济"一词频频出现。各地积极发展夜经济，并纷纷推出相应的举措，要建立夜经济示范街区、地标性夜市等夜经济集中区域。

总体来看，夜间经济已经由早先的灯光夜市转变为包括"吃、购、游、娱、体、展、演"等在内的多元夜间消费市场，城市的夜幕之中蕴藏着一片巨大的有包容性的消费场景，因此促进夜间经济将成为城市发展的强力引擎。

其实夜生活古已有之，但是"夜间经济"一词的历史并不长，这一经济学概念自从诞生之日起，就展现了鲜明的拉动内需、促进消费的导向。如今，"夜间经济"一词更是成了衡量城市繁荣、生活舒适度与便利度的重要指标之一。

城市夜经济不同于一般意义上的夜市，而是一种基于时段性划分的经济形态，一般指从当日下午6点到次日凌晨6点所发生的三产服务业方面的商业活动，是以服务业为主体的城市经济在第二时空的进一步延伸。

在当下，夜间经济已经成为都市生活的重要组成部分，购物、餐饮、娱乐、学习、影视、休闲都包含在内，是彰显城市特色与活力的重要载体。其繁荣程度，被看作是一座城市经济开放度、便利度和活跃度的"晴雨表"。夜间经济不仅是城市消费

的"新蓝海",更是满足人们日益增长的美好生活需要的新方式,同时还能扩大内需、繁荣市场、创造就业、提振信心,多元化展现地方特色文化。

对于城市来说,一方面夜经济需求比想象的更加旺盛,增长潜力巨大;另一方面诸多有价值的商业与文化资源,还有待激发。在餐饮消费、购物消费与城市灯光秀之外,如何给消费者创造更加多元、差异的夜间消费场景,或将成为城市竞争的一条新赛道,每个城市的文化激活、活化,未来潜力无限。

发展夜间经济,最为重要的就是充分发掘本地特色资源,赋予其更多的文化内涵和现代元素,努力打造城市夜间经济文化聚集区和高质量"文化IP打卡地"。因此,

不夜之城

"文化元素＋地方特色"是各地夜间经济应该重点发展的方向。在发展夜经济的同时，要充分根据城市定位和既有的文化元素，挖掘城市文化内核，通过多元科技的综合利用与特色文化元素的全面结合，用文化元素为夜间经济赋能，用文化点亮夜间经济。重新定义打造不夜城，并且获得了成功，便是源于20多年各项目实践的积累，源于20多年的文旅实战，是经验的结合，也是厚积薄发的成果。始终紧抓以人为本，不忘初心，这样才能够大步向前。感谢各地领导、朋友们对我们一直以来的关心和爱护，也感谢20多年来创业路上一路相伴的亲友、伙伴。我和大家永远在一起，为中国文旅新物种、夜经济，为改变城市命运，发展城市经济而奋斗终身。

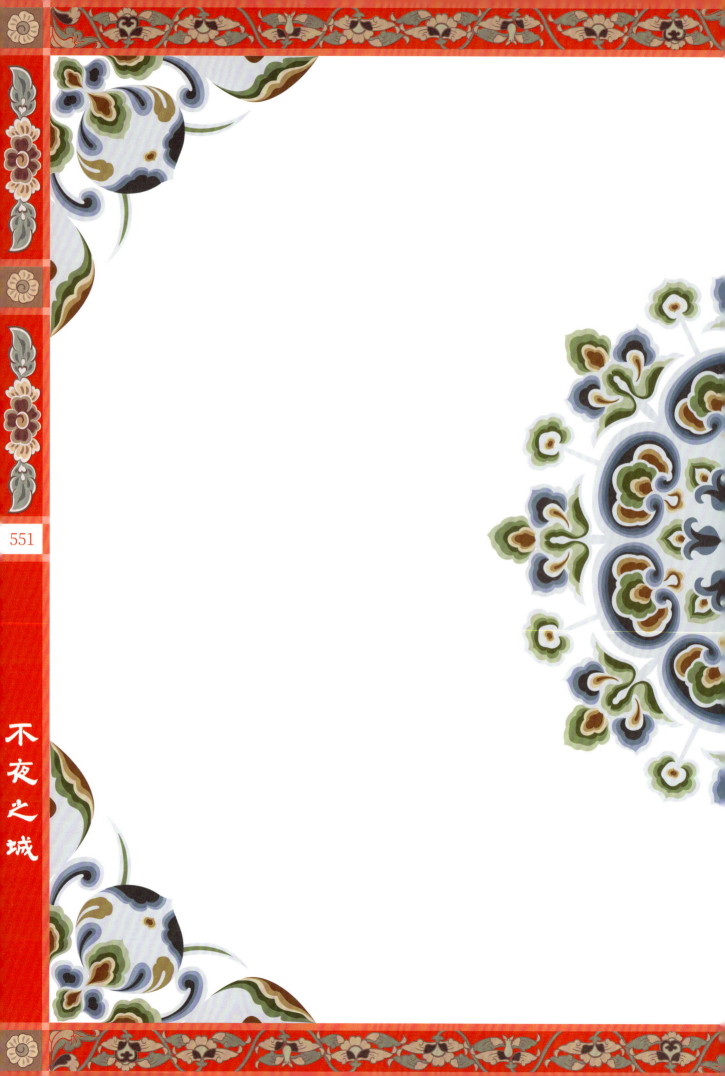

551

不夜之城

结 尾

结 尾

　　本书写作历时三年，写写停停，跨越整个疫情。疫情第一年升级竹泉村，有了轻资产不夜城点亮文商旅地模式的思维雏形，疫情第二年打造东北不夜城。一生二，二生三，三生万物，在成书出版之际，轻资产不夜城竟然发展到了 20 多个城市，南宁之夜、大宋不夜城、木兰不夜城、青岛明月·山海间、天山明月城、平湖山海几千重、万岁山武侠城·仙侠奇境、八卦城之夜等等，均快速成为各个城市游客量遥遥领先的项目，深感在祖国大地，创意无限，创造无限。文旅赛道任重而道远，感谢各地政府和投资企业的认可，疫情中每年出差量均超过 100 次，没有被隔离一次，深感幸运。多年的积累让笔者认识了更多的朋友，看到了不一样的行业现象。

　　提倡的第一性原理在文旅中的应用，让很多项目找到了方向，做唯一做第一，本质思维确定认知，而认知是所有项目的天花板。战略对一切对，把商业管理的战略思维运用到文旅项目，让项目有了高维绝杀的创意工具。而爆品改变产品的想法，则让轻资产不夜城拥有了造商、选商的核心底气。从重投资不夜城的遥不可及，到轻资产不夜城的转化表明商业模式是一切行业的底板。一街兴一城，一街促百业，依靠自播让项目有了前进的营销兴奋剂。

不夜之城

感谢我的妈妈。每次出差，妈妈千叮咛万嘱咐，目送我走向远方，每次回家都不敢提前通知妈妈，因为不管多晚，她都在等我，深感"慈母手中线，游子身上衣。临行密密缝，意恐迟迟归"。

感谢我的夫人。每次出差，总是承担了家庭和公司的重担，没完没了地辅导孩子做作业，没完没了地处理公司琐事。一位老大哥曾说，娘子是咱们男人的归宿，感同身受。

感谢我的朋友们和锦上添花团队。有了你们的支持，轻资产不夜城才会在祖国大地各处生根开花，创造奇迹。

刘磊

2024 年 6 月 18 日于青岛

《袁家村的创与赢》

《宽窄巷子的街与区》

《夜经济新模式：
轻资产不夜城点亮文商旅地》

《做文旅项目
应避开的128个坑》

《场景餐饮》

《餐饮占位》

《餐饮爆品明档设计》

《文旅+餐饮街》

锦上添花文旅集团
出品书籍

责任编辑：李志忠 林昱辰

封面设计：耿 潇

图书在版编目（CIP）数据

不夜之城：夜经济新方法论访谈录 / 刘磊编著. -- 北京：中国旅游出版社，
2024.7

ISBN 978-7-5032-7327-8

Ⅰ. ①不... Ⅱ. ①刘... Ⅲ. ①城市商业—商业街—研
究 Ⅳ. ①TU984.13

中国国家版本馆CIP数据核字(2024)第098128号

书　　名：不夜之城：夜经济新方法论访谈录

作　　者：刘磊 编著
出版发行：中国旅游出版社
　　　　　（北京静安东里 6 号　　邮编：100028）
　　　　　https://www.cttp.net.cn　E-mail:cttp@mct.gov.cn
　　　　　营销中心电话：010-57377103，010-57377106
　　　　　读者服务部电话：010-57377107
排　　版：西安锦上添花文旅集团有限公司
印　　刷：陕西海丰印刷有限公司
版　　次：2024年7月第1版　　2024年7月第1次印刷
开　　本：889毫米 × 1194毫米　1/16
印　　张：35
字　　数：472千
定　　价：299.00元
Ｉ Ｓ Ｂ Ｎ　978-7-5032-7327-8